New Wun Ching Developmental Publishing Co., Ltd.

New Age · New Choice · The Best Selected Educational Publications — NEW WCDP

第四版

臨床

生物

化學

Clinical
Biochemistry

徐慧雯 —— 編著

　　本書主要以醣類、蛋白質、脂類三大物質為基礎，闡述其化學成分和在疾病發生時及發展過程中的變化規律，以及一些常見疾病病理生化的連繫。繼以呼吸系統通氣障礙、肝臟以及腎臟四大有代表性的重要臟器的常見疾病為基礎，全面性闡述在上述器官功能障礙的不同情況下，出現的病理生化改變和疾病進程的關係。最後以生物化學診斷目標為中心，酵素學、分子生物學、腫瘤診斷學、荷爾蒙檢驗實驗室診斷和治療藥物監測與毒物學的生化標誌加以進行系統闡述，以加強對有關內容的理解和運用。

　　在此，我要感謝觸動我寫作的陳連城與賴湘宇，長久以來，從旁協助並鼓勵我，提供精闢的見解，惠賜寶貴的意見。此外，還要感謝新文京開發出版股份有限公司的編輯同仁，他們以無比的智慧與耐心，讓此書順利完成，謹致上最誠摯的謝意。

　　本書編校力求完整，漏誤仍恐難免，期望先進時賢及讀者批評指正。

編著者

徐慧雯　謹識

目錄 CONTENTS

目錄 CONTENTS

Clinical
Biochemistry

01
Chapter

品質管理與分析技術之應用

本章大綱

學習目標

1. 掌握光的基本概念。

2. 瞭解光譜分析技術的分類。

3. 瞭解化學分析儀的原理。

4. 熟悉品質控制與品質管理

5. 掌握測定的原理及實驗標準。

1-1　光之基本概念

Clinical Biochemistry

一、光的能量

說明：

$$E = hc / \lambda = h\nu$$

E：能量

h：Planck 常數

c：光速

λ：波長

ν：頻率

二、電磁波之波長

電磁能種類	波長(nm)	能　量	頻　率	波　長
珈瑪射線(γ-ray)	<0.1	大	大	小
X 射線(X ray)	0.1~10	↑	↑	↓
紫外線(Ultraviolet)	180~380			
可見光(Visible light)	380~750			
紅外線(Infrared)	750~400,000			
無線電波(Radiowave)	>250×10^6	小	大	大

三、比爾定律(Beer's Law)

1. **定義**：一個溶液所吸收的光和濃度的關係。

2. **吸光度(Absorbance)**：

$$A = \varepsilon bc$$

　　ε：莫耳吸光係數
　　b：光徑(cm)
　　c：吸收分子濃度(M)

3. **透光率(Transmittance)**：

$$T\% = \frac{I}{I_0} \times 100\%$$

　　I_0：入射光
　　I：射出光

4. **吸光度與透光率的關係**：

$$A = -\log(I / I_0) = \log(100\%) - \log\%T = 2 - \log\%T$$

說明：

$$A = \varepsilon bc = 2 - \log\%T$$

當　T=100，則 A=0

　　T=10，　則 A=1

　　T=1，　　則 A=2

5. 未知濃度之求法：

設已知溶液之濃度為 Cs，測出其吸光度為 As，而某未知溶液之濃度為 Cu，測出其吸光為 Au，則得比例關係式：

說明：

$$Au/As = Cu/Cs$$
$$Cu = (Au/As) \times Cs$$

四、相對離心力（Relative Centrifugal Force; RCF）

$$RCF = RCF = 0.00001118 \times \gamma \times rpm^2$$

　　RCF＝相對離心力(g)；γ＝離心機半徑(cm)；rpm＝離心機轉數

※ 某一特定轉子的離心條件在換用另一種類型的轉子上獲得同樣的分離效果，應該考慮相對離心力與離心時間(t)間的關係：

$$t1 \times RCF1 = t2 \times RCF2$$

五、純水系統

1. 水的純度：

(1) 採用電阻值(resistivity)表示當水中離子濃度越低時，檢測出的電阻率會越高。

(2) 超純水：指 25℃ 時水中的導電汙染物質去除使電阻值達到 18.2 MΩ.cm。

2. 純水系統：

設備	離子交換樹脂	活性碳	半滲透膜
目的	生成去離子水	去除有機物質的吸附與除異味	來防止環境中的微生物汙染
缺點	易有微生物汙染	無法去除大分子有機物質	易有氣體的殘留

3. NCCLS 純水分級：

級數 測試項目	Type I	Type II	Type III
電阻值	10	2.0	0.1
微生物菌落數(CFU/mL)	10	1,000	未分析
特性	立即使用	定性實驗使用	洗滌

六、常用採血真空管

真空蓋顏色	添加物	作用原理	使用處
淡紫色	EDTA	結合鈣離子	CBC 檢查
藍色	檸檬酸鈉	結合鈣離子	凝血檢查
綠色	肝素	抑制 thrombin	生化檢查
紅／灰色	Separator material	血清與細胞間隔（血清分離劑）	生化檢查
紅色	無	自行凝血	生化檢查
橘色	Thrombin	加快凝固	
灰色	Iodoacetate	Glyceraldehyde-3-phosphate dehydrogenase	測葡萄糖
灰色	NaF/Oxalate	抑制 enolase	測葡萄糖

精選實例評量

Review Activities

1. 利用某溶液以 gravimetric method 進行吸管校正時，則必須知道該溶液之何種特性？(A) Density　(B) Molar absorptivity　(C) Ionic strength　(D) pH

2. 若欲配製一 500 ml 之 200 mM 的 NaCl 溶液（NaCl 之分子量為 58.5），需稱多少公克之 NaCl 固體？(A) 2.93　(B) 5.85　(C) 11.7　(D) 23.4

3. 實驗室中具有耐腐蝕性且可耐極端溫度之玻璃器皿，其內有添加下列何種化合物？(A) B_2O_3　(B) CaO　(C) NaOH　(D) Polyethylene

4. 下列何種檢查必須於採血後立即避光送檢？(A) ACTH　(B) Coproporphyrin　(C) Actate　(D) Cholesterol

5. 下列何者為檢測水純度的方法？(A)比熱　(B)比重　(C)電阻　(D)吸光度

6. 下列何者對血液檢體同時具有保存與抗凝之雙重作用？(A) EDTA　(B) Heparin　(C) Sodium fluoride　(D) Sodium citrate

7. 溶血的血清檢體對下列何種檢驗項目的影響最小？(A)乳酸脫氫酶　(B)磷　(C)鉀　(D)銅

8. 離心機之相對離心力與下列何者之平方成正比？(A)半徑　(B)直徑　(C)重量　(D)轉速

9. 一次蒸餾所得之純水，其導電度無法符合 NCCLS 所規定的下列何種型式(type)之純水？(A) I　(B) II　(C) III　(D) IV

10. 下列何種塑膠材料可用高壓滅菌鍋消毒？(A) Polyethylene　(B) Polypropylene　(C) Polystyrene　(D) Polyvinyl chloride

11. 使用逆滲透法純化水質，下列何者會有較多的殘留？(A)有機物　(B)細菌　(C)離子　(D)氣體

12. 欲配製出 1 公升 3M 的 HCl 溶液，需稱多少量的 HCl？（分子量 HCl＝36.5）(A) 109.5 mg　(B) 109.5 gm　(C) 109.5 kg　(D) 1,095 kg

13. 如果 A=εbc 表示 Beer's law，則 b 代表何意義？(A)濃度　(B)光徑　(C)吸光度　(D)吸光係數

14. 膽紅素的莫耳吸光率在 453 nm 波長下是 60,700，如其濃度是 0.5 mg/dL，則其吸光度應是多少？（膽紅素分子量 584）(A) 0.052　(B) 0.52　(C) 5.2　(D) 10.4

15. 0.6M H_2SO_4 與 0.2M H_2SO_4 相混合產生 0.36M H_2SO_4，則原來的體積比為何？(A) 1:3　(B) 2:3　(C) 3:2　(D) 4:5

16. 下列何者同時具有抗凝與防糖解之功能？(A) EDTA　(B) NaF　(C) Heparin　(D) Citrate

17. 一病人同一天兩次採血檢驗，第 1 次血糖 1,000 mg/dL、膽固醇 150 mg/dL；第 2 次血糖 100mg/dL、膽固醇 180 mg/dL，則下列敘述何者正確？(A)第 1 次檢體受到 dextrose 點滴汙染　(B)第 1 次檢體為血清，第 2 次用 NaF 管採血　(C)第 1 次 AC，第 2 次 PC 採檢　(D)兩次檢驗的原理不同

18. 一個檢體在某離心機進行 2000 rpm 的離心，若此檢體移至轉子半徑為兩倍之離心機。離心時間相同，則其 rpm 應如何設定才會有相同的離心力？(A) 1000　(B) 1400　(C) 2000　(D) 4000

19. 利用逆滲透處理水質，下列何者最不易被清除？(A)氣體　(B)細菌　(C)離子　(D)有機物

20. 美國臨床實驗室標準委員會規定 Type II 純水，其電阻應為多少 MΩ.cm？
    (A) 10　(B) 1.0　(C) 0.1　(D) 0.01

答案　1.A　2.B　3.A　4.B　5.C　6.C　7.D　8.D　9.A　10.B　11.D　12.B　13.B
　　　14.B　15.B　16.B　17.A　18.B　19.A　20.B

 1-2 光譜分析技術應用

一、吸收光譜分析法

(一) 可見光及紫外光分光光度計

1. **構造**：光源→單色光器→比色管→偵測器→讀計
   (1) 光源：

種　類	波長(nm)	優　點	缺　點
鎢綠燈	380~700		光弱，壽命短
石英碘化燈	190~700	光強，壽命長	
水銀燈	190~380		非連續光譜，壽命短
氫氣燈	190~380		
氘氣燈	190~380		
氙氣燈	250~1000		易爆炸

(2) 單色器：

種　類	波　幅(nm)	特　徵
玻璃濾光片	50	
三稜鏡	0.5~1.5	通透性比濾光片好
柵門	0.5~35	刻痕數目決定波長
氫氣燈	190~380	
氘氣燈	190~380	氫的同位素氘的放射性製造的發光裝置
氙氣燈	250~1000	

2. 校正法：

(1) 波長之校正：

    a. 標準物：Didymium 濾光鏡、Holmium oxide 濾光鏡、重鉻酸鉀溶液、硝酸鈷銨溶液。

    b. 時間：至少每 4 個月校正一次。

(2) 吸光度之校正：

    a. 標準物：以 500mg 重鉻酸鉀($K_2Cr_2O_7$)溶於 1 公升 0.01N H_2SO_4 中，配製成標準溶液。

    b. 作法：此液在 350nm 波長下，以 0.01N N_2SO_4 當空白液。

3. 內吸收效應(Inner filter effect)：螢光物質太濃造成測定質被干擾，因此螢光的再吸收不能忽略。

(二) 原子吸收分光光度計

1. **構造**：中空陰極放電管（光源）→陰極放電管的電磁波照射於同種原子時，由於共振作用(resonance)，產生吸收光譜。

2. **中空陰極放電管**(Hollow cathode lamp)：陰極管裡充滿了惰性氣體(Ne, Ar)，壓力維持在 1~5torr 左右。在此情形下給一電流，則會造成惰性氣體的放電現象($Ne \rightarrow Ne^+ + e^-$)。

3. **優點**：敏感度高（較火焰光度計）；可測金屬種類多。

二、發射光譜分析法

(一) 火燄光度計

1. **原理**：金屬原子經火焰燃燒後，外圍的電子被激發成高能狀態、不穩定，隨時會回到低能狀態而釋放出特有的光譜。

2. **適用物質**：鹼金屬與鹼土族之金屬元素測定。

3. **結果判讀**：

元　素	火焰色	波長(nm)
鈉(Na)	橙黃	589
鉀(K)	紫	767
鋰(Li)	紅	671
鈣(Ca)	橙紅	423
鎂(Mg)	藍	450

(二) 螢光測定法

1. **原理**：當溶液中的部分分子吸收了能量，使得分子的能量增加產生了轉動與振動；而使得激態維持 10^{-5} 秒，再落回基態。測定激態電子返回基態所發散出之光。
   *螢光激發光(excitation)較放射光(emission)之波長為短。

2. 螢光濃度通常與待測物莫耳吸光值成正比。

3. 光源為高壓水銀鹵素燈。

三、散射光譜分析法

(一) 比濁法

1. **原理**：光線通過溶液之混濁粒子，被吸收及散亂而減少透光度，可以吸光度法定量之。

2. **運用**：血清蛋白質方面的定量，如比濁免疫測定分析(turbidimetric immunoassay; TIA)，為測定抗原抗體免疫複合體能使透光度減少的定量分析法。

(二) 散射比濁法

1. **定義**：光線通過小粒子混濁溶液造成散亂，在某個角度方向以偵測器此散亂之光線強度，而得檢體中的濃度。

2. 散射光的強度與抗原抗體複合物的含量成正比。

3. **構造**：

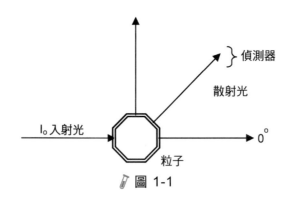

偵測器

散射光

Ｉ₀ 入射光　　粒子　　0°

🧪 圖 1-1

精選實例評量　　Review Activities

1. 原子吸收光譜分析儀使用的中空陰極放電管(hollow-cathode lamp)需要填裝下列哪一種氣體？(A)氫　(B)氖　(C)氦　(D)氪

2. 比色計波長的校正可以使用含下列哪一種化合物的玻璃進行？(A) Sodium hydroxide　(B) Holmium oxide　(C) Potassium dichromate　(D) Lithium chloride

3. 波幅之定義為由分光器產生之最強吸光度的波長之幾分之一所涵蓋的波長之範圍？(A)二　(B)三　(C)四　(D)五

4. Flame photometer 無法用來測定何種離子？(A)鉀　(B)鈉　(C)鋰　(D)氨

5. 下列哪一種儀器是利用兩種不同的波長？(A)反射比色計　(B)螢光光度計　(C)散射比色計　(D)紫外線比色計

6. 下列何者不是螢光比色計之特性？(A)需有光源　(B)光源與偵測器成直角排列　(C)激發光波長比發射光長　(D)有兩個分光器

7. 下列何種儀器中之構造含有 hollow-cathode lamp？(A)火焰比色計　(B)原子吸收光譜儀　(C)反射比色計　(D)螢光比色計

---

8. 下列何種溶液常用來作比色計準確度之總評估用？(A) Holmium oxide (B) Potassium chloride　(C) Potassium dichromate　(D) Potassium permanganate

9. Holmium oxide 濾片可用來作波長校正，其使用範圍是多少？(A) 140~220 nm　(B) 221~270 nm　(C) 280~640 nm　(D) 650~1100 nm

10. 下列有關檢測物質與吸收波長(nm)之配對，何者正確？(A) Uric acid-360　(B) Porphyrin-400　(C) HbA1c-480　(D) Unconjugated bilirubin-560

11. 大部分螢光比色計，其入射光與放射光採用何種角度？(A) 180°　(B) 120° (C) 90°　(D) 10°

12. 欲偵測檢體中核酸的濃度，下列何種光源不合適？(A)氫燈　(B)重氫燈　(C)鎢絲燈　(D)汞弧燈

13. 比濁法(nephelometry)的原理主要是偵測光線的：(A)反射　(B)折射　(C)散射 (D)吸收

14. 反射光度計(reflectance photometer)通常是在下列何種偵測系統？(A)原子吸收分光光度法　(B)螢光測定法　(C)濁度測定法　(D)乾式化學測定法

15. 光譜帶寬(spectral bandwidth)是用來描述光學比色計何種元件之特性？(A)光源 (B)單色器　(C)比色管　(D)偵測器

答案　1.D　2.B　3.A　4.D　5.D　6.C　7.B　8.C　9.C　10.B　11.C　12.C　13.C 14.D　15.B

1-3　臨床生物化學分析儀

Clinical Biochemistry

一、連續流動式儀管道式

1. **特點**：測定項目相同的各待測物樣品與試劑混合後反應，是在同一個管道中經流動過程完成之。

2. **種類**：

(1) 空氣分段式：吸入管道中的檢體間以小段空氣間隔開來。

(2) 非分段式系統：是利用試劑或緩衝液來間隔每個檢體。

二、獨立分析儀

特點：是將每一個檢體分開在不同的容器內進行測試。

三、離心式分析儀

1. **特點**：利用離心力，將檢體分開放入分別的容器內進行不同的測試。
2. **優點**：
   (1) 整個分析的過程檢體與試劑的反應，幾乎同時完成。
   (2) 樣品量需 1~50 μL；試劑量需 120~300 μL。
3. Hitachi 736 分析儀： 2 個探針來吸取檢體，先吸一段水→空氣→檢體，再分別放入四個不同 channel。
4. Paramax 分析儀：可以穿透檢體的橡皮塞直接吸取血清檢體。

四、薄片分析法

1. **特點**：試藥片至少包括三個部分：
   (1) 塗佈層(Spreading layer)：存放檢體、對照或標準樣本。同時篩選待測成分，使之滲入試劑層，活化脫水處理過的試劑。
   (2) 試藥層(Reagent layer)：包括酵素、發色劑的前驅物(dye precusor)以及緩衝劑等三部分。
   (3) 塑膠層(Plastic layer)：亦即支撐層。
2. **優點**：打破傳統的濕式測定法，除了偵測器以外的設備，都融合在薄薄的一片試藥片上。
3. Vitros 350 分析儀：利用 slide 容納試劑系統，可移動式生化儀，適用於急診生化。

五、酵素免疫分析(Enzyme Immunoassay; EIA)

1. **同質(Homogeneous)酵素免疫分析**：有些標記酵素在抗原或抗體結合後，因為立體障礙的緣故，使活性受到抑制，此時不需分開結合與游離的分析物，可直接在同一溶液系統中測出反應的變化量。又稱為**酵素多重免疫分析**(enzyme multiplied immunoassay test; EMIT)，應用於藥物、生化及激素的測定。

2. **異質(Heterogeneous)酵素免疫分析**：有些標記酵素在抗原抗體結合後不會失去活性，但需分開結合與游離的分析物，然後分析分離後的成分，始能定量。又稱為酵素連結免疫吸附分析(enzyme linked immunosorbent assay; ELISA)。

六、化學冷光免疫法(Chemiluminescence Immunoassay; CLIA)

1. 利用會產生化學冷光之分子做標誌物，標示於專一性抗體上，當待測檢體中含有相對抗原時，先與磁粒上之抗體結合，再加上標誌物抗體，而形成抗原－抗體－標誌物複合物，再加入適當之化學試劑，便能激發複合物上之標誌物產生冷光，最後使用光電倍增管測定化學冷光產生之量，便可直接計算待測物之濃度高低。

2. 與 EIA 原理一樣，採用化學冷光代替酵素當指示劑，較穩定。

精選實例評量 Review Activities

1. 乾式生化分析儀，以下列何種方法判讀結果？(A)反射分光比色法　(B)散射比濁法　(C)化學冷光分析法　(D)原子吸收光譜法

2. 應用 EMIT(enzyme-multiplied immunoassay)分析藥、毒物及其代謝物時，利用下列哪一種酵素(enzyme)產生吸光物？(A) Glucose oxidase　(B) G-6-P dehydrogenase　(C) β-Galactosidase　(D) Alkaline phosphatae

3. 下列何項為 homogenous immunoassay，當抗體和抗原分析物結合時會抑制酵素活性？(A) EMIT　(B) CEDIA　(C) MEIA　(D) ELISA

4. 下列有關螢光光度計(fluorometer)的敘述，何者錯誤？(A)比一般吸光光度計敏感　(B)血清中背景干擾物少　(C)需提供光源　(D)可用在自動化免疫分析

5. 下列何者不是床邊檢驗的優勢？(A)縮短採檢到獲得報告的時間　(B)提高檢驗品質　(C)儀器輕便可攜帶　(D)改善病情判斷的效率

6. 下列何種免疫分析法屬於異質性分析(heterogeneous assay)？(A) CEDIA (cloned enzyme donor immunoassay)　(B) ELISA (enzyme-linked immunosorbent assay)　(C) EMIT (enzyme-multiplied immunoassay technique)　(D) PFIA (polarization fluoroimmunoassay)

答案　　1.A　2.B　3.A　4.B　5.B　6.B

1-4　臨床生化之品質管理

Clinical Biochemistry

一、誤　差

1. **定義**：在定量標本中的成分時，都隱藏著無數的因素，引起測定值(observed value) 和實際值(true value)的偏差。

2. **公式**：

$$E = |V - T|$$

或

$$E(\%) = |V - T| \times 100(\%)$$

誤差(E)為測定值(V)與實際值(T)相差的絕對值。

3. **來源**：

(1) 系統誤差(Systemic error)：

   a. 又稱恆常誤差(constant error)，可決定誤差(determinate error)。

   b. 系統誤差出現時，會重複出現於當次測定的每一個檢體中，造成所有測定 值偏高或偏低。若同一檢體連續重複測定數次，其測定值間彼此非常接近， 但與實際值相差很遠。

(2) 偶發誤差(Accidental error)：

   a. 又稱不可決定誤差(indeterminate error)。

   b. 只會造成單一檢體的測定值偏高或偏低。

   c. 不可避免之誤差。

4. **可容忍分析總誤差**(Total error allowable; TEa)：

(1) 分析系統的異常

(2) 算式：

$$\textbf{TEa} = \text{Bias} + 1.65 \times \tfrac{1}{2}\,CV_w \ (p<0.05)$$

$* \ \textbf{CV}_w$：個體內生理變異

5. 估算偏差(Bias)：

(1) 同一方法、同一試劑之**外部品管中其他實驗室之平均值與本實驗室的差距之絕對值**，視為外部能力試驗結果。

(2) 算式：

Bias%=同儕之平均值與本實驗室的差距之絕對值／同儕之平均值×100%

6. 估算流程能力(Process capability; σ)：

(1) 6σ 執行於臨床實驗室內可改善分析流程，當 σ 值小於 3 時考慮換方法。

(2) 算式：

Sigma＝(TEa-Bias) / SD 或（TEa-Bias）/CV %

7. **內部品管**：可採用對同一位病人在數天內的同一項檢查進行數值間比較　Delta check。

8. **外部品管**(external quality control)：可選用品管檢體。

二、測定值之分布

1. 分布圖：

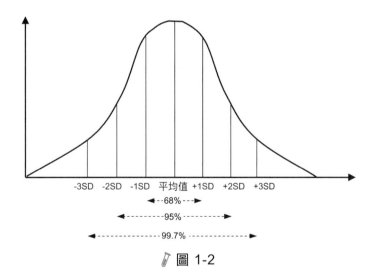

🧪 圖 1-2

2. 標準偏差(Standard deviation; SD)：

$$標準偏差(SD)=\sqrt{\sum(x-x)^2 / n-1}$$

三、容許誤差範圍

1. **定義**：測定允許誤差程度，作為品管的界限和改進目標。
2. **算式**：
   (1) Wilkison(1960)及 Tonks(1963)提出：

   $$容許誤差範圍 = \pm\frac{（正常值上限－正常值下限）/ 4}{正常值之中央值}\times100\%$$

   (2) Seligsonn (1967)提出：

   $$容許誤差範圍 = \pm\frac{標準偏差(SD) / 2}{生理變動平均值}\times100\%$$

3. **偵測極限(limit of detection; LOD)**：
   (1) 樣品中待測物可與分析儀器訊號值區別之最低量，但未必能定量出標的待測物之正確值。
   (2) 實驗系統的偵測下限值（不得檢出）。
4. **定量極限(limit of quantification; LOQ)**：
   (1) 樣品中待測物可被定量測出的最低量，且測定結果具有適當的準確度與精密度。
   (2) 實驗系統定量的下限值。

四、精密度

1. **定義**：
   (1) 表示重複測定（20~30 次）某物的變動差異（誤差）的程度，也就是測定值的分布或接近程度。
   (2) 相當於再現性(reproducibility)在統計學上以變異係數(coefficient of variation; CV)表示。

2. 算式：

$$CV(\%) = \frac{SD（標準偏差）}{X（平均值）} \times 100\%$$

3. **特點**：CV 值愈小，表示該法愈精密；可用於評估不同的方法。

　(1) 實驗室精密度：隨機採樣 100 個檢體，每個檢體分析兩次。

　(2) 同日精密度：同日內同一檢體或品管血清連續測 20 次。

　(3) 異日精密度：同一檢體或品管血清分析連續測 20 天。

五、精確度(Accurary)

1. **定義**：精確度又稱正確度，為評估值與真正值(true value)相差的程度。

2. **特點**：

精確度	精密度	意　義
佳	佳	可信度高
佳	不良	再現性不好
不良	佳	分析方法需改善
不良	不良	不可採信

3. Bias（偏差）：

　(1) 試劑批號、校正批號與品管批號的改變與加上儀器本身造成結果。

　(2) **越小表精確度越好。**

六、敏感度、特異度、精確度和預測值

	罹病者數目	未罹病者數目	總　數
檢驗為陽性的數目	TP	FP	TP+FP
檢驗為陰性的數目	FN	TN	FN+TN
總數	TP+FN	FP+TN	TP+FP+TN+FN

（一）敏感度

指有疾病者之檢體，在實驗室試驗中出現陽性（其測定值高於正常參考值的上限）的機率。

1. 算式：

$$敏感度(Sensitivity) = \frac{真陽性(True\ Positive)}{所有有疾病者(True\ Positive + False\ Negative)} \times 100\%$$

2. 特性：

(1) 分析法所能偵測的最低濃度。

(2) 篩檢試驗(screen test)強調高靈敏度。

3. 偽陰性率(False Negative Rate; FNR)：

(1) 指有病的人經診檢驗斷，結果為陰性的比率。

(2) 1－敏感度(sensitivity)。

（二）特異度

指沒有疾病者之檢體，在實驗室試驗中出現陰性（其測定值在正常參考值的範圍內）的機率。

1. 算式：

$$特異度(Specificity) = \frac{真陰性(True\ Negative)}{所有沒有疾病者(True\ Negative + False\ Positive)} \times 100\%$$

2. 特性：

(1) 分析法只測出欲測物質，而不會測出檢體中相似或其他物質，可判斷此分析法受其他物質的干擾程度。

(2) 鑑定試驗(confirming test)強調高特異性。

3. 偽陽性率(False Positive Rate, FPR)：

(1) 是指沒病的人卻被檢驗診斷，結果為陽性的比率。

(2) 1－特異度(specificity)。

（三）精確度(Accurary)

指所有有疾病者中真陽性加真陰性所佔的比例。

$$Accuracy = \frac{TP + TN}{TP + FP + FN + TN}$$

（四）概似比(likelihood ratio; LR)

(1) 陽性概似比(LR+)：指真正罹罹病者檢查結果為陽性之比例，除以真正沒病的人但檢查結果為陽性之比例。

(2) 陰性概似比(LR-)：指真正罹病的人但檢查結果為陰性之比例，除以真正沒病的人檢查結果也為陰性之比例。

七、Westgard Multirule Control Chart

1. Westgard 1_{2S}：品管血清測定值有單一次落在標準偏差外，但仍在 2~3 個標準偏差範圍內，警告界限。

2. Westgard 2_{2S}：品管血清測定值連續二次落在標準偏差（警告界限）外，又稱 2:2 SD rule，可能有系統誤差出現。

3. Westgard 10_X：品管血清測定值連續十次落在均值同一側，有系統誤差出現。

4. Westgard 4_{1S}：品管血清測定值連續四次在平均值的同一側但在 1 個標準偏差範圍內，又稱 4:1 SD rule，有系統差出現，不可接受。

5. Westgard R_{4S}：品管血清測定值二次間差距達 4SD 以上，又稱 the range:4SD rule；有隨機誤差，不可接受。

八、標準偏差指數(SDI)

SDI 為一實驗室之檢驗品質顯示法，即實驗室測定值減去群體平均值除以群體標準偏差(SD)，為外部品管中的指標。

$$SDI = \frac{實驗室測定值 - 群體之平均值}{群體之標準差值}$$

九、回收率

1. 評估特異性與精確度。

2. 公式：

$$（添加後檢體值－添加前檢體值）／添加量×100 \%$$

十、全面質量管理 (Total Quality Management; TQM)

品管的 5-Q 架構	意　義
品質計劃 (Quality Planning)	設計合乎顧客需求的作業流程
品質作業 (Quality Laboratory Practice)	建立合乎要求的作業流程
品質管制 (Quality Control)	統計方法監控品管作業中，可能發生不合品管要求之變化
品質保證 (Quality Assurance/Assessment)	監測更廣泛整體工作流程狀況，以確保分析結果達到顧客需求
品質改進 (Quality Improvement)	提供結構性解決問題的流程

精選實例評量

Review Activities

1. 一分析方法所能測得待測物的最低濃度稱之為：(A)analytical sensitivity (B)clinical sensitivity　(C)limit of blank　(D)lower limit of quantification

2. 以非高斯分布(nongaussian distribution)設定參考值範圍時，應為(P: percentile; s: standard deviation)：(A)平均值加減 1.96s　(B)平均值加減 3s　(C) P2.5～P97.5　(D) P5.0~P95.0

3. Receiver operating characteristic 曲線之縱軸與橫軸分別為下列何者？(A) True positive rate 與 false negative rate　(B) False positive rate 與 True negative rate　(C) Sensitivity 與(1-specificity)　(D) Specificity 與(1-sensitivity)

4. 系統誤差可以被 Westgard multirule 的哪一種規則偵測出？(A) 1_{3s}　(B) 2_{2s}　(C) 4_{1s} (D) R_{4s}

5. 連續測定某待測物 25 次，得到平均值為 100 mmol/L，SD 為 7 mmol/L，則變異係數(CV)為下列何者？(A) 1.75 %　(B) 3.5 %　(C) 7.0 %　(D) 10.5 %

6. Westgard 多規則品管方法中，哪一規則可偵測出隨機誤差(random error)？(A) 2_{2S} (B) R_{4S}　(C) 4_{1S}　(D) 10_x

7. Levey-Jennings 品管圖上，通常不會標出何種數值？(A)日期　(B)變異係數　(C)標準偏差　(D)平均值

8. 線性迴歸之公式 y＝a＋bx 及 SDy/x 等參數。如果兩方法存在有比例誤差，則可由下列哪一個參數顯示出？(A) a　(B) b　(C) x　(D) SDy/x

9. 變異係數(coefficient of variation)通常用來表示一檢驗方法之下列何種特性？(A)精密度(Precision)　(B)準確度(Accuracy)　(C)回收率(Recovery)　(D)干擾性(Interference)

10. 下列多規則品管方法中，何者較易偵測出隨機誤差？(A) 1_{3S}　(B) 2_{2S}　(C) 4_{1S} (D) 10_x

11. 多規則品管方法中的 R_{4S} 是何種意義？(A)一個值超過 4SD　(B)四個值超過 1SD (C)四個值超過 4SD　(D)一個值超過-2SD，另一值超過+2SD

12. 線性迴歸公式為 y=a+bx，其中 b 是表示何種意義？(A)隨機誤差　(B)比例誤差 (C)固定誤差　(D)標準偏差

13. 一家檢驗室測量葡萄糖外部品管檢體結果是 121 mg/dL，該方法群體之平均值為 115 mg/dL，且標準偏差是 2 mg/dL，則該檢驗室之 SDI 是多少？ (A) 0.7　(B) 1.5　(C) 3.0　(D) 4.5

14. 正常鈣參考值為 8 mg/dL 至 12 mg/dL 容許誤差界限？(A) ±0.1　(B) ±0.5　(C) ±1　(D) ±2

	CEA 陽性患者	CEA 陰性患者
有大腸癌的數目	150	50
無大腸癌的數目	200	200

15. 特異性為多少？(A) 37.5%　(B) 44%　(C) 50%　(D) 69%　(E) 80%

16. 敏感性為多少？(A) 37.5%　(B) 44%　(C) 60%　(D) 75%　(E) 80%

17. 檢測膽固醇的可容許總誤差(TEa)為 10%，若有一方法 bias＝-1%，CV＝2%，則 sigma metric 為：(A) 9.0　(B) 5.5　(C) 4.5　(D) 4.0

18. 下列哪一種品質管理可以評估臨床實驗室數據的長期準確度？(A)使用品管血清　(B)製作標準差管理圖　(C)製作累積管理圖　(D)使用 R4s 品管規則

19. 在糖化血色素 6.5%的臨床決策值，下列為使用不同檢驗方法(y)與標準方法(x)比較所得到的迴歸線，何種方法的常數系統誤差最小？(A) $y = 1.03x - 0.10$　(B) $y = 1.04x - 0.06$　(C) $y = 0.96x + 0.09$　(D) $y = 0.98x + 0.08$

20. 利用血清儲鐵蛋白濃度診斷缺鐵性貧血，其診斷的靈敏性為 20%，特異性為 98%，則陽性概似比(LR+)為：(A) 0.8　(B) 1.2　(C) 5　(D) 10

答案　　1.D　2.C　3.C　4.B/C　5.C　6.B　7.B　8.B　9.A　10.A　11.D　12.B　13.C
　　　　14.A　15.C　16.D　17.C　18.C　19.B　20.D

醣類代謝與臨床常見疾病

學習目標

1. 掌握醣類的化學結構（單醣、雙醣和多醣）。

2. 瞭解血糖濃度的調節機制。

3. 瞭解糖尿病，熟悉常見先天代謝異常疾病。

4. 掌握血糖濃度、糖化血紅素、果糖胺、酮體測定的原理及實驗標準。

5. 瞭解胰島素的合成與分泌機制。

6. 熟悉胰島素的對血糖代謝的影響作用。

7. 瞭解 C 胜肽(C peptide)、胰島素原、胰島素檢測的臨床意義。

 2-1　醣類的化學

一、定　義

1. 醣類是指多羥基酮（酮醣(ketoses)）與多羥基醛（醛醣(aldoses)）的衍生物。

2. 分子結構中含有兩個以上的「OH」基與酮基或醛基的化合物即可稱之。

3. 分子式為$(CH_2O)_n$。

4. 最簡單的醣類為三碳糖。

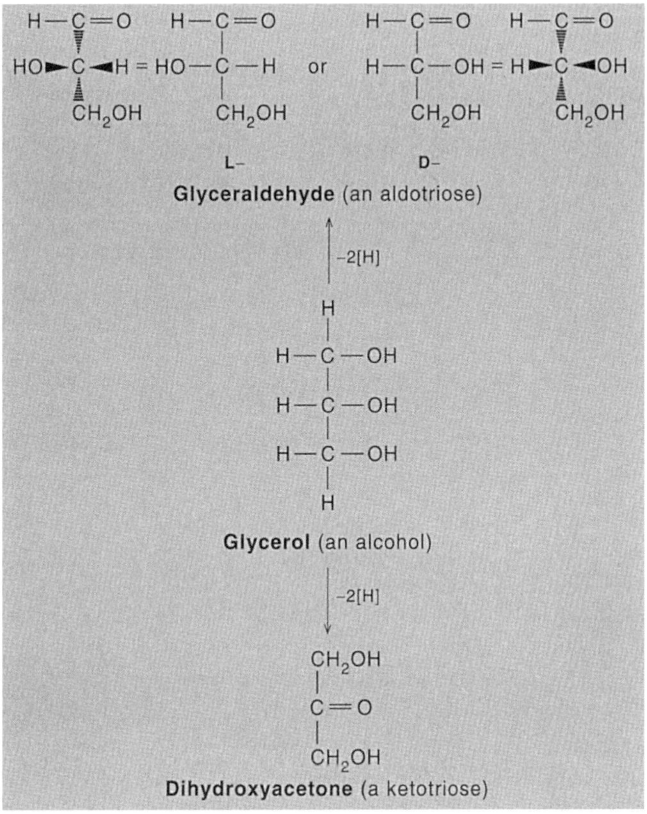

圖 2-1　最小單醣

二、單醣類

1. 定義：不能再水解之最簡單的糖，稱之為單醣。

2. 五碳糖的生理作用：

五碳糖	生物特性
核糖(D-Ribose)	1. 核酸的組成成分之一 2. 磷酸五碳糖代謝途徑中間產物
核酮糖(D-Ribulose)	磷酸五碳糖代謝途徑中間產物
阿拉伯糖(D-Arabinose)	醣蛋白的組成成分之一
木糖(D-Xylose)	醣蛋白的組成成分之一
來蘇糖(D-Lyxose)	心肌中的蘇黃素
木酮糖(L-Xylulose)	1. 糖醛酸代謝途徑中間產物 2. 原發性五碳糖尿症

3. 六碳糖的生理作用：

六碳糖	生物特性
果糖(Fructose)	1. 於肝、腸可轉化為葡萄糖 2. 果糖堆積疑有遺傳性果糖不耐症
半乳糖(Galactose)	1. 於肝、腸可轉化為葡萄糖 2. 代謝缺失易造成半乳糖症及白內障
葡萄糖(Glucose)	1. 重要能量來源 2. 血糖過高易造成糖尿病
甘露糖(Mannose)	可組成許多醣蛋白的成分

※ 景天庚酮糖(Sedoheptulose)：為七碳糖。

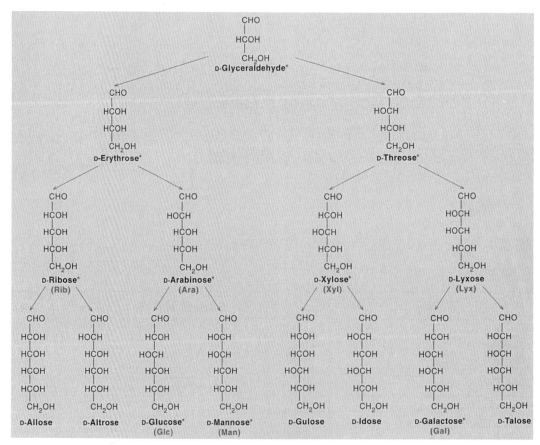

🧪 圖 2-2　D-醛醣類(D-aldoses)

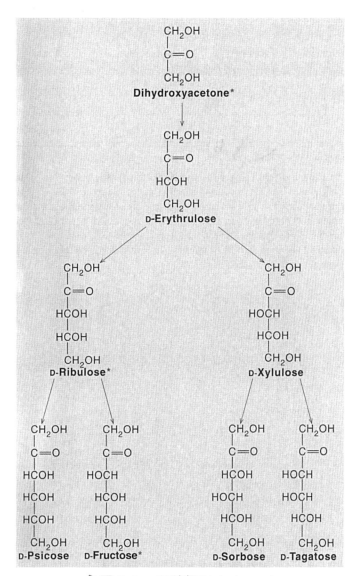

🧪 圖 2-3　酮醣類(D-ketoses)

三、雙醣類

1. 定義：兩分子的單醣利用糖苷鍵連接而成。

2. 雙醣的生理作用：

雙　醣	組　成	生物特性
纖維二糖(Cellobiose)	葡萄糖＋葡萄糖	纖維素分解後重要產物
乳糖(Lactose)	半乳糖＋葡萄糖	1. 於乳汁含量高 2. 乳糖不耐症無法消化乳糖
麥芽糖(Maltose)	葡萄糖＋葡萄糖	澱粉分解後重要產物
蔗糖(Sucrose)	葡萄糖＋果糖	甘蔗與甜菜中含量高，非還原糖

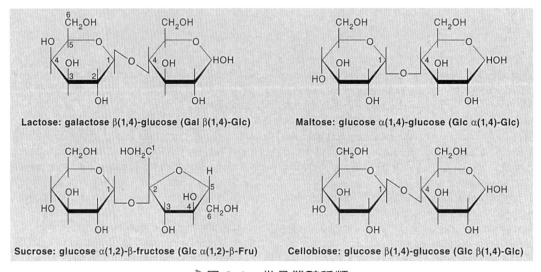

Lactose: galactose β(1,4)-glucose (Gal β(1,4)-Glc)

Maltose: glucose α(1,4)-glucose (Glc α(1,4)-Glc)

Sucrose: glucose α(1,2)-β-fructose (Glc α(1,2)-β-Fru)

Cellobiose: glucose β(1,4)-glucose (Glc β(1,4)-Glc)

圖 2-4　常見雙醣種類

四、多醣類

1. 定義：大部分的碳水化合物以高分子量聚合而成。

2. 同多醣(Homopolysaccharides)：單一種單醣構成的多醣，例如澱粉與肝醣；異多醣(heteropolysaccharides)：由多於一種的單醣種類形成的多醣，例如玻尿酸、軟骨素和肝素。

3. 多醣的生理作用：

多　醣		單元體	生物特性
澱粉	支鏈澱粉 (Amylopectin)	葡萄糖	1. 具有分支的多醣類 2. 每隔 20~25 個葡萄糖出現一支鏈連結 3. 佔全部澱粉 70~90% 4. 不易溶於水
	直鏈澱粉 (Amylose)	葡萄糖	1. 不具有分支的多醣類 2. 不易溶於水 3. 佔全部澱粉 10~30% 4. 與碘液產生藍色反應
肝醣(Glycogen)		葡萄糖	1. 具有高度分支的多醣類 2. 每隔 8~10 個葡萄糖出現一支鏈連結
纖維素(Cellulose)		葡萄糖	1. 3,000 個以上葡萄糖組成 2. 植物細胞壁的主成分
幾丁質(Chitin)		N-乙醯-D-葡萄糖胺 (N-acetyl-D-glucosamine)	無脊椎動物外殼的主成分
軟骨素 (Chondroitin sulfate)		N-乙醯-D-半乳糖胺硫酸鹽 (N-acetyl-D-galactosamine sulfate)＋葡萄糖醛酸 (Glucuronic acid)	軟骨、硬骨的主成分
透明質樣酸 (Hyaluronic acid)		N-乙醯-D-葡萄糖胺 (N-acetyl-D-glucosamine)＋葡萄糖醛酸(Glucuronic acid)	1. 關節液、滑膜液的主成分 2. 為蛋白質多醣
肝素(Heparin)		Sulfated glucosamine＋Sulfated iduronic acid	抗凝血之作用
菊糖(Inulin)		果糖	1. 易溶解於溫水 2. 不與碘液產生反應

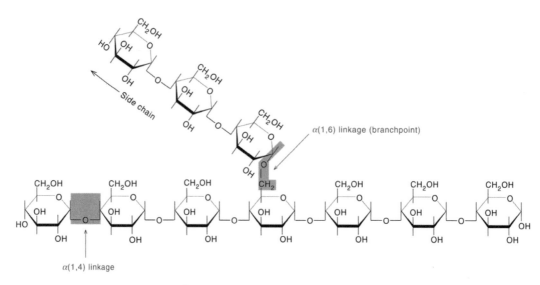

α(1,6) linkage (branchpoint)

α(1,4) linkage

🧪 圖 2-5 肝醣與澱粉的構造

精選實例評量

1. Glucose 在酸性液中會傾向形成哪一種結構？(A) Furanose (B) Pyranose (C)直鏈狀 (D)聚合狀

2. 乳糖是由下列哪兩種單醣成分所組成？(A)葡萄糖＋半乳糖 (B)半乳糖＋半乳糖 (C)乳酸＋葡萄糖 (D)乳酸＋半乳糖

3. 下列何者是蔗糖(sucrose)水解的產物之一？(A)半乳糖(Galactose) (B)果糖(Fructose) (C)阿拉伯糖(Arabinose) (D)木膠糖(Xylose)

4. 幾丁質(chitin)的組成單位是：(A) N-acetyl-D-glucosamine (B) β-D-mannuronate (C) N-acetyl-D-galactosamine (D) α-L-guluronate

5. 下列何者為五碳糖？(A)赤鮮糖(Erythrose) (B)景天庚酮糖(Sedoheptulose) (C)甘露聚糖(Mannose) (D)阿拉伯糖(D-Arabinose)

6. 下列何者會使牛奶變酸？(A) Galactose (B) Lactose (C) Lactate (D) Pyruvate

7. 下列關於肝素(Heparin)的敘述，何者錯誤？(A)含硫酸基(sulfate group) (B)分子量約 500 Da (C)含羧基(-COOH group) (D)含艾杜糖醛酸(iduronic acid)

8. 下列何種物質與碘離子結合形成深藍色複合物？(A)直鏈澱粉(amylose) (B)支鏈澱粉(amylopectin) (C)纖維素(cellulose) (D)葡聚糖(dextran)

9. 下列何種糖是一種酮糖(ketose)？ (A)葡萄糖(glucose)　(B)果糖(fructose)　(C)半乳糖(galactose)　(D)甘露糖(mannose)

10. 纖維素(cellulose)無法被人體分解消化，主要是因為其葡萄糖間的鍵結方式為：
(A) α1→ 6　(B) α1→ 4　(C) β1→ 6　(D) β1→ 4

答案　　1.B　2.A　3.B　4.A　5.D　6.C　7.B　8.A　9.B　10.D

 2-2 葡萄糖代謝

　　醣類是自然界中豐富的有機分子之一。主要維持細胞的能量供應及細胞組成成分。血糖是指血液中的葡萄糖，它是細胞的重要能源來源。

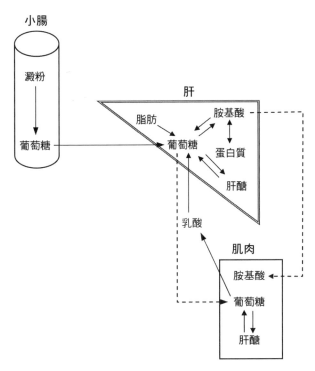

🧪 圖 2-6

一、醣類的代謝作用

(一) 糖解作用(Glycolysis)

1. **定義**：在有氧或無氧的狀況下葡萄糖分解代謝產生能量過程。

2. **反應位置**：細胞質。

3. **最終反應**：Glucose→2 Pyruvate＋2 ATP＋2 NADH

   (1) 有氧呼吸情況下：進入檸檬酸循環(citric acid cycle)。

   (2) 無氧呼吸情況下：產生乳酸(lactate)與 ATP。

4. **能量產生**：

   (1) 有氧呼吸情況下：8 ATP。

   (2) 無氧呼吸情況下：2 ATP。

5. **反應途徑**：如圖 2-7。

6. **紅血球的糖解作用**：

   (1) 反應位置：紅血球細胞質。

   (2) 關鍵酵素：雙磷酸甘油酸轉位酶(diphosphoglycerate mutase)。

   (3) 特徵：

     a. 無 ATP 的產生。

     b. 2,3-diphosphoglycerate 的產生。

(二) 丙酮酸氧化作用(Oxidation of Pyruvate)

1. **意義**：丙酮酸氧化去羧作用成乙醯輔酶 A，進入檸檬酸循環（圖 2-8）。

2. **反應位置**：粒線體。

3. **最終反應**：利用丙酮酸去氫酶複合體(pyruvate dehydrogenase complex; PDC)

   $Pyruvate＋CoA＋2\ NAD^+→Acetyl\text{-}CoA＋NADH＋H^+＋CO_2$

4. 丙酮酸去氫酶複合體：

丙酮酸去氫酶複合體	輔　酶	作　用
丙酮酸去羧化酶 (Pyruvate decarboxylase)	硫胺素焦磷酸 (Thiamine pyrophosphate; TPP)，即維生素 B_1	去羧作用
二氫基硫辛酸乙醯轉化酶 (Dihydrolipoyl transacetylase)	硫辛酸(Lipoic acid)	轉移兩個碳至硫辛酸，再來轉至 Coenzyme A
二氫基硫辛酸去氫酶 (Dihydrolipoyl dehydrogenase)	核黃素(riboflavin，維生素 B_2)	催化還原態硫辛酸回到氧化態硫辛酸

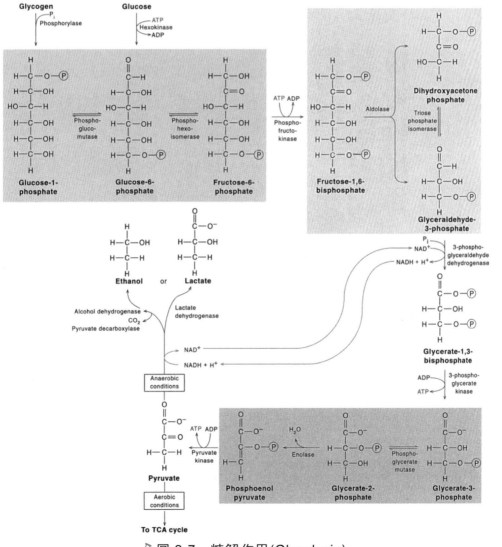

圖 2-7　糖解作用(Glycolysis)

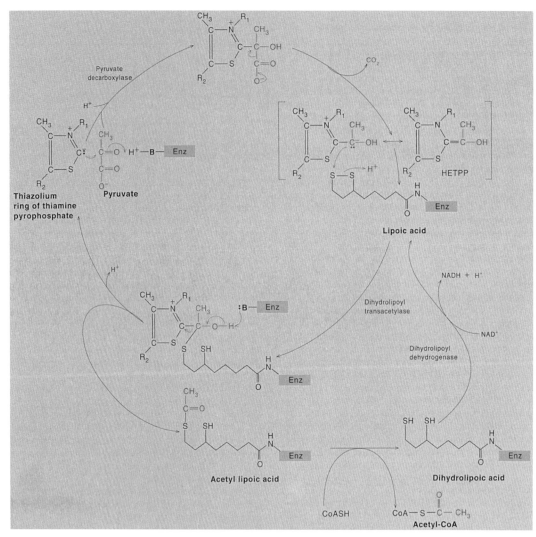

🧪 圖 2-8　丙酮酸去氫酶複合體催化的反應

(三) 糖質新生作用(Gluconeogenesis)

1. **定義**：將非醣類的物質（乳酸、丙酮酸、甘油、生糖胺基酸等）轉變成葡萄糖。
2. **反應位置**：肝臟細胞質與粒線體。

3. 需利用高能量來修飾關鍵反應：

反應過程	酵　素	消耗能量
Pyruvate→Oxaloacetate	Pyruvate carboxylase	1 ATP
Oxaloacetate→Phosphoenolpyruvate	Phosphoenolpyruvate carboxykinase	1 GTP
Fructose-1,6-bisphosphate→ Fructose-6-phosphate	Fructose-1,6-bisphosphatase	
Glucose-6-phosphate→Glucose	Glucose-6-phosphatase	

4. 反應途徑（圖 2-9）：

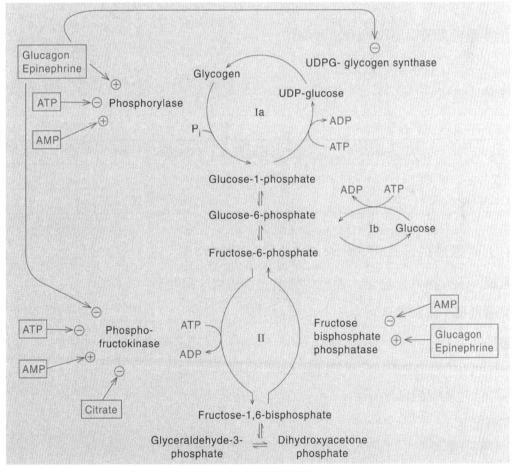

🧪 圖 2-9　糖解作用與糖質新生作用調節

(四) 肝醣生成作用(Glycogenesis)

1. **定義**：將葡萄糖轉變成肝醣的過程。

2. **反應途徑**：

反應過程	酵素	特徵
Glucose→Glucose-6-phosphate	Glucokinase 或 Hexokinase	耗 1 ATP
Glucose-6-phosphate→ Glucose-1-phosphate	Phosphoglucomutase	
Glucose-1-phosphate→ UDP-glucose(UDPGlc)	UDPGlc pyrophosphorylase	耗 1 ATP
UDP-glucose→Glycogen	Glycogen synthase	產生α1→4 糖苷鍵

(五) 肝醣分解作用(Glycogenolysis)

1. **定義**：將肝醣轉變成葡萄糖的過程。

2. **反應途徑**：

反應過程	酵素	特徵
Glycogen→Glucose-1-phosphate	Glycogen phosphorylase	分解α1→4 糖苷鍵，耗 1 ATP
Glucose-1-phosphate→Glucose-6-phosphate	Phosphoglucomutase	
Glucose-6-phosphate→Glucose	Glucose-6-phosphatase	耗 1 ATP

(六) 五碳糖磷酸途徑(Pentose Phosphate Pathway)

1. **意義**：六碳糖氧化途徑，能產生磷酸五碳糖與二氧化碳。

2. **反應位置**：細胞質。

3. **特性**：

   (1) 中間產物五碳糖為合成核糖(ribose)之前驅物，供 DNA、RNA 合成。

   (2) 產生兩分子的 NADPH。

4. **關鍵反應**：

   (1) 第一階段：

   a. 第一個氧化反應由 glucose-6-phosphate dehydrogenase 催化之；若此酶缺乏則引起蠶豆症。

   b. 最終經去羧作用產生出 5-磷酸核酮糖(ribulose-5-phosphate)與 NADPH。

(2) 第二階段：

　a. 由 phosphopentose isomerase 催化，產生 5-磷酸核糖。

　b. 再經由轉醛酶與轉酮酶催化，可產生 3-磷酸甘油醛與 6-磷酸果糖。

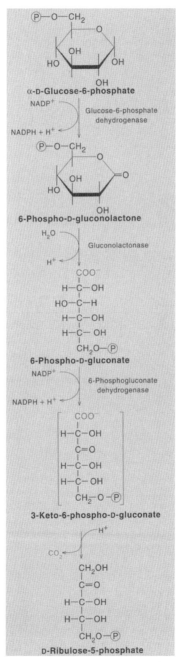

🧪 圖 2-10　磷酸五碳糖途徑（第一階段）

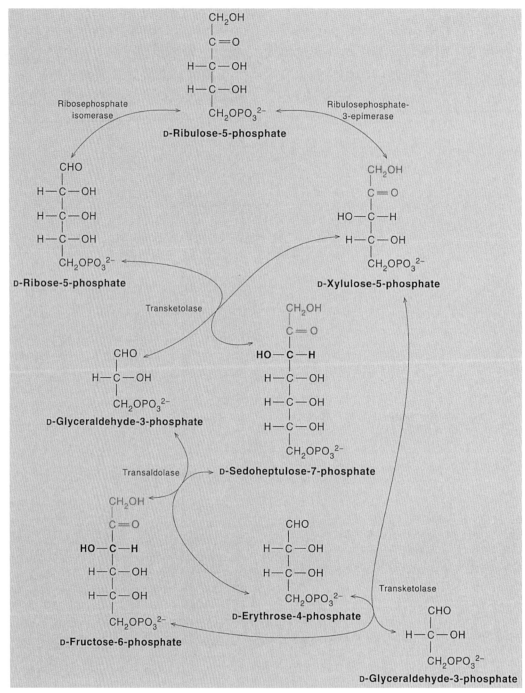

圖 2-11　磷酸五碳糖途徑（第二階段）

(七) 三羧酸循環(Tricarboxylic Cycle; TCA Cycle)

1. **功能**：將乙醯輔酶 A 氧化產生 CO_2，以還原態輔酶儲存氧化作用產生的能量，最後形成 ATP。

2. **反應位置**：粒線體的基質。

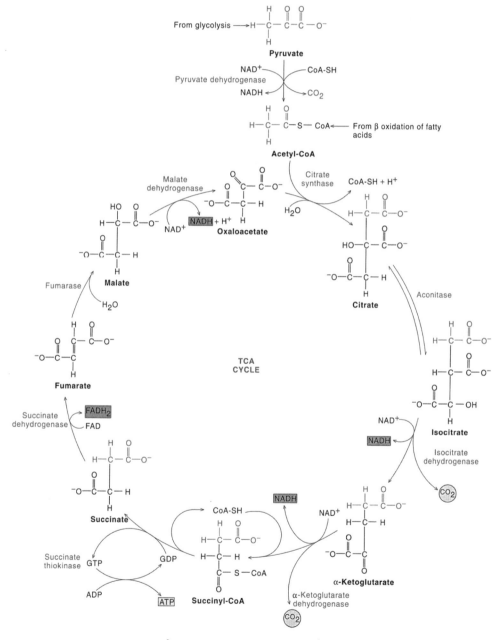

🧪 圖 2-12　TCA cycle 步驟

3. 特性：

(1) 無定向途徑。

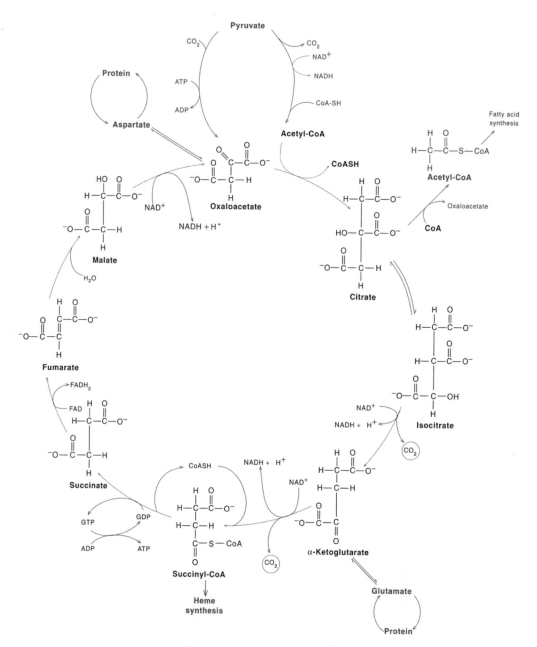

🧪 圖 2-13　TCA 分支途徑

(2) 供給還原當量物（NADH 與 FADH₂）。

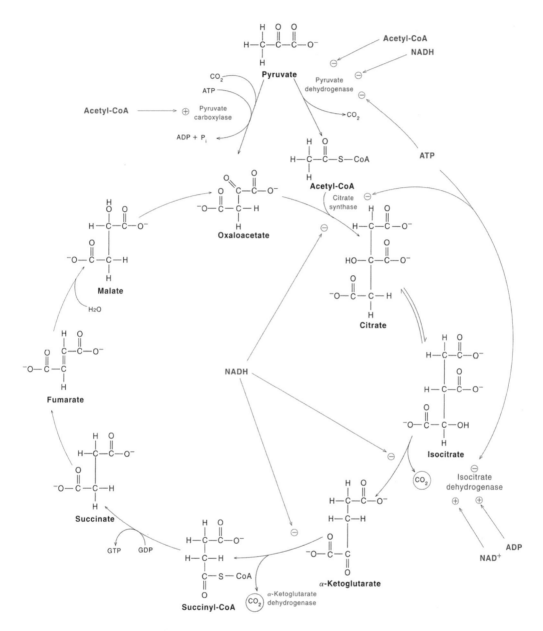

圖 2-14　TCA cycle 主要調節位置

1. 丙酮酸 (pyruvate) 在糖質新生作用 (gluconeogenesis) 中轉換為草醯乙酸 (oxaloacetate)的催化酶是：(A) Pyruvate carboxylase　(B) Pyruvate kinase　(C) Pyruvate decaroxylase　(D) Pyruvate dehydrogenase

2. 在哺乳類細胞中，一莫耳丙酮酸(pyruvate)完全氧化為 CO_2，共產生幾個莫耳的 ATP？(A) 8　(B) 10　(C) 12　(D) 15

3. 下列何種分子之合成不需要 acetyl-CoA？　(A)脂肪酸(Fatty acid)　(B)肝醣(Glycogen)　(C)膽固醇(Cholesterol)　(D)酮體(Ketone bodies)

4. 動物細胞中 NADPH 的重要來源為：(A)三羧酸循環(TCA cycle)　(B)糖解作用(Glycolysis)　(C)五碳糖磷酸代謝路徑(Pentose phosphate pathway)　(D)脂肪酸 β-氧化(β-oxidation of fatty acid)

5. 下列何者為細胞進行無氧糖解(anaerobic glycolysis)的淨產物(net products)？(A) ATP 和乙醯輔酶 A (acetyl-CoA)　(B) ATP 和磷酸烯醇丙酮酸(phosphoenolpyruvate)　(C) ATP 和乳酸(lactate)　(D) NAD^+ 和乳酸(lactate)

6. 肝醣合成酶(glycogen synthase)的受質為下列哪一種分子？(A) Glucose　(B) Adenine diphosphate glucose　(C) Uridine diphosphate glucose　(D) Glucose-1-phosphate

7. 激烈運動時的肌肉細胞，其葡萄糖(glucose)氧化所需的 NAD^+ 係由下列哪個酵素反應提供的？(A)乳糖去氫酶(Lactate dehydrogenase)　(B)丙酮酸激酶(Pyruvate kinase)　(C)乙醇去氫酶(Alcohol dehydrogenase)　(D)氧化酶(Oxidase)

8. 執行糖質新生作用(gluconeogenesis)主要的細胞是：(A)紅血球　(B)肝臟細胞　(C)肌肉細胞　(D)腦細胞

9. 下列哪一個不是糖質新生(gluconeogenesis)的原料？(A)甘油(Glycerol)　(B)胞嘧啶(Cytosine)　(C)絲胺酸(Serine)　(D)乳酸(Lactate)

10. 下列酵素為催化檸檬酸循環中氧化之反應，何者不與 NAD^+ 之還原有關？(A) Malate dehydrogenase　(B) α-ketoglutarate dehydrogenase complex　(C) succinate dehydrogenase　(D) Isocitrate dehydrogenase

11. 一個葡萄糖分子經過五碳糖磷酸途徑(pentose phosphate pathway)，可以產生幾個 NADPH 分子？(A) 8　(B) 4　(C) 2　(D) 1

答案　1.A　2.D　3.B　4.C　5.B　6.C　7.A　8.B　9.B　10.C　11.C

二、葡萄糖的調節

(一) 葡萄糖的運送

在體內的代謝過程受到激素和神經系統的調節，使血糖維持在恆定的範圍之內，約在 4.5~5.9mmol/L 之間。

正常參考值	單位(mg/dL)	單位(mmol/L)
全血	65~95	3.5~5.3
血清	74~106	4.5~5.9
血漿	74~106	4.5~5.9
腦脊髓液	40~70	2.2~3.9
尿液（24 小時）	1~15	0.1~0.8

(二) 葡萄糖運送蛋白

血糖的維持主要是藉由兩大類運送蛋白的調節。

1. **第一大類**：是存在小腸中的鈉／葡萄糖的共同轉運蛋白(sodium/glucose cotransporters)。

2. **第二大類**：是葡萄糖轉運蛋白(glucose transporters; GLUT)，其中不同的組織含有不同型式的葡萄糖轉運蛋白。

3. **葡萄糖轉運蛋白：**

分類	存在處	特　性
GLUT-1	廣泛存在各個組織	基本葡萄糖運送
GLUT-2	肝臟、蘭氏小島 β 細胞	加速運送葡萄糖進入細胞
GLUT-3	廣泛存在各個組織（特別神經組織）	神經組織中葡萄糖運送
GLUT-4	肌肉組織	胰島素而加速運送葡萄糖進入骨骼肌細胞
GLUT-5	小腸（居多）、肌肉	促進果糖運送
GLUT-7	肝臟	將葡萄糖送入糖質新生

(三) 血糖濃度與激素的調節機制

血糖濃度與激素的調節機制如下表及圖 2-15。

血糖	激　素	分泌處	調節機制
上升	ACTH	腦下垂體	促進 cortisol 分泌增加
	Cortisol	腎上腺皮質	脂肪、蛋白質分解增加；糖質新生作用增加；抗發炎、抗過敏
	Epinephrine	腎上腺髓質	肝醣分解增加
	Glucagon	蘭氏小島 α 細胞	肝醣分解增加；糖質新生作用增加
	Growth hormone	腦下垂體	促進 cortisol 分泌增加
	Thyroxine	甲狀腺	糖質新生作用增加；肝醣分解增加
下降	Insulin	蘭氏小島 β 細胞	肝醣、脂肪、蛋白質生成上升
	Somatostatin	蘭氏小島 δ 細胞及下視丘	抑制 glucagon 及 insulin 分泌

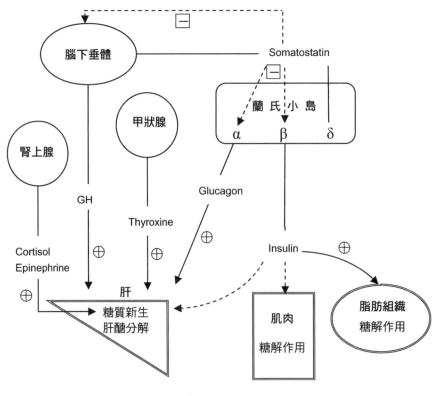

🧪 圖 2-15

（四）胰島素(Insulin)

1. 胰臟蘭氏小島：

	α 細胞	β 細胞	δ 細胞
組成比例	25％	60％	10％
分泌物	Glucagon	Insulin	Somatostatin
分泌物成分	Polypeptide	Polypeptide	Polypeptide

2. 胰島素基本結構：

(1) A、B 兩條胜肽鏈共組而成，利用兩個雙硫鍵相連接。

(2) A 鏈由 20 個胺基酸、B 鏈由 31 個胺基酸構成。

(3) 共 51 個胺基酸，分子量為 6 kDa。由 proinsulin 分解出 insulin 與 C peptide。

(4) 前驅胰島素(proinsulin)在高基氏體中被截切而形成成熟的胰島素

3. 胰島素的作用：

(1) 促進組織細胞對葡萄糖的攝取和利用。

(2) 增加 GLUT4 於肌肉細胞對葡萄糖轉運的速度。

(3) 促進葡萄糖轉化為肝醣、抑制肝醣分解。

(4) 促進葡萄糖轉化為脂肪和蛋白質。

4. 胰島素接受器的訊息傳遞：

(1) 成分：醣蛋白。

(2) 結構：兩個 α 次單元和兩個 β 次單元。接受器本身含有蛋白激酶的功能。

(3) 主要分布：肝細胞、脂肪細胞及肌肉細胞。

(4) 作用方式：胰島素與標的細胞上的胰島素接受器結合，增加激酶的最大反應速率，促進接受器自身磷酸化，引起細胞效應。

(5) 不同情況下胰島素接受器的變化：

情　況	胰島素的結合	機　制
老年人	正常或下降	接受器數目減少
糖尿病	正常或下降	接受器數目減少
饑餓	下降	改變親和力和數目
肥胖	下降	接受器數目和親和力下降

（五）荷爾蒙的調控機轉

腎上腺素(epinephrine)、升糖素(glucagon)與胰島素(insulin)的調控機轉，如圖 2-16。

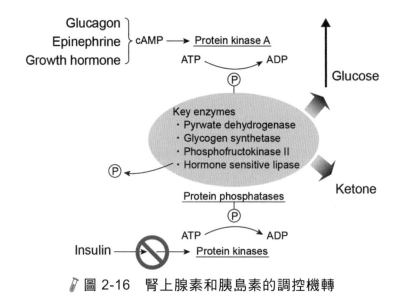

圖 2-16　腎上腺素和胰島素的調控機轉

2-3　糖尿病與代謝疾病

一、美國糖尿病醫學會(American Diabetes Association; ADA)之糖尿病治療指引

（一）早期型糖尿病(prediabetes)

1. 空腹血糖異常(impaired fasting glucose; IFG)：空腹血漿血糖 100~125 mg/dL。

2. 葡萄糖耐受不良(impaired glucose tolerance; IGT)：口服葡萄糖耐受試驗第 2 小時血漿血糖 140~199 mg/dL。

3. 糖化血色素：5.7~6.4 %。

（二）糖尿病

1. 定義：胰島素絕對或相對缺乏引起的以糖代謝紊亂為主的疾病。

2. 主因：胰島素(insulin)缺乏。

3. 生理與病理關係：

糖代謝紊亂	脂類代謝紊亂	蛋白質代謝紊亂
高血糖	高血脂症	肌肉無力
糖尿症	酮酸症	體重下降

4. 糖尿病診斷標準：

(1) 糖化血色素 $\geq 6.5\%$。

(2) 空腹血漿血糖 ≥ 126 mg/dL。

(3) 口服葡萄糖耐受試驗第 2 小時血漿血糖 ≥ 200 mg/dL。

(4) 典型高血糖症狀或高血糖危象(hyperglycemic crises)且隨機血漿血糖 ≥ 200 mg/dL。

5. 糖尿病分型：

(1) 胰島素依賴型糖尿病(Insulin dependent diabetes mellitus; IDDM)：

　　a. 好發：年輕人。

　　b. 病因：(1)多為自體免疫疾病，絕對胰島素缺少；(2)β-細胞萎縮。

　　c. 臨床症狀：酮酸中毒及昏迷。

　　d. 又稱：第一型糖尿病。

(2) 非胰島素依賴型糖尿病(Non-insulin dependent diabetes mellitus; NIDDM)：

　　a. 好發：中老年肥胖個體。

　　b. 病因：(1)多為 β-細胞老化，使得對胰島素反應減少（為胰島素阻抗）；(2)insulin receptor 被破壞無法接受 insulin。

　　c. 臨床症狀：動脈硬化病變。

　　d. 又稱：第二型糖尿病。

(3) 其他型糖尿病：

　　a. 好發：成年人。

　　b. 病因：胰島素分泌受損或不能發揮功能者。

　　c. 臨床症狀：囊性纖維化、肢端肥大症、嗜鉻細胞瘤、甲狀腺高能症、庫欣氏症候群。

　　d. 又稱：繼發性糖尿病。

　　　*妊娠糖尿病：指懷孕前沒有糖尿病病史，但在懷孕時卻出現高血糖的現象。懷孕第 24~28 週進行血糖值篩檢以口服 50 公克葡萄糖水負荷試驗。

孕期間空腹血糖之**目標值** ≤ 95 mg/dL，餐後兩小時＜120mg/dL。易發生胎兒畸形或巨嬰，孕期高血糖常導致酮酸中毒症。

e. 糖尿病的特點比較：

特　　性	胰島素依賴型（第一型）糖尿病	非胰島素依賴型（第二型）糖尿病	其他型糖尿病
年齡	年輕人	中老年人	成年人
營養狀況	清瘦、不胖	80%超重和肥胖	不一定
自體抗體	有（ICA、IAA 與 GAD-Ab）	無	無
胰島素依賴	有	無	無
酮酸症	有	無	無

※ 胰島細胞抗體(islet cell autoantibodies；ICA)，胰島素抗體(insulin autoantibodies；IAA)和麩胺酸脫羧酶抗體(glutamic acid decarboxylase autoantibody)。

※ 第一型糖尿病有關的最重要基因位於人類第六對染色體短臂上的 HLA 區域。

※ 糖化終產物(Advanced glycation end product，AGEs)

5. 併發症：

(1) 微小血管病變：視網膜病變、腎臟病變。糖尿病腎病(diabetic nephropathy)最常見 Kimmelstiel-Wilson 病灶。

(2) 大血管病變：動脈粥樣硬化。

(3) 神經病變：末梢神經病變表現為皮膚搔癢、神經痛、知覺障礙。

二、低血糖症(Hypoglycemia)

1. **定義**：空腹血漿中血糖濃度低於 3.3 mmol/L (60 mg/dL)；全血葡萄糖濃度低於 2.2 mmol/L (40 mg/dL)。

2. **主因**：葡萄糖利用過多或生成不足。

3. **症狀**：酗酒、胰島素瘤。

三、高血糖症(Hyperglycemia)

1. **定義**：空腹血漿中血糖濃度高於 7.3 mmol/L (130 mg/dL)。

2. **生理性高血糖**：情緒性糖尿、飲食性糖尿。

3. **病理性高血糖**：糖尿病、肢端肥大症、甲狀腺高能症、庫欣氏症候群。

4. **糖尿症**：當血漿中血糖濃度高於腎臟閾值（9.0 mmol/L 或 160 mg/dL）時，會出現尿糖偏高的現象。

四、肝醣貯積症

因肝醣代謝酵素缺乏引起肝醣無法順利轉化成葡萄糖所造成的遺傳性代謝疾病，導致病童會有肝脾腫大、身材矮小、肌肉無力等症狀。

(一) 馮吉尼爾氏病(Von Gierke Disease)－肝醣貯積症第一型

1. **主因**：缺乏葡萄糖-6-磷酸酶(Glucose-6-phosphatase; G-6-Pase)。
2. **肝醣積存**：肝、腎。
3. **症狀**：長期低血糖症、高尿酸症，肝糖分解異常致使肝、腎因長期累積肝醣而腫大。

(二) 龐培氏症(Pompe Disease)－肝醣貯積症第二型

1. **主因**：缺乏溶小體 acidic α-glucosidase 所引起。
2. **肝醣積存**：全身。
3. **症狀**：心臟肥大（PR 間距變短），多於兩歲以前發病。

(三) 佛伯氏病(Forbes Disease)－肝醣貯積症第三型

1. **主因**：缺乏肝醣的去分支酵素(glycogen debranching enzyme)；為 GDE 基因缺陷，位於染色體第一對短臂 1p21.2 處。
2. **肝醣積存**：肌肉、肝。
3. **症狀**：低血糖症，肝因長期累積肝醣而腫大，但症狀較第一型輕微。

(四) 安德森氏症(Andersen Disease)－肝醣貯積症第四型

1. **主因**：缺乏肝醣的分支酵素(glycogen branching enzyme；alpha-1,4-glucan branching enzyme)所引起，GBE1 基因缺陷，位於染色體第三對短臂 3p14 處。
2. **肝醣積存**：肝、脾。
3. **症狀**：肝、脾因長期累積肝醣而腫大，最後多出現肝硬化並呈現衰竭，多出現於一歲以前發病。

（五）麥克阿多氏病(McAldle Disease)－肝醣貯積症第五型

1. 主因：缺乏肌肉肝醣分解酵素（磷酸化酶(phosphorylase)）所引起。
2. 肝醣積存：肌肉。
3. 症狀：成年人於激烈運動後所產生的肌肉痙攣現象。

（六）赫斯氏病(Hers Disease)－肝醣貯積症第六型

1. 主因：缺乏分解酵素活化磷酸化激酶(phosphorylase kinase)。
2. 肝醣積存：肝。
3. 症狀：低血糖症，肝因長期累積肝醣而腫大，但症狀較第一型輕微。

（七）塔魯依氏病(Tarui Disease)－肝醣貯積症第七型

1. 主因：肌肉中缺乏磷酸果糖激酶(phosphofructokinase)所致。
2. 肝醣積存：肌肉、紅血球。
3. 症狀：溶血性貧血，症狀與第五型類似。

五、黏多糖症(Mucopolysaccharidosis)

（一）賀勒氏症(Hurler Syndrome)

1. 主因：缺乏 α-L-iduronidase（位於染色體 4p16.3）。
2. 症狀：身材矮小、鼻樑低平、脊柱後凸、角膜混濁。
3. 尿液：葡萄糖胺聚糖（dermatan sulfate 與 heparan sulfate）。

（二）韓特氏症(Hunter syndrome)

1. 主因：缺損 iduronate-2-sulphatase（位於染色體 Xq28）。
2. 症狀：身材矮小、鼻樑低平、脊柱後凸、皮膚丘疹。
3. 尿液：葡萄糖胺聚糖（Dermatan sulfate 與 Heparan sulfate）。

2-4　糖尿病的實驗室檢查與診斷

一、血液中葡萄糖的檢測

全血葡萄糖於室溫下每小時降低 7~10 % (5~10 mg/dL)，主要是由於血球進行糖解作用。一般全血葡萄糖的濃度比血漿低 12~15 %。

抗凝劑的選擇：抑制糖解作用。

(1) 加入氟化鈉抑制 enolase。

(2) 加入碘醋酸鈉抑制 glyceraldehyde-3-phosphate dehydrogenase。

(一) 氧化還原法

1. **Somogyi-Nelson 氏法**：先以氧化鋅去蛋白，葡萄糖將銅離子還原成紅色的氧化亞銅，再將氧化亞銅與鉬酸砷作用後，呈現藍色的鉬酸藍。

$$Cu^{2+} + Glucose \longrightarrow Cu_2O \ (red)$$

$$Cu_2O + Arsenomolybdate \longrightarrow Molybdenum \ blue \ (blue)$$

2. **Folin-Malmor 氏法**：先以鎢酸去蛋白葡萄糖將鐵氰化鉀還原成無色的亞鐵氰化鉀後，再加入鐵離子形成藍色的普魯士藍。

$$K_3Fe(CN)_6 + Glucose \longrightarrow K_4Fe(CN)_6 \ (colorless)$$

$$K_4Fe(CN)_6 + Fe^{3+} \longrightarrow Prussian \ blue \ (blue)$$

(二) 縮合法

葡萄糖與磷－苯甲胺於熱醋酸中進行縮合反應產生藍綠色的 N-葡萄糖醯胺。

$$o\text{-}Toluidine + Glucose \xrightarrow{H^+, 100℃} N\text{-}glucosylamine \ (blue)$$

o-Toluidine 縮合反應	六碳糖	五碳糖
顏色	藍綠色	橘色

（三）酵素法

首先要以變旋酶作用後，完全形成 β-D-glucose。

1. **葡萄糖氧化酶法**：其原理為葡萄糖氧化酶首先將葡萄糖氧化成葡萄糖酸和過氧化氫，第二步反應中，直接檢測過氧化氫。

$$Glucose + O_2 + H_2O \xrightarrow{\text{GOD Glucose axidase}} Gluconic\ acid + H_2O_2$$

(1) 過氧化酶：催化還原型發色物，生成有色的氧化型複合物，通過分光光度法可測其濃度，其濃度與葡萄糖含量成正比。

反應物	氧化型複合物呈色
H_2O_2 + o-Tolidine	藍色
H_2O_2 + o-Dianisidine	紅色
H_2O_2 + 4-Aminoantipyrine　+ Phenol	紅色

(2) 觸酶法：過氧化氫氧化甲醇成甲醛，甲醛將與 acetylacetone 作用呈現黃色複合物。

$$H_2O_2 + CH_3OH \xrightarrow{\text{Catalase}} HCHO + 2H_2O$$

$$HCHO + Acetylacetone \longrightarrow Dihydrolutidine$$

(3) 電極法：

陽極：$H_2O_2 \longrightarrow O_2 + 2H^+ + 2e^-$

陰極：$O_2 + 4H^+ + 4e^- \longrightarrow 2H_2O$

2. **已糖激酶法**：其原理為已糖激酶在 ATP 與 Mg^{2+} 存在時，催化葡萄糖變成 6-磷酸葡萄糖和 ADP，6-磷酸葡萄糖與 $NADP^+$ 存在的情況下，由 6-磷酸葡萄糖脫氫酶 (G-6-PD)作用生成 6-磷酸葡萄糖酸和 NADPH。

(1) UV 法：NADPH 在 340 nm 處有一吸收峰，其吸光量值的高低與葡萄糖含量成正比。

(2) 呈色法：NADPH 與硝基藍四氮唑(NBT)作用，生成藍色 Formazan。

＊其專一性主要來自葡萄糖-6-磷酸脫氫酶，為參考標準法。可用來測 CSF, Serum, Urine 等檢體。

3. **葡萄糖去氫酶法**：其原理為利用葡萄糖去氫酶法催化葡萄糖變成 D-glucono-δ-lactone 及 NADH。

(1) UV 法：NADH 在 340 nm 處有一吸收峰，其吸光量值的高低與葡萄糖含量成正比。

(2) 參考值：

		濃度(mg/dL)
血清／血漿	孩　童	60~100 (3.5~5.6 mmol/L)
	成　人	74~106 (4.5~5.9 mmol/L)
全　血		65~95 (3.5~5.3 mmol/L)
腦脊髓液		40~70 (2.2~3.9 mmol/L)
尿液（24 小時）		1~15 (0.1~0.8 mmol/L)

二、尿液中葡萄糖的檢測

1. **優點**：能快速檢驗、價格便宜、非侵入性治療。

2. **缺點**：不可用來監控糖尿病患者血糖。

   (1) **定性法**：
      a. Benedict's test：其原理為尿中的葡萄糖（還原性物質）在熱的鹼性溶液中與硫酸銅反應，將銅離子還原，形成由藍色到黃色的改變，顏色改變的多少與尿中還原性物質的量呈正比。
      b. Clinitest：若當尿糖高於 2 g/dL，顏色轉變成棕色。

   (2) **半定量法**：Clinitest 其主要利用葡萄糖氧化酶、過氧化酶及 o-Tolidine 來檢測葡萄糖，一旦當葡萄糖超過 100 mg/dL，則呈現藍色反應。

   (3) **定量法**：主要是利用已糖激酶或葡萄糖去氫酶來檢定。

三、葡萄糖耐量試驗(Glucose Tolerance Test)的檢測

1. **原理**：正常人飯後或給予葡萄糖後，血糖會暫時升高，隨著胰島素分泌，一小時內血糖即下降。

2. **特性**：
   (1) 飲食對葡萄糖的影響很大，通常飯前葡萄糖比飯後葡萄糖的濃度低。
   (2) 胰島素之回饋反應會造成飯前葡萄糖的濃度比飯後 2 小時高。

3. **口服葡萄糖耐量試驗(OGTT)**：
   (1) 瞭解個體對葡萄糖的調節能力。

(2) 測試法：

    a. 試驗前 3 日，每日食物中糖含量應不低於 150 g，維持正常活動。

    b. 影響試驗的藥物應在 3 日前停用，試驗前病人應 10~16 小時不進食。

    c. 採血後 5 分鐘內服用 250 mL 含 75 g 無水葡萄糖的糖水，以後每隔 30 分鐘取血一次，共 4 次，歷時 2 小時。

    d. 懷孕婦女血糖篩檢試驗：（不須禁食）喝 50 克糖水，1 小時後驗血糖，若血糖數值超過 140mg/dL，則須進一步做 100 克標準耐糖試驗。

(3) 判讀：

    a. 空腹血糖異常(impaired fasting glucose; IFG)：血糖介於 110~125 mg/dL；葡萄糖耐受不良症(impaired glucose tolerance; IGT)為血糖值升高（2 小時口服葡萄糖耐量測試的血糖值在 140~199 mg/dL 之間），兩種狀況未達到糖尿病的標準。

    b. 正常糖耐量：服糖後半小時到 1 小時後血糖濃度暫時略高，耐糖曲線顯示值小於 10 mmol/L，尿糖呈陰性。1 小時後血糖逐漸降低，一般 2 小時左右恢復至空腹。

    c. 糖尿病性糖耐量：患者空腹血糖大於 8.0 mmol/L，高於正常值。服用糖後血糖快速升高，耐糖曲線顯示值超過 10 mmol/L 血糖濃度恢復緩慢，2 小時以後仍高於空腹。

    d. 糖耐量受損：非妊娠的成年人 OGTT 呈現空腹葡萄糖水平小於 8.0 mmol/L；但服用糖後 30、60 或 90 分鐘的血糖 ≧ 11 mmol/L，2 小時後血糖值維持 8~11 mmol/L 之間，則為輕度耐糖量能力下降。

4. 胰島素耐量試驗：

(1) 評估下視丘－腦下垂體－腎上腺軸的功能完整性。

(2) 操作法：靜脈注射胰島素後，檢測血糖與血漿中皮質醇(cortisol)濃度。

(3) 判讀：

	正　常	異　常
血糖	劇烈下降	變動不大
皮質醇	升高	變動不大
病例		腦下垂體腫瘤等

四、糖尿病診斷標準

1. 明顯糖尿病的三多一少症狀，當隨機測的血葡萄糖值＞200 mg/dL (11.1mmol/L)。
   （三多一少：多尿、多飲、多食及體重迅速下降）

2. 禁食 8 小時後所測定的空腹時血糖濃度＞126 mg/dL (7.0 mmol/L)。

3. 口服 75 g 葡萄糖後(OGTT) 2 小時，血漿中血糖濃度＞200 mg/dL (11.1 mmol/L)。

   以上三項，符合任何一項可作為診斷依據和標準。

五、糖尿病監控指標

糖尿病監控指標	糖化血色素 (Glycohemoglobin; HbA$_{1c}$)	果糖胺(Fructosamine)	1,5-脫水葡萄糖醇
定義	葡萄糖結合至血色素的 β 鏈的 N 端之 Valine，不需經過酵素可直接作用	白蛋白 lysine 之 ε-amino group 與葡萄糖結合	與葡萄糖類似具有吡喃結構的多元醇
正常值	4~6%（空腹 5.5 mmol/L）	1.8~2.4 mmol/L	68~251μmol/L (6~10 μg/dL)
反映血糖狀況	6~8 週的血糖濃度	2~3 週的血糖濃度	2~7 天的血糖濃度

※ 糖尿病多造成腎臟進行性變化可偵測尿中微量白蛋白 (microalbumin)來當作早期糖尿病腎病變診斷。

※ 「估計平均血糖數值」(estimated average glucose, eAG)

$$eAG= (HbA_{1c} (\%)-2) \times 30mg/dL$$

六、酮酸症

1. **原因**：胰島素的相對或絕對不足，造成脂肪分解、游離脂肪酸增加，而分解生成酮體增加。常見於糖尿病與長期飢餓。

2. **主因**：酮體為酸性代謝物質堆積，產生代謝性酸中毒。

3. **組成**：丙酮(acetone)、乙醯乙酸(acetoacetic acid)、β-羥丁酸(beta-hydroxybutyric acid)。

4. 測定方法：

(1) 比色法：

　　a. 原理：硝基普魯士鈉能與 acetone、acetoacetic acid 作用後，呈現紫色複合物。常用試驗如：ketostix 與 acetest。

　　$Na_2Fe(CN)_5NO + Acetone / Acetoacete \rightarrow Purple\ complex$

　　b. 判定法：顏色變化隨著反應物的濃度增加而改變（淡黃→淡紫→深紫）。

(2) **酵素法**：利用 beta-hydroxybutyrate dehydrogenase 與 acetoacetic acid 作用，產生 beta-hydroxybutyric acid。

$$NADH + H^+ Acetoacetic\ acid \xrightleftharpoons{\beta\text{-HBD}} Beta\text{-}hydroxybutyric\ acid + NAD^+$$

$$NADH + NBT \xrightleftharpoons{Diaphorase} NAD^+ + Formazan\ (purple)$$

類　型	方　法	分析物質
定性法	比色法	Acetone、Acetoacetic acid
定量法	酵素法	Beta-hydroxybutyric acid、Acetoacetic acid
	氣體層析法	Acetone

5. 正常參考值：

分析物質	含　量
Acetone	0.03~0.21 mmol/L
Acetoacetic acid	0.09~0.52 mmol/L
Beta-hydroxybutyric acid	0.02~0.27 mmol/L

精選實例評量

Review Activities

1. 下列何者可以做為診斷糖尿病的依據？ (A)空腹血漿葡萄糖 130 mg/dL　(B)葡萄糖耐量試驗 2 小時血漿葡萄糖 180 mg/dL　(C)糖化血紅素 6.0%　(D)血清 C-胜肽 1.5 ng/mL

2. 正常人之血糖，偶爾飯後 2 小時比空腹略低是因為：(A)年齡因素　(B)飲食影響 (C)稀釋現象　(D)胰島素之回饋反應

3. 主要用來監控過去 6~8 週內，控制血糖治療效果的生化指標為：(A) Galactosamine (B) HbA$_{1c}$ (C) C-reactive protein (D) Hb F

4. HbA1c 3.8%，而最近 3 個月每星期空腹血糖值均約為 200 mg/dL，則下列敘述何者正確？(A)是治療糖尿病成功的範例 (B) HbA1c 是飯後採血，所以結果假性偏低 (C) HbA1c 和血糖使用不同採血管，所以結果不搭配 (D)需查核檢驗原理，HbA1c 是否受變異血紅素影響

5. 葡萄糖之測量可使用 hexokinase，通常需再加上何種試劑才能進行之？(A) ATP (B) Glucose dehydrogenase (C) Glucose oxides (D) Peroxidase

6. 下列關於免疫分析法測量糖化血紅素 A1c (HbA1c)之敘述，何者錯誤？(A)使用抗血紅素 α 鏈 N-端胺基酸抗體 (B)常用抑制乳膠凝集原理來測量 (C)不穩定型糖化血紅素不會干擾 (D)偵測器是比色計

7. 果糖胺(Fructosamine)可反映抽血檢查前多久的血糖平均濃度？(A)12~24 小時 (B)2~7 天 (C)2~3 週 (D)6~8 週

8. 葡萄糖在何種溶液中能進行還原反應？(A)酸性 (B)中性 (C)鹼性 (D)水中

9. 哪一種葡萄糖輸送載體(glucose transporter)來進行的？(A) GLUT 1 (B) GLUT 2 (C) GLUT 3 (D) GLUT 4

10. 血漿葡萄糖濃度以國際系統(SI)表示，其單位為：(A) mmol/L (B) mEq/L (C) IU/dL (D) mg/dL

11. 某人早上 8 點吃早餐，因工作忙碌未吃午餐，至下午 3 點時體內之新陳代謝變化為：(A)肝醣分解 (B)脂肪合成 (C)胸腺分泌減少 (D)胰島素分泌增加

12. Estimated average glucose（估算的平均血糖）為 150 mg/dL 則 HbA$_{1c}$為多少？ (A) 5 (B) 7 (C) 8 (D) 9

13. 下列哪些人不適合進行口服葡萄糖耐量試驗？(A)孕婦 (B)長期臥床的病人 (C)小孩 (D)60 歲以上的老人

14. 下列有關 C-peptide 之敘述，何者錯誤？(A)又稱為 connecting peptide (B)存在於 proinsulin 之結構中 (C)與 insulin 同時分泌至血中 (D)在血清中半衰期較 insulin 短

15. 下列何者酵素參與 Glucose 轉換成 Gluconic acid 有關？(A) Glucose oxidase (B) Glucose dehydrogenase (C) Glucose-6-phosphate dehydrogenas (D) Hexokinase

---

答案　　1.A　2.D　3.B　4.D　5.A　6.A　7.C　8.C　9.D　10.A　11.A　12.B　13.B
　　　　14.D　15.A

Clinical
Biochemistry

03
Chapter

脂質與臨床常見疾病

本章大綱

學習目標

1. 掌握脂蛋白的脂質部分（三酸甘油酯、膽固醇、磷脂等）。

2. 熟悉脂蛋白元的組成及生理功能。

3. 掌握脂蛋白脂肪酶、肝酯酶、卵磷脂－膽固醇醯基轉移酶和 HMG-CoA 還原酶的基因結構和功能。

4. 掌握脂蛋白有關酶類與特殊蛋白質。

5. 掌握超速離心法和電泳法對脂蛋白的分類結果。

6. 掌握乳糜微粒、極低密度脂蛋白、低密度脂蛋白和高密度脂蛋白的代謝過程及其生理功能。

7. 掌握高脂蛋白血症的分類和特點。

 3-1　脂　質

一、脂質分類

種　類	組　成	例　子
單脂類	脂肪酸與醇	脂肪、蠟類
複脂質	脂肪酸、甘油與其他基團	磷脂質、糖脂質
脂質衍生物		固醇類

※ 脂質多為兩性化合物(amphipathic)，如：脂肪酸、磷脂、膽固醇與固醇類（三酸甘油酯除外）。

二、脂質功能

1. 細胞膜組成成分。

2. 組成類固醇基激素的成分。

3. 能量儲藏來源。

4. 保護與絕緣的功能。

三、脂質的代謝作用

	脂質生成	β-氧化作用
反應場所	細胞質（肝、脂肪細胞）	粒線體（肝、肌肉）
功用	從 Acetyl-CoA ↓ 長鏈脂肪酸	長鏈脂肪酸 ↓ Acetyl-CoA 以作為 TCA cycle 產生 ATP
Key Reaction	Acetyl-CoA+APP+CO_2 ↓ Acetyl-CoA carboxylase (Biotin) Malonyl-CoA+ADP+Pi	
進出粒線體	Acetyl-CoA+OAA ↓ Citrate synthase Citrate（出粒線體至細胞質中） CoA+ATP ⌐ Cltarate lyase ↓ OAA+Acetyl-CoA ↓ 脂質生成	Carnitine + Acyl-CoA（細胞質） ↓ Acyl-carnitine ↓ 進入粒線體 ↓ Carnitine+ Acyl -CoA （自由進出粒線體膜） ↓ β-氧化
維生素	泛酸 生物素 菸鹼酸 核黃素	泛酸 生物素、菸鹼酸 核黃素 Vit. B_{12}
ATP	生成 C_{10} 8 Acetyl-CoA（粒→質）　　　　-16ATP 7 Acetyl-CoA→7-malonyl-CoA　　-7ATP 　　　　　　　　　　　　　　-23ATP 若 14NADPH →14NADP⁺　　　-42ATP 　　　　　　　　　　　　　　(-65ATP)	以 palmitate（C_{16}）為例 活化 Fattyacid →Acyl-CoA　　2ATP 7 FADH₂ 生成×2　　　　　14ATP 7 NAPH 生成×3　　　　　　21ATP 8 Acetyl-CoA 生成×12　　　96ATP 　　　　　　　　　　　　129ATP

註 1：長鏈脂肪酸的 β-氧化作用：每次循環，切下二個碳形成 Acetyl-CoA（乙醯輔酶 A）。

註 2：若為奇數脂肪酸會除產生 Acetyl-CoA 及最後會剩下一分子丙醯基輔酶 A (propionyl-CoA)，進一步 propionyl CoA 以生物素與 Vit. B_{12} 當輔酶進行氧化反應後生成琥珀醯基輔酶 A (succinyl-CoA)。

脂肪酸氧化	α-oxidation	β-oxidation	ω-oxidation
反應處	腦組織	肝、肌肉（粒線體）	內質網
作用處	由羧基端開始進行氧化作用	由羧基端開始進行氧化作用	將 ω-C 原子氧化為 COOH
特性	1. 每次移一個碳原子 2. 不需 CoA-SH 3. 不產生 ATP 4. 人體以此方式氧化支鏈脂肪酸	1. 每次移兩個碳原子 2. 短鏈脂肪酸直接入粒線體 3. 長鏈脂肪酸經 carnitine 之攜帶	1. 不移去碳原子 2. 由羥化酶及 cytochrome P450 催化

※ 脂肪酸去飽和作用：脂肪酸（移去氫原子形成雙鍵）和 NADPH。人體細胞因為細胞缺乏 $\triangle^{12}$ 和 $\triangle^{15}$ 去飽和酶，因此亞麻油酸(18：2 $\triangle^{9,12}$)和次亞麻油酸(18：3 $\triangle^{9,12,15}$) 是人體必需脂肪酸的原因。

※ 脂肪酸藉由肉鹼(carnitine)送進粒線體進行氧化，先透過 carnitine transport；carnitine 和脂肪酸結合（經肉鹼醯基轉移酶 I：Carnitine palmitoyl transferase 1）；結合型的脂肪酸進入粒線體 (Translocase)；以及 carnitine 和脂肪酸分離（經肉鹼醯基轉移酶 II：Carnitine palmitoyl transferase 2, CPT 2），以讓脂肪酸去進行氧化。

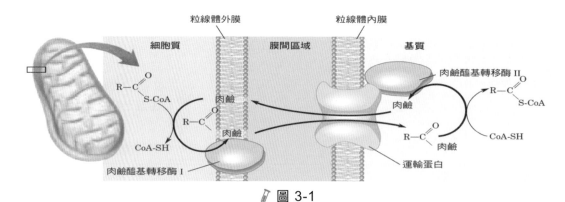

圖 3-1

肉鹼結合酵素第一型缺乏症(Carnitine Palmitoyl Transferase Deficiency)
低酮性低血糖、肝臟腫大、肌肉無力、神經系統受損、血中肉鹼濃度增加。

精選實例評量

1. 脂肪酸生合成(lipogenesis)過程主要在細胞哪一個位置或胞器(organelle)中進行？(A)內質網　(B)細胞質　(C)粒線體　(D)微粒體

2. 奇數碳之脂肪酸經 β-氧化作用(β-oxidation)，除產生 acetyl-CoA 之外，另一個產物為何？(A) Formic acid　(B) Malonyl-CoA　(C) Propionyl-CoA　(D) Suceinyl-CoA

3. 下列哪一個生化反應在粒線體(mitochondria)內進行？(A)脂質生合成作用(Lipogenesis)　(B)脂肪酸 β-氧化作用(Fatty acid β-oxidation)　(C)糖解作用(Glycolysis)　(D)五碳糖磷酸代謝路徑(Pentose phosphate pathway)

4. 下列關於膽固醇代謝的敘述，何者錯誤？(A)膽固醇是由 acetyl-CoA 生合成而來(B)六碳結構 Mevalonate 是膽固醇的前驅物，每形成一個膽固醇需要 5 個分子的mevalonate　(C) HMG-CoA reductase 是調控膽固醇合成的關鍵性酵素　(D)扮演不同生理功能的 bile acid、vitamin D 與 estrogen 都是膽固醇的代謝衍生產物

5. 脂肪酸代謝前活化形成為 fatty acyl-CoA 需經由何種維生素參與？ (A)生物素　(B)菸鹼酸　(C)葉酸　(D)泛酸

6. 下列有關脂肪酸合成的敘述錯誤的是?(A)脂肪酸合成酶系存在於胞液中　(B)生物素是參與合成的輔助因素之一　(C)合成時需要 NADPH　(D)合成過程中不消耗能

7. 脂肪酸之去飽和(desaturation) 主要發生於：(A)細胞膜(Plasma membrane)　(B)粒線體(Mitochondria)　(C)內質網(Endoplasmic reticulum)　(D)細胞核(Nucleus)

8. 下列何者負責將細胞質的脂肪酸送入粒線體？(A)肉鹼穿梭系統(carnitine shuttle)(B)蘋果酸穿梭系統(malate shuttle)　(C)脂肪酸穿梭系統(fatty acyl shuttle)　(D)檸檬酸穿梭系統(citrate shuttle)

答案　1.B　2.C　3.B　4.B　5.D　6.D　7.C　8.A

四、脂質各論

(一) 三酸甘油酯(Triglyceride; TG)

1. **結構**：甘油為骨架，甘油分子中三個碳原子上的羥基可分別結合不同的脂肪。C_3 的羥基還能與磷酸基團結合形成磷脂酸。

2. **合成處**：肝臟、脂肪組織及小腸。

3. 種類：

種　類	內源性三酸甘油酯	外源性三酸甘油酯
來源	肝臟	食物攝入
特性	反映脂肪代謝狀態	飯後 1~2 小時後達最高量

4. **特性**：又稱中性脂肪，是生物體儲存能量的重要形式。

5. **測定法**：先以 lipase 作用生成 glycerol（甘油）與脂肪，再以由 glycerol kinase（甘油激酶）催化生成 α-phosphoglycerol（磷酸甘油）再進行以下反應。

分　類	方　法	反應原理
呈色法	Acetylacetone 呈色法	Formaldehyde 與 Acetylacetone 作用
酵素法	Glycerol phosphate oxidase	H_2O_2, Phenol 與 4-aminoantipyrine 作用
	Glycerol-3-phosphate dehydrogenase	1.以 340 nm 直接測出 NADH 增加量 2.NADH 與 INT 作用
	Pyruvate kinase 與 Lactate dehydrogenase	以 340 nm 直接測出 NADH 減少量
物理法	散射測定法	

註：正誤差：甘油干擾、檢體於室溫久置。

6. **參考值**：

傳統單位	SI 單位
67~157 mg/dL	0.11~2.15 mmol/L

(二) 膽固醇(Cholesterol)

1. **結構**：四個環狀及鏈狀構造的 27 個碳原子構成。其中**第三號碳原子**，當結合羥基則為游離膽固醇，如與脂肪酸結合則成為膽固醇酯。

2. **合成處**：主要於肝，其次為小腸。成年動物腦組織和成熟紅血球外，幾乎全身各組織均可合成膽固醇。其中存在方式 70%為膽固醇酯與 30%為游離膽固醇。

3. **膽固醇的合成**：所有有核細胞（包括內質網及細胞的細胞質液部分）皆可合成。

4. 特性：

(1) 膽固醇是人體主要為類固醇激素、膽汁酸及維生素 D 的前驅物質。

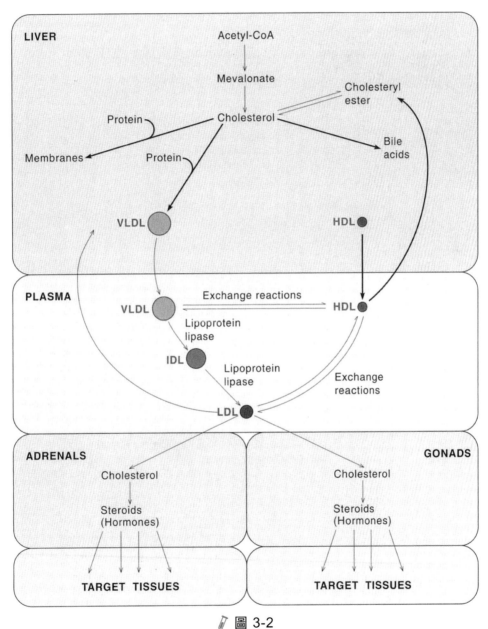

🧪 圖 3-2

(2) 膽固醇生合成：前驅物為 acetyl-CoA。

　　a. Step I：在細胞質中，3 莫耳 acetyl-CoA 合成 HMG-CoA。

　　b. Step II：HMG-CoA 經由關鍵酵素 HMG-CoA reductase 催化形成 mevalonate。

　　c. Step III：6 isoprenoid units 形成 squalene（鯊烯）生成 cholesterol。

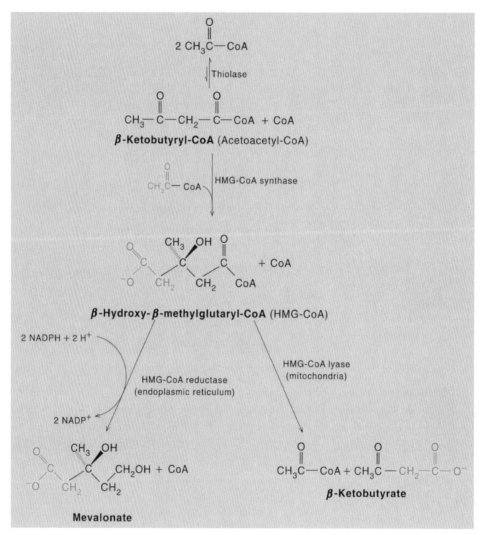

🧪 圖 3-3

5. **功能**：血漿脂蛋白和細胞膜的重要成分。

6. **激素的作用**：

　　(1) 正向調節：胰島素(insulin)與甲狀腺素(thyroid hormone)。

　　(2) 負向調節：升糖素(glucagon)與糖皮質醇(glucocorticoid)。

7. 測定法：

先以膽固醇酯酶(cholesterol esterase)作用膽固醇酯下水解成游離膽固醇和脂肪酸。

分　類	方　法	反應原理
強酸發色法	Liebermann-Burchard 呈色法	先以有機溶劑萃取，再以硫酸和醋酸進行反應出現綠色反應
	Killianin, Sulkowiski 呈色法	先以有機溶劑萃取，再以硫酸和 Fe^{3+} 進行反應出現紅色反應
酵素法	Cholesterol oxidase 生成中間產物 H_2O_2	Peroxidase 以 phenol 與 4-aminoantipyrine 作用產生紅色 quinoneimine
		以氧電極法測氧氣含量
		以 catalase 作用後甲醛與 acetylacetone 作用產生黃色複合物
物理法	散射比濁法	

註：正誤差：Vit. C 與膽紅素。

8. 參考值：

傳統單位	SI 單位
140~200 mg/dL	3.5~5.2 mmol/L

(三) 磷脂(Phospholipid; PL)

1. 屬於複脂質。

2. 組成：多以甘油分子為骨架，在 C1、C2 結合脂肪酸，C3 結合無機磷酸基團，無機磷酸基團又與其他化學基團結合。

3. 種類：

種　類	組　成	功　能
卵磷脂	甘油、脂肪酸、磷酸與膽鹼	表面張力素主要成分
腦磷脂	甘油、脂肪酸、磷酸與乙醇胺	與血液凝固有關
神經鞘磷脂	神經醇、脂肪酸、磷酸與膽鹼	髓鞘主要成分

註 1：羊水 Lecithin/Sphingomyelin ratio 作為胎兒肺部成熟度的指標。

註 2：神經醯胺(Ceramide)為神經經醯胺醇(Sphingosine)和脂肪酸組合。

4. 測定法：

方　法	反應原理
薄層分析法	先以有機溶劑萃取，再以碘蒸氣處理後定量之
抽出沉澱法	先以有機溶劑萃取 以 $HClO_4$ 氧化磷脂成無機磷 鉬酸胺與磷酸鹽作用產生鉬酸藍定量
酵素法	Phospholipase→分解磷脂，產生膽鹼與脂肪酸 Choline oxidase→分解膽鹼，產生 H_2O_2 Peroxidase→H_2O_2, Phenol 與 4-aminoantipyrine 作用
換算法	磷脂質＝68＋0.89×膽固醇(mg/dL)
	磷脂質＝磷×25 (mg/dL)

5. 參考值：

幼　兒	成　人	老年人
180~295 mg/dL	125~275 mg/dL	196~366 mg/dL

（四）游離脂肪酸

1. 飽和脂肪酸的通式 $CnH_{2n+1}COOH$；自然界中大部分分碳數是偶數。

2. 不飽和脂肪酸含有一個或一個以上的雙鍵；多呈順式構造。

   (1) Omega-3 系脂肪酸：α-次亞麻酸(α-Linolenic acid, 18:3 (n -3))，二十二碳六烯酸(22:6 n -3, DHA)，二十碳五烯酸(eicosapentaenoic acid, EPA, 20:5 n -3)。

   (2) Omega-6 系脂肪酸：亞麻酸(linoleic acid, 18:2(n-6))，花生四烯酸(arachidonic acid, 20:4(n-6))。

   (3) Omega-9 系脂肪酸：油酸(oleic acid, 18:1(n9))。

3. 必需脂肪酸：定義為人體內不能自行合成、但又必須從食物中獲得的脂肪酸。包含亞麻油酸，α-次亞麻油酸。

4. 類二十碳酸(eicosanoids)

5. 游離脂肪酸(FFA)是指含 C_{10} 以上的脂肪酸，其在血中的濃度很低，其含量易受脂代謝、糖代謝和內分泌功能等因素的影響。

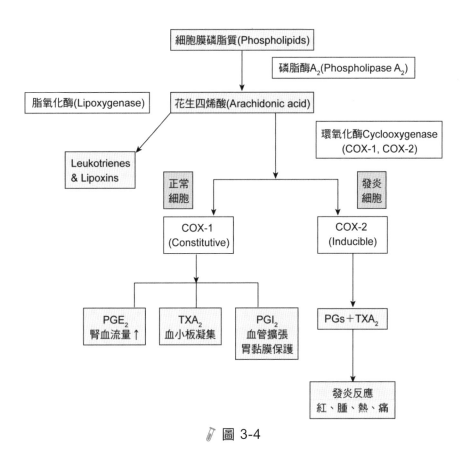

 圖 3-4

6. 測定血清 FFA 的方法有滴定法、比色法、原子分光光度法、高效液相層析法和酵素法等。

7. 酵素法要在 4℃ 條件下分離血清並進行測定。因血清中有各種脂肪酶存在，極快使三酸甘油酯和磷脂型脂肪酸分解成非酯化的游離脂肪酸，使血中游離脂肪酸上升。

精選實例評量

Review Activities

1. 下列有關類二十碳酸激素(eicosanoid hormones)的敘述，何者錯誤？(A)前列腺素(prostaglandin)、血栓素(thromboxanes)和白三烯(leukotriene)皆屬於其衍生物　(B)大多預先形成並貯存於細胞內靠近細胞膜的液泡中　(C)其生合成所需之原料主要來自細胞膜由 phospholipase A_2 的酵素水解而產生　(D)其中血栓素(thromboxanes)與止血功能有關

2. 三酸甘油酯可用許多種酵素法來測量，下列何者是第一個酵素反應最先形成之產物？(A)ADP　(B) H$_2$O$_2$　(C)Glycerol　(D) NADH

3. 下列有關前列腺素之敘述，何者錯誤？(A)具有激素的性質　(B) 25 屬於胜肽的一種　(C) 27 其半衰期很短　(D) 31 含有 20 個碳

4. 以酵素法定量三酸甘油酯，第一步反應是加入何種酵素？(A) Glycerokinase　(B) Lactate dehydrogenase　(C) Lipase　(D) Peroxidase

5. 造成脂血症的最主要血脂質為：(A)膽固醇　(B)三酸甘油酯　(C)磷脂　(D)脂肪酸

6. 測定游離型總膽固醇時，下列何種酵素是不需要的？(A) Peroxidase　(B) Catalase　(C) Cholesterol esterase　(D) Cholesterol oxidase

7. Liebermann-Burchard 反應是用於測量下列何者？(A)磷脂　(B)脂肪酸　(C)膽固醇　(D)三酸甘油脂

8. 下列有關 Lecithin-to-sphingomyelin ratio 檢測的敘述，何者正確？(A)評估血管硬化的程度　(B)評估胎兒 hyaline membrane disease 的指標　(C) L/S ratio 大於 2.5 表示胎兒肺部不成熟的機會大　(D)通常用孕婦的血液檢查

9. 下列何者會干擾血清三酸甘油酯之定量？(A) Fatty acid　(B) Glycerol　(C) ADP　(D) AMP

10. 美國膽固醇教育計畫所訂的 Adult Treatment Panel III，下列何者屬於血清中理想的濃度 (mg/dL)？(A) LDL-C＜130；TC＜200；HDL-C＜40　(B) LDL-C＜130；TC＜230；HDL-C≧60　(C) LDL-C＜100；TC＜200；HDL-C≧60　(D) LDL-C＜100；TC＜200；HDL-C＜40

11. 下列有關使用酵素法測定血清總膽固醇的敘述，何者錯誤？(A)加入膽固醇酯酶可使酯化型膽固醇變成游離型　(B)膽固醇可被膽固醇氧化酶作用生成過氧化氫　(C)膽固醇氧化酶不會與其他的固醇類發生反應　(D)可以使用非禁食的檢體

答案　1.B　2.C　3.B　4.A　5.B　6.C　7.C　8.B　9.B　10.C　11.C

3-2　脂蛋白元

Clinical Biochemistry

一、特　性

1. 脂蛋白中的蛋白部分稱為脂蛋白元(apolipoprotein; Apo)。

2. 構成並穩定脂蛋白的結構，修飾並影響與脂蛋白代謝有關的酶的活性。

3. 作為脂蛋白接受器的配體，參與脂蛋白與細胞表面脂蛋白接受器的結合及其代謝過程。

二、生理功能

1. 為脂蛋白外殼結構主要的成分。

2. Apo(a)影響了組織的纖溶－纖凝的平衡。

3. Apo E_4 是阿茲海默氏症(Alzheimer's disease)的遺傳危險因子。

三、脂蛋白元各論

(一) Apo A 家族

主要存在於 HDL 中，研究表明它與冠狀動脈疾病呈負相關。

1. Apo A-I：
   (1) 是 HDL 主要的結構蛋白。
   (2) 活化卵磷脂－膽固醇醯基轉移酶(lecithin cholesteryl acetyl transferase; LCAT)，使膽固醇酯化。

2. Apo A-II：
   (1) 是 HDL 第二多的結構蛋白。
   (2) 維持 HDL 的結構。
   (3) 加強三酸甘油脂肪酶的活性（LPL 的調節者）。

3. Apo A-IV：
   (1) 是 CM, HDL 的結構蛋白。
   (2) 可以促進 LCAT 的膽固醇酯化反應。

4. Apo A-V：

    (1) 是 CM, VLDL, HDL 的結構蛋白。

    (2) 可以活化 LPL。

(二) Apo B 家族

進食豐富的脂肪後，Apo B_{48}/Apo B_{100} 比值明顯增加。

1. Apo B_{48}：

    (1) 主要存在於乳糜微粒(CM)中。

    (2) 分子量是 Apo B_{100} 的 48 %而命名之。

2. Apo B_{100}：

    (1) 主要存在 VLDL 與 LDL 中。

    (2) LDL 接受器的配體(ligand)。

(三) Apo C 家族

為含有少量磷脂的低分子量脂蛋白元。

1. Apo C-I：

    (1) 蛋白質的二級結構中由 55 %的 α 螺旋結構與磷脂結合。

    (2) 活化 LCAT。

2. Apo C-II：

    (1) 蛋白質的二級結構中由 55 %的 α 螺旋結構與磷脂結合。

    (2) 活化脂蛋白脂肪酶(LPL)。

    (3) 促進血液中 TG 之分解。

3. Apo C-III：

    (1) 抑制脂蛋白脂肪酶(LPL)。

    (2) 抑制 Apo E 接受器的辨識。

(四) Apo-D

1. 能運送親脂分子。

2. Alzheimer disease 的 CSF 中含量增加。

（五）Apo E 家族

1. 可結合至 LDL 接受器。

2. 是肝細胞 CM 殘餘粒接受器的接受體。

（六）Apo (a)

1. 藉由雙硫鍵連接於 Apo B_{100} 上。

2. 其中的 Kringle domains 與 plasminogen 有高度相似性。

3. 抑制 plasminogen 的結合。

載脂蛋白（脂蛋白元）	染色體位置	來　源	分子量(KDa)	存在脂蛋白
A-I	11	肝、腸	29	HDL
A-II	1	肝、腸	17	HDL
A-IV	11	腸	44	CM、HDL
B_{48}	2	肝	240	CM 和 CM remnant
B_{100}	2	肝	500	VLDL、IDL、LDL
C-I	19	肝	7	CM、VLDL、HDL
C-II	19	肝	9	CM、VLDL、HDL
C-III	11	肝	9	CM、VLDL、HDL
E	19	肝	34	CM、VLDL、HDL
Apo(a)	6	肝	200~800	Lp(a)

精選實例評量

Review Activities

1. 肝臟合成的三酸甘油酯，以脂蛋白形式進入血液循環，其在 pH 8.6 電泳位置為：
   (A) α　(B) β　(C) pre-β　(D)檢體添加處

2. Apo B_{100} 主要存於：(A) Chylomicron　(B) LDL　(C) HDL　(D) Lp(a)

3. 下列哪一種 apolipoprotein 與促進血液中 triglyceride 之分解有關？(A) Apo A-I
   (B) Apo B_{100}　(C) Apo C-II　(D) Apo D

4. 下列哪一種脂蛋白元是脂蛋白解脂酶(lipoprotein lipase)的活化輔因子？(A) A-I
   (B) A-II　(C) B_{100}　(D) C-II

5. 下列有關 Lp(a)與 Apo(a)的敘述，何者錯誤？(A) Lp(a)的脂肪組成與 LDL 類似
　　(B) Apo(a)結構與血纖維蛋白原(fibrinogen)類似　　(C) Apo(a)帶有醣類的成分
　　(D) Lp(a)升高時發生心血管疾病的風險增加

6. 下列何種血清脂蛋白，其所含的蛋白質比例最多？(A) Lp-X　　(B) Lp(a)　　(C) IDL
　　(D) VLDL

7. 下列何種脂蛋白元在 LDL receptor 扮演重要的角色？(A) Apo A-I　　(B)Apo B-48
　　(C) Apo B-100　　(D) Apo C-II

答案　　1.C　2.B　3.C　4.D　5.B　6.B　7.C

3-3　脂蛋白

一、定　義

　　血漿脂蛋白是一大類由脂質和蛋白質組成的可溶性生物大分子。蛋白質即脂蛋白元(apolipoprotein; Apo)，脂質包括游離膽固醇(FC)、磷脂(phospholipid; PL)、三酸甘油酯(TG)和膽固醇酯(cholesterol ester; CE)。

二、結構（球型結構）

1. **核心**：由三酸甘油酯和膽固醇酯組成，為疏水基團。
2. **外層**：含有 Apo、FC 和 PL 組成，為親水基團，使脂蛋白顆粒能分布於血漿中。

三、種　類

(一) 乳糜微粒(Chylomicron; CM)

1. 脂質含量高達 98 %，蛋白質含量少於 2 %。
2. 小腸腸壁細胞合成，藉由淋巴系統經乳糜管運送。
3. **主要功能**：為運輸外源性三酸甘油酯（來自食物中三酸甘油酯與膽固醇）。

4. 代謝途徑：

(1) 腸上皮細胞合成，並分泌入淋巴管，後經胸導管進入血液中。

(2) 淋巴液中原始 CM 接受來自於 HDL 的 Apo E 和 Apo C 後逐漸變為成熟。

(3) Apo C-II 是 LPL 的輔酶，CM 獲得 Apo C-II 後，則可使 LPL 啟動，LPL 水解 CM 中的三酸甘油酯，釋放出游離脂肪酸。

(二) 極低密度脂蛋白(Very Low Density Lipoprotein; VLDL)

1. 含有較多的三酸甘油酯。

2. 肝細胞合成。

3. 主要功能為運輸內源性三酸甘油酯到肝外組織代謝。

4. 代謝途徑：

(1) 膽固醇來自 CM 殘粒及肝自身合成的部分。Apo B_{100} 全部由肝合成，肝合成的 VLDL 分泌後經靜脈進入血液。

(2) Apo C-II 啟動 LPL，並水解其中的三酸甘油酯。

(三) 低密度脂蛋白(Low Density Lipoprotein; LDL)

1. 由 VLDL 異化代謝轉變而來，脂蛋白中含多的膽固醇含量。

2. 將肝臟的膽固醇運往周邊組織的載體。

3. 最易造成血管粥樣硬化的因子。

4. 代謝途徑：

(1) 主要途徑是由 VLDL 異化代謝轉變而來；次要途徑是肝臟合成後直接分泌到血液中。

(2) LDL 的降解：經細胞膜表面的 LDL 接受器，即 LDL 中的 Apo B_{100} 被接受器辨識，將 LDL 結合到接受器上，其後再與膜分離形成內吞泡，LDL 與接受器分離並與溶酶體融合後，再經酶水解產生膽固醇進入運輸小泡體，或者由經 ACAT 作用再酯化。（一旦 LDL 接受器缺陷，會使血漿中 LDL 濃度增加）

(四) 高密度脂蛋白(High Density Lipoprotein; HDL)

1. 主要在肝臟合成，小腸也可合成。

2. 功能是轉運周邊組織膽固醇至肝臟代謝。

3. 能夠降低周邊組織和血液中膽固醇的濃度。

4. Lipid/apoprotein ratio 約為 1。

5. 代謝途徑：

(1) 肝合成新生的 HDL 以磷脂和 Apo A-I 為主。在 LCAT 的作用下，游離膽固醇變成膽固醇酯，脂蛋白則變成成熟球形 HDL_3，再經 LPL 作用轉變成 HDL_2。

(2) LCAT 通過轉酯化反應完成新生盤狀 HDL 向 HDL_3、HDL_2 的轉化，減少血漿 HDL 中游離膽固醇的濃度，構成膽固醇從細胞膜流向血漿脂蛋白的濃度梯度，降低組織膽固醇的沉積。

（五）脂蛋白(a)[Lp(a)]

1. **組成**：三酸甘油酯、磷脂、膽固醇、膽固醇酯等酯質和脂蛋白元 B_{100}、Apo(a)。

2. **作用方式**：與 LDL 結合（Apo B_{100}-Apo(a)複合物的形式存在）。

3. 認為是動脈粥樣硬化疾病的一項獨立危險因素。

四、分離方法

（一）超速離心法

依照脂蛋白分子的密度差別，不同的脂蛋白具有不同的化學組成，所含脂質比例越大、密度越小。

（二）電泳法

1. 利用血漿脂蛋白在電場中遷移速度不同而進行分離。影響脂蛋白在電場中遷移的重要因素是顆粒和電荷大小。

2. 根據血漿脂蛋白所帶電荷和分子量不同可分為 α-脂蛋白、前 β、β-脂蛋白和乳糜微粒四類。

（三）沉澱分離法

因脂蛋白的組成及理化性質不同，在不同的聚陰離子(Heparin)和二價離子(Mn^{2+}、Mg^{2+}、Ca^{2+}、Ni^{2+}、Co^{2+})以及不同 pH 下，使脂蛋白與聚陰離子形成複合物沉澱，以達到分離定量各種脂蛋白的目的。如肝素加上 Mn^{2+} 沉澱血清中 VLDL 和 LDL，離心沉澱，HDL 留在上清液，再定量 HDL 量，即為血漿 HDL 量。也可採用 dextran sulfate 加上 Mg^{2+}、沉澱 LDL，離心去上清液留沉澱，再定量沉澱其中的 LDL，即血漿的 LDL 量（主要與 Apo B 作用）。

表 3-1　脂蛋白的物理和化學性質

脂蛋白	電泳	密度	直徑 (nm)	化學組成				
				FC	磷脂	蛋白質	TG	CE
乳糜微粒	原點	<0.95	75~1,200	2	5	2	88	3
VLDL	前-β	0.95~1.006	30~200	7	18	9	54	12
IDL	β	1.006~1.019	25~35	9	19	17	22	33
LDL	β	1.019~1.063	18~25	9	22	22	6	41
Lp(a)	前-β	1.050~1.082	2	9	18	34	3	36
HDL	α	1.063~1.12	10	6	28	44	4	18

精選實例評量

Review Activities

1. 血清膽固醇在下列何種脂蛋白中，佔比例最高？(A)乳糜微粒　(B)極低密度脂蛋白　(C)低密度脂蛋白　(D)高密度脂蛋白

2. 三酸甘油酯在血清中，主要在下列何種脂蛋白？(A) HDL　(B) IDL　(C) LDL　(D) VLDL

3. 血清以 Dextran sulfate 及鎂離子沉澱後其上清液部分，正常者是何種脂蛋白？(A) Chylomicron　(B) VLDL　(C) LDL　(D) HDL

4. 脂蛋白之中心(core)的主要物質為下列何者？(A)膽固醇酯(Cholesteryl ester)　(B)脂蛋白元(Apolipoprotein)　(C)磷脂(Phospholipid)　(D)游離膽固醇(Free cholesterol)

5. 下列關於 lipoprotein 的敘述，何者正確？(A) Apolipoprotein 不會與脂質結合　(B) LDL(low-density lipoprotein)上的 Apo B_{100} 會與 LDL receptor 結合　(C) LDL 的主要成分為 triacylglycerol　(D)由肝臟與小腸釋放出的 HDL(high-density lipoprotein)含有大量的 cholesteryl ester

6. α-lipoprotein 相當於下列何者？(A) VLDL　(B) IDL　(C) LDL　(D) HDL

7. 下列何種細胞會吸收氧化型低密度脂蛋白，變成泡沫細胞加速動脈硬化？(A)血小板　(B)紅血球　(C)巨噬細胞　(D)淋巴細胞

8. 下列人類血漿的脂蛋白中，何者含有最多之 apolipoprotein A-II？(A) β　(B) pre β　(C) sinking β　(D) α

9. 依 NCEP ATP-III 之推薦，LDL 膽固醇之濃度不超過多少 mg/dL？(A) 50　(B) 100　(C) 150　(D) 200

10. LDL 主要直接源自於下列何者？(A)乳糜微粒(chylomicron)　(B) HDL　(C)初發性(nascent)HDL　(D) VLDL 及 IDL

11. 下列哪一種脂蛋白含三酸甘油酯的量最少？(A) Chylomicron　(B) pre-β　(C) β　(D) α

答案　　1.C　2.D　3.D　4.A　5.B　6.D　7.C　8.D　9.B　10.D　11.D

3-4　脂代謝有關酶類

一、脂蛋白脂肪酶(Lipoprotein Lipase; LPL)

1. **分泌處**：脂肪細胞、心肌細胞、骨骼肌細胞、乳腺細胞以及巨噬細胞等實質細胞合成，在內質網合成。

2. **成分**：醣蛋白，分子量為 60 kD，含 3~8 %碳水化合物。

3. **位於**：第 8 號染色體短臂，由 10 個外顯子和 9 個內含子組成，轉譯出 475 個胺基酸的蛋白質。

4. **生理功能**：
   (1) 水解三酸甘油酯，其代謝產物游離脂肪酸為組織提供能量，或再酯化為 TG，儲存在脂肪細胞中。
   (2) 增加 CM 殘餘微粒結合到 LDL 接受器上的能力，促進 CM 殘粒攝取。
   (3) Apo CII 可激活化 LPL。

二、肝酯酶(Hepatic Triglyceridase; HTGL)

1. **分泌處**：肝細胞（肝臟的血管內表面）。

2. **成分**：醣蛋白。

3. 位於：15 號染色體長臂，全長約 35,000bp，含 9 個 Exon。

4. 生理功能：

   (1) 水解三酸甘油酯。

   (2) 可作用於 VLDL、殘餘 CM 及 HDL，水解出三酸甘油酯和膽固醇。

   (3) 調節膽固醇從周圍組織轉運到肝，使肝內的 VLDL 轉化為 LDL。

   (4) 為一種固定於細胞表面硫酸乙醯肝素蛋白多醣上的結合蛋白，促進肝臟攝取乳糜微粒殘粒。

   (5) 肝酯酶參與 HDL_3 轉化為 HDL_2，它使 HDL_2 中的三酸甘油酯含量減少。

三、卵磷脂膽固醇脂醯基轉移酶(Lecithin Cholesteryl Acetyl Transferase; LCAT)

1. **分泌處**：肝臟合成。

2. **成分**：416 個胺基酸殘基組成，分子量為 63 kD，屬於醣蛋白。LCAT 的作用物是 HDL，特別是新生盤狀或小球狀 HDL_3。

3. 功能：

   (1) 催化游離膽固醇（將卵磷脂上第二個碳上之脂肪酸游離出，並接上來自細胞膜或其他脂蛋白的游離脂肪酸，再將游離膽固醇轉成膽固醇酯）。

   (2) LCAT 常與 HDL 結合在一起，在 HDL 表面活性很高並起催化作用。

   (3) Apo A-I 為 LCAT 活化劑。

四、乙醯－輔酶 A－膽固醇乙醯轉移酶(Acyl-CoA Cholesteryl Acyltransferase; ACAT)

1. 作用於肝臟內質網。

2. 促進 free cholesterol 酯化之酵素。

3. 催化 Acyl-CoA+Cholesterol→Cholesterol ester+CoASH。

五、HMG-CoA 還原酶(HMG-CoA Reductase)

1. **特性**：HMG-CoA 還原酶是合成膽固醇的限速酶。

2. 降低 HMG-CoA reductase 活性（可減少 cholesterol 合成）。

3. HMG-CoA 還原酶抑制劑(statins)為療效最佳的降血脂藥物，對降低冠心症發生率。

六、膽固醇酯轉移蛋白

（一）血漿膽固醇酯轉移蛋白(Cholesterol Ester Transfer Protein; CETP)

1. 血漿膽固醇酯轉移蛋白又稱為脂質轉運蛋白(lipid transfer protein; LTP)。
2. 由肝臟、小腸、腎上腺、脾臟、脂肪組織及巨噬細胞合成。
3. 其功能為促進脂蛋白中各種中性脂質的轉移和交換。
4. CETP 抑制劑會影響 HDL 量。
5. 促進膽固醇逆向傳送途徑。

（二）膽固醇逆向傳送途徑

1. 周圍組織細胞膜的游離膽固醇與 HDL 結合後，被 CETP 酯化為膽固醇酯，移入 HDL 核心，並可通過 CETP 轉移給 VLDL、LDL，再被肝的 LDL 及 VLDL 接受器攝取入肝細胞。從周邊細胞和其他脂蛋白取回膽固醇，形成酯類經 HDL，並且帶回肝臟，被稱為膽固醇逆向運送(reverse cholesterol transport; RCT)。

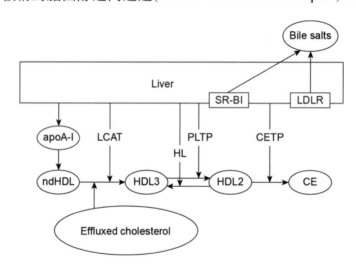

2. ApoA-I 與 ABCA1 結合而被酯化是 RCT 最關鍵步驟。

3-5　脂蛋白代謝紊亂

一、高脂蛋白血症(Hyperlipoproteinemia)

任何一種高脂蛋白血症都有膽固醇、三酸甘油酯，一項或兩項指標同時升高即為高脂血症出現。

1967 年 Fredrickson 等用改進的紙上電泳法分離血漿脂蛋白，將高脂蛋白血症分為五型，即 I、II、III、IV 和 V 型。1970 年世界衛生組織(WHO)以臨床表現型為基礎分為六型，將原來的 II 型又分為 IIa 和 IIb 兩型。

(一) I 型高脂蛋白血症（家族性高乳糜微粒血症）

1. **病因**：LPL 基因突變引起，導致乳糜微粒無法消化。
2. **症狀**：
   (1) 急性胰臟炎。
   (2) 手掌疱疹狀黃色瘤。
3. **特徵**：TG 升高、膽固醇、CM 含量升高。

(二) 第 IIa 型高脂蛋白脂血症（高 β 脂蛋白血症；家族性高膽固醇血症）

1. **病因**：LDL 接受器基因缺陷，導致 LDL 無法攝入吸收，而致使 LDL 堆積。
2. **症狀**：
   (1) 動脈粥樣硬化。
   (2) 手掌疱疹狀黃色瘤。
3. **特徵**：LDL 和膽固醇明顯升高。

(三) 第 IIb 型高脂蛋白血症（前 β 脂蛋白血症）

1. **病因**：Apo B 基因缺陷引起，導致 LDL 無法攝入吸收。
2. **症狀**：
   (1) 動脈粥樣硬化。
   (2) 手掌疱疹狀黃色瘤。
3. **特徵**：血中 LDL、VLDL、TC、TG 同時升高。

(四) 第 III 型高脂蛋白血症（高 VLDL 脂蛋白血症）

1. 病因：Apo E_2 基因缺陷引起與接受器結合異常，導致乳糜微粒、VLDL 無法分解完全。

2. 症狀：

   (1) 動脈粥樣硬化。

   (2) 手掌疱疹狀黃色瘤。

3. 特徵：膽固醇、TG 升高。

(五) 第 IV 型高脂蛋白血症（高三酸甘油酯血症）

1. 病因：ApoA-V 基因異常。

2. 症狀：

   (1) 動脈粥樣硬化。

   (2) 手掌疱疹狀黃色瘤。

3. 特徵：TC、TG、VLDL 升高。

(六) 第 V 型高脂蛋白血症（高乳糜微粒與高 β-脂蛋白血症）

1. 病因：GPIHBP1 (glycosylphosp hatidylinositol high density lipoprotein-binding protein 1)與 ApoA-V 基因異常，以致無法抑制三酸甘油酯水解。

2. 症狀：

   (1) 心血管疾病。

   (2) 急性胰臟炎。

   (3) 手掌疱疹狀黃色瘤。

3. 特徵：TG、TC、VLDL 升高。

※ Friedewald 計算法

   (1) LDL-C/HDL-C 的比值超過 3.5，發生心血管疾病高危險群。

   (2) 「總膽固醇／HDL-C」 的比值大於 5.0，易有較高發生動脈粥樣硬化的機率。

   (3) LDL–C=(Total Cholesterol)–(HDL–C)–Triglyceride/5

   　　　VLDL= TG/5

   若三酸甘油酯值超過 400 mg/dL 時，不能用上述公式。

■ HDL 異常疾病

1. 高 HDL 血症（家族性高α－脂蛋白血症）：
   (1) 定義：血漿 HDL 含量過高導致高 HDL 血症，血漿 HDL-C 含量超過 1 g/L 稱之。
   (2) 病因：有 CETP 和 HTGL 等活性異常所致。
   (3) 臨床症狀：
       a. 飲酒過量引起。
       b. 原發性膽汁性肝硬化。
       c. 治療高脂血症的藥物引起。

2. Tangier disease 丹吉爾病：
   (1) 病因：ATP-Binding Cassette transporter A1' (ABCA1)缺陷與 ApoA-I 缺少導致 HDL 缺乏。
   (2) 症狀：
       a. 導致 HDL 缺乏。
       b. 膽固醇逆向傳送途徑受阻。

■ 高脂蛋白血症的治療

1. 飲食方面：
   (1) 限制脂肪的攝取，降低三酸甘油酯、總膽固醇的含量。
   (2) 盡量以魚－蔬菜飲食為主。

2. 運動方面：
   (1) 持續的運動習慣。
   (2) 單一時期的運動，明顯降低三酸甘油酯的濃度。

3. 藥物使用：
   (1) 菸鹼酸。
   (2) Lovastatin、Pravastatin、Fluvastatin 等。
   (3) Fibrate。

二、遺傳性脂蛋白代謝異常

1. **Apo A-I 異常症**：Tangier 病（家族性 α-脂蛋白缺乏症），ABC1 (ATP-binding-cassette transporter 1)基因幫助細胞移除過量膽固醇的蛋白質，因血中的 HDL 可結合過量的膽固醇並把它攜帶至肝臟，患有 TD 病人不能由細胞中消除膽固醇。

2. **Apo B 異常症**：Apo B 缺陷將出現無 β-脂蛋白血症或低 β-脂蛋白血症。有嚴重的脂肪吸收不良和脂肪痢、紅血球變形（棘狀紅血球症）和運動失調等。
   Apo B_{100} 外顯子領域異常，由於 LDL 接受器領域附近的點突變(Arg3500→Glu)，使 LDL 接受器結合能力降低。

3. **Apo C-II 異常症**：Apo C-II 缺陷導致 LPL 活性降低。Apo C-II 異常會出現高 TG 血症，高 CM 血症。

4. **Apo E 異常症**：Apo E 是 LDL 接受器的配體，其表現型不同，與 LDL 接受器結合的能力也不同，E_4 和 E_3 幾乎相同，E_2 幾乎無結合能力。易出現早期動脈粥樣硬化。

5. **脂蛋白脂肪酶(LPL)與肝脂酶(HTGL)異常症**：LPL 和 Apo C-II 異常同樣都是出現高 CM 血症，而血中 VLDL 並不高，常伴隨胰臟炎產生。

6. **LCAT 異常症**：HDL 處於新生未成熟圓盤狀態，相反 LDL 的 CE 減少，TG 增多。

7. **CETP 異常症**：CETP 缺陷或活性受到強烈抑制則呈現高 HDL 血症，血漿 LDL 濃度降低，同時還有可能出現動脈粥樣硬化症。

三、繼發性高脂蛋白血症

表 3-2　臨床上常見可引起脂蛋白代謝紊亂的疾病

原　因	血漿膽固醇升高	三酸甘油酯升高
甲狀腺低能症	＋	－
糖尿病	－	＋
腎病症候群	＋	＋
腎功能衰竭	－	＋
多發性骨髓瘤	＋	＋
生長激素缺乏	＋	－
雌激素	－	＋
糖皮質激素	－	＋

四、脂蛋白代謝紊亂與動脈粥樣硬化

　　動脈粥樣硬化的發病機制主要是血管內皮細胞的功能變化、損害、剝離、血漿成分及巨噬細胞浸潤、內膜層平滑肌細胞增殖過程等，此些血管內皮細胞的損害與功能障礙，均與動脈粥樣硬化症的發生有密切關係。巨噬細胞泡沫化，進一步使游走進入內膜的平滑肌細胞增殖，形成粥樣硬化斑塊。

1. **低密度脂蛋白與動脈粥樣硬化**：LDL 經化學修飾成氧化 LDL (Ox-LDL)，在代謝過程中，損傷血管壁內皮細胞，使管壁通透性增加，並刺激單核細胞遊走進入管壁，形成巨噬細胞並泡沫化。化學修飾的 LDL 使其內的 Apo B_{100} 蛋白變性，巨噬細胞攝取而形成泡沫細胞(foma cells)，並停留在血管壁內，沉積大量的膽固醇，特別是膽固醇酯，致使動脈粥樣硬化斑塊形成。

2. **脂蛋白脂肪酶與動脈粥樣硬化**：LPL 活性增加可預防動脈硬化性血管變化。血管壁的 LPL 使含 TG 的 CM 和 VLDL 水解後，被血管壁攝取，其水解產物脂肪酸又增加了膽固醇的溶解度，促進動脈管壁的粥樣斑塊形成。

3. **脂蛋白(a)與動脈粥樣硬化**：因 Apo(a)與血纖維蛋白溶酶原(plasminogen)有相同的性質，二者競爭性抑制與內皮細胞表面結合，有助於血栓的形成。若 Lp(a)與管壁表面 t-PA 結合，其結果是血纖維蛋白溶酶原活化受到抑制。

五、血中 Free Cholesterol 升高時調控方式

1. 降低 HMG CoA reductase 活性→→減少 cholesterol 合成。

2. 增加 ACAT 活性→→增加 cholesterol 酯化。

3. 減少 receptor mRNA 的合成→→減少 receptor 的合成。

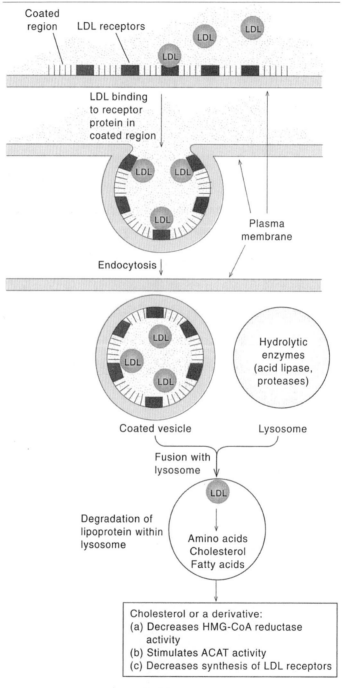

🧪 圖 3-4

精選實例評量

1. 偵測 Apo E₂ 同合子有助於診斷下列何型高脂蛋白血症？(A)第 II 型　(B)第 III 型　(C)第 IV 型　(D)第 V 型

2. 三酸甘油酯在血清中，主要存在下列何種脂蛋白？(A) HDL　(B) IDL　(C) LDL　(D) VLDL

3. 下列何種脂蛋白在 reverse cholesterol transport 中扮演主要角色？(A) α　(B) Pre β　(C) β　(D) Sinking pre β

4. III 型高脂蛋白血症(hyperlipoproteinemia)可以看到何種脂肪成分的變化？
   (A) Triglyceride 增加、total cholesterol 正常　(B) Triglyceride、total cholesterol 都增加
   (C) Triglyceride 正常、total cholesterol 增加　(D) Triglyceride、total cholesterol 都正常

5. Type IIa hyperlipoproteinemia 又稱為 hyperbetalipoproteinemia，下列相關敘述何者錯誤？(A)以 agarose 作血清電泳會有 β 帶之增加　(B)血清中 LDL 增加　(C)血清為乳糜狀　(D)病人易罹患動脈粥樣硬化

6. 病人的空腹血清總膽固醇 250 mg/dL，三酸甘油酯 200 mg/dL，HDL 膽固醇 30 mg/dL，則其 LDL 膽固醇約為多少 mg/dL？(A) 220　(B) 180　(C) 110　(D) 40

7. 下列第幾型高脂血症是由缺乏脂蛋白解脂酶所造成的？(A) I　(B) II　(C) III　(D) IV

8. 下列第幾型高脂血症與動脈粥狀硬化較無關係？(A) I　(B) IIa　(C) IIb　(D) III

9. 參與細胞內膽固醇酯化的酵素為：(A) ACAT　(B) LCAT　(C) HMG-CoA reductase　(D) acyl-CoA synthetase

---

答案　1.B　2.D　3.A　4.B　5.C　6.B　7.A　8.A　9.A

Clinical
Biochemistry

04
Chapter

胺基酸、蛋白質與
臨床常見疾病

學習目標

1. 掌握胺基酸及蛋白質基本化學。
2. 掌握血漿蛋白的分類及組成。
3. 掌握個別血漿蛋白的特性及臨床意義。
4. 熟悉常用的檢測方法。
5. 瞭解先天性胺基酸代謝異常。
6. 瞭解骨質疏鬆的標誌。

 4-1　胺基酸基本特性　 Clinical Biochemistry

一、基本構造

1. 蛋白質結構

   (1) 蛋白質由左旋-α-胺基酸經肽鍵共價鍵相連。

   (2) 蛋白質結構：

   　　a. 一級結構：如：肽鍵。

   　　b. 二級結構：如：α-螺旋(α-Helix)，β-摺片(β-Sheet)，β-反轉(β-turn)。

   　　c. 三級結構：如：功能區(domain)，穩定三級結構的交互作用（雙硫鍵，氫鍵，離子交互作用，疏水性交互作用）。

2. **胺基酸支鏈特性：**

支鏈特性	胺基酸	特　性
直鏈烷系	甘胺酸(Glycine; Gly; G)	最小的胺基酸
	丙胺酸(Alanine; Ala; A)	亦為疏水性胺基酸，將肌肉組織轉胺反應生成的 NH_4^+，攜帶到肝臟中代謝為尿素
疏水性胺基酸	纈胺酸(Valine; Val; V)	為必需胺基酸，與 maple syrup urine disease 有關
	白胺酸(Leucine; Leu; L)	為必需胺基酸，與 maple syrup urine disease 有關
	異白胺酸(Isoleucine; Ile; I)	為必需胺基酸，與 maple syrup urine disease 有關

支鏈特性	胺基酸	特　性
含氫氧基	絲胺酸(Serine; Ser; S)	多為酵素的活化中心，神經醯胺(ceramide)的成分，其羥基為 O-link 醣基化結合處
	酥胺酸(Threonine; Thr; T)	為必需胺基酸，其羥基為 O-link 醣基化結合處
	酪胺酸(Tyrosine; Tyr; Y)	為合成甲狀腺素的前驅物質
含硫基	半胱胺酸(Cysteine; Cys; C)	易形成雙硫鍵，麩胱甘肽(Glutathione)成分之一
	甲硫胺酸(Methionine; Met; M)	為必需胺基酸
酸性胺基酸	天門冬胺酸(Aspartic acid; Asp; D)	為形成 AST 的受質，參與 urea cycle
	天門冬醯胺(Asparagine; Asn; N)	為氨儲存於組織中的形態，尿素循環中提供氮原子 N-link 醣基化是透過與其氨基(amine)結合
	麩胺醯胺(Glutamine; Gln; Q)	為氨儲存於組織中的形態，可提供醯胺基將 Asp 轉變為 Asn
	麩胺酸(Glutamic acid; Glu; E)	為 γ-aminobutyric acid 前趨物，AST 轉胺作用的產物
鹼性胺基酸	精胺酸(Arginine; Arg; R)	參與尿素的生合成（在 arginase 水解生成尿素(urea)與鳥氨酸(ornithine)）
	離胺酸(Lysine; Lys; K)	為必需胺基酸
	組胺酸(Histidine)	具有 Imidazole ring 基團
芳香環胺基酸	苯丙胺酸(Phenylalanine; Phe; F)	為必需胺基酸
	酪胺酸(Tyrosine)	為合成甲狀腺素與兒茶酚胺(catecholamine)的前驅物質
	色胺酸(Tryptophan; Trp; W)	為合成血清胺(serotonin)的前驅物質、菸鹼酸的前驅物質
亞胺基酸	脯胺酸(Proline; Pro; P)	為結締組織主要的成分與組成膠原蛋白的重要成分

3. 芳香環胺基酸吸收紫外光譜區：

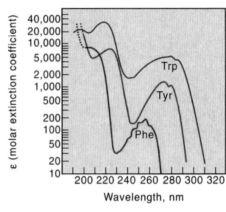

圖 4-1

	原　理
離子交換層析法 (Ion exchange chromatography)	利用電荷不同的物質，對管柱上的離子交換劑有不同的親和力，改變 pH 值能依次從層析柱中分離出來
親和層析法 (Affinity chromatography)	利用生物分子和 ligand 之間形成可逆性結合的能力，以適當的緩衝液，將欲分離的生物分子從柱中洗出來（能得到最佳 Specific activity）
凝膠過濾法(Gel filtration)	利用分子大小作為分離依據，大分子無法進入凝膠篩孔，只流經凝膠及管柱間的孔隙，很快流出管柱，較小的分子進入凝膠內的孔隙，故在管柱內的停留時間較長，由此區別大小不同的分子
X-ray diffraction	決定一個蛋白質的三度空間結構
Edman degradation 法	蛋白質之胺基酸殘基定序時，直接用 Phenylisothiocyanate 以切斷胜肽鍵並呈色

4. 胺基酸的代謝：

胺基酸可以代謝成檸檬酸循環中間產物然後進入 citric acid cycle（檸檬酸循環中間產物經轉胺作用(transamination)後形成胺基酸）。

檸檬酸循環中間產物	胺基酸前驅物
α-ketoglutarate	Gln, Arg , Pro
Oxaloacetate	Asp, Asn

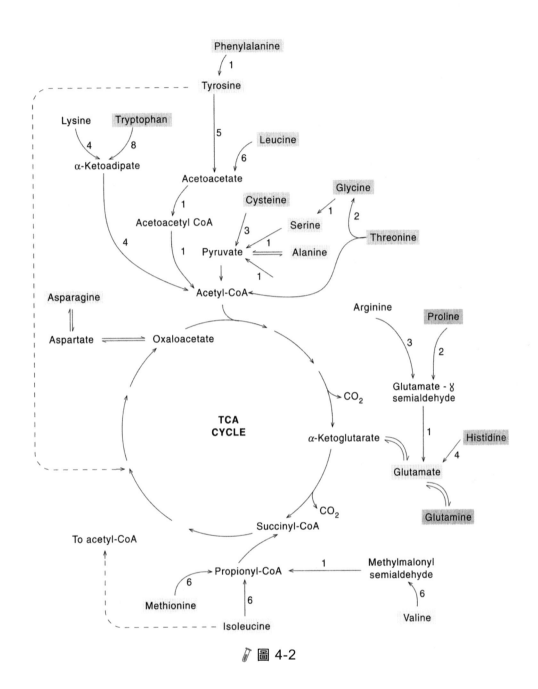

🧪 圖 4-2

5. 尿素循環與 TCA 循環的關係：

(1) 尿素循環：主要將多餘的氨以無毒的狀態於肝臟中代謝。

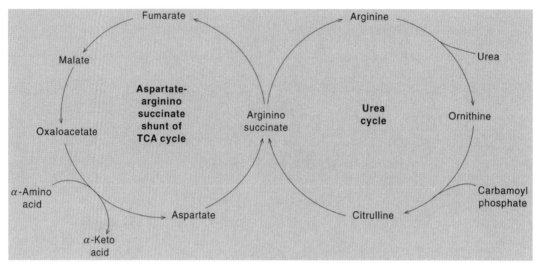

🧪 圖 4-3

(2) 葡萄糖－丙胺酸循環：

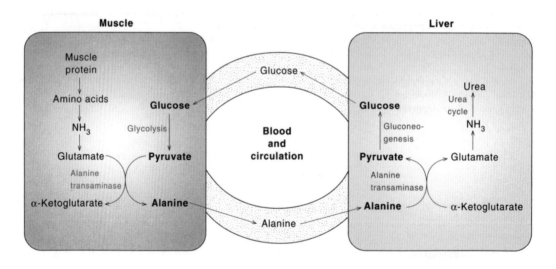

🧪 圖 4-4

二、測定方法

1. 採用 ninhydrin 進行氧化去羧的作用。

2. 還原態 ninhydrin 與 NH_3 形成藍色錯合物。

三、等電點

1. **定義**：是指胺基酸呈現兩性離子狀態時的 pH 值；換言之，胺基酸淨電荷等於零時的 pH 值。

2. **說明**：

$$pI = 1/2(pK_1 + pK_2)$$

3. **判讀法**：

pH＞pI	pH＝pI	pH＜pI
負電性	淨電荷＝零	正電性

精選實例評量

Review Activities

1. 下列何種胺基酸經降解後無法轉變成丙酮酸(pyruvate)？　(A)丙胺酸(alanine)　(B)半胱胺酸(cysteine)　(C)甘胺酸(glycine)　(D)白胺酸(leucine)

2. 鳥胺酸循環生成尿素時，其分子中的兩個氮原子一個直接來自游離的氨，另一個直接來源？(A)鳥胺酸　(B)瓜胺酸　(C)精胺酸　(D)天門冬胺酸

3. 下列何者不是蛋白質之二級結構？(A)胜肽鍵(peptide bond)　(B)β-轉折(β-turn)　(C)β-平板(β-sheet)　(D)α-螺旋(α-helix)

4. 下列何種胺基酸存在於血球凝集蛋白質(blood-clotting protein)凝血酶原(prothrombin)中？(A) 4-羥脯胺酸(4-hydroxyproline)　(B) 6-N-甲基離胺酸(6-N-methyllysine)　(C) γ-羧基麩胺酸(γ-carboxyglutamate)　(D)硒半胱胺酸(selenocysteine)

5. 下列哪一種胺基酸親水性較高？(A)絲胺酸(Serine)　(B)異白胺酸(Isoleucine)　(C)白胺酸(Leucine)　(D)甲硫胺酸(Methionine)

6. 下列哪一種胺基酸代謝時，其碳架不會轉變為 α-ketoglutarate？(A) Arginine　(B) Glutamine　(C) Proline　(D) Tryptophan

7. 假設一蛋白質溶液樣本中含有甲和乙兩種蛋白質，且甲和乙之 pI 值分別為 4 和 6。若該樣本是以 pH 值為 5 的緩衝溶液備製，則甲和乙蛋白質主要各以何種型式存在？(A)兩者皆為不帶電分子　(B)甲帶正電，乙帶負電　(C)甲帶負電，乙帶正電　(D)甲為高極性分子，乙則為低極性分子

8. 下列哪一種胺基酸含硫元素？(A)天門冬醯胺(Asparagine)　(B)丙胺酸(Alanine)　(C)半胱胺酸(Cysteine)　(D)異白胺酸(Isoleucine)

9. 下列何種層析法之管柱可用於測定蛋白質之分子量？(A) Hydroxyapatite　(B) Ion exchange　(C) Gel filtration　(D) Affinity

---

答案　1.D　2.D　3.A　4.C　5.A　6.D　7.C　8.C　9.C

 4-2　蛋白質基本特性

一、基本功能

1. 催化功能：酵素。

2. 收縮作用：actin、myosin、tubulin 等。

3. 基因調節：轉錄因子。

4. 激素作用：growth hormone、thyroxine 等。

5. 保衛作用：immunoglobulin。

6. 支持作用：collagen 等。

7. 運送作用：血紅素、脂蛋白、運鐵蛋白。

二、分　類

(一) 單純蛋白質：水解後僅可分解出胺基酸

1. 白蛋白(Albumin)：
   (1) 性質：易溶於水與鹽類。
   (2) 代表蛋白質：lactoalbumin、serum albumin。

2. 球蛋白(Globulin)：
   (1) 性質：水溶性不佳、易溶於鹽類。
   (2) 代表蛋白質：ovoglobulin。

3. **組織蛋白(Histone)：**

   (1) 性質：屬於鹼性蛋白質。

   (2) 代表蛋白質：nucleosome。

4. **硬蛋白(Sclerprotein)：**

   (1) 性質：富含 glycine、alanine、proline 胺基酸。

   (2) 代表蛋白質：collagen、keratin。

   膠原蛋白(Collagen)以中 Lys 與 Pro 含量豐富，具羥基化(Hydroxylation)修飾作用

(二) 複合蛋白質：水解後可分解出胺基酸與輔基

例如：核蛋白、醣蛋白、脂蛋白、金屬蛋白等。

➢ 血清總蛋白質國際系統單位(SI unit)為 g/L

精選實例評量

Review Activities

1. 缺乏下列何種金屬會導致彈性蛋白(elastin)結構不正常？(A) Ca^{2+}　(B) Cu^{2+}　(C) Mg^{2+}　(D) Zn^{2+}

2. 下列何者是血清總蛋白質含量的國際系統單位(SI unit)？(A) mmol/L　(B) mol/L　(C) g/dL　(D) g/L

3. 膠原蛋白(collagen)具有下列何種結構？(A)白胺酸拉鍊(leucine zipper)　(B)鋅手指(zinc finger)　(C) β-平板(β-sheet)　(D)三股螺旋(triple helix)

4. 下列何種胺基酸最少出現於蛋白質之 α-helix 結構中？(A) Ala　(B) Glu　(C) Gly　(D) Leu

5. 下列何種胺基酸可作為人體合成 NAD^+ 的原料？(A)苯丙胺酸(phenylalanine)　(B)甲硫胺酸(methionine)　(C)酪胺酸(tyrosine)　(D)色胺酸(tryptophan)

6. 在體組織代謝中所產生的氨會被進一步轉化為何種形式再被送至肝臟代謝？(A) Uric Acid　(B) Urea　(C) Arginine　(D) Glutamine

7. 關於蛋白質的變性(denaturation)，下列敘述何者錯誤？(A)蛋白質二級結構會被破壞　(B)蛋白質溶解度可因此而增加　(C)可因溫度升高導致變性　(D)可因有機溶劑引起變性

答案　1.B　2.D　3.D　4.C　5.D　6.D　7.B

4-3　血漿蛋白分類

一、前白蛋白(Prealbumin)

(一) 物理性質

1. 為肝細胞所合成。

2. 電泳顯示其位於移動白蛋白的前方。

3. 瞭解蛋白質營養不良的靈敏指標（手術前營養評估的標誌）。

(二) 生理功能

1. 作為組織修補的材料。

2. 為一種轉運蛋白，可結合甲狀腺素與三碘甲狀腺素。

3. 運載維生素 A 的作用。

(三) 臨床意義

　　肝硬化或腎臟發炎時其血中濃度下降。

二、白蛋白(Albumin)

(一) 物理性質

1. 為肝細胞所合成。

2. 血漿中的半衰期約為 15~19 天。

3. 血漿中含量最多的蛋白質，佔血漿總量的 40~60%。

4. 在體液 pH 7.4 的環境中，白蛋白為負離子。

5. 正常值：3.5~ 5.5 g/dL。

(二) 生理功能

1. 維持血漿膠體滲透壓。

2. 為一種結合蛋白，可結合膽紅素與易與弱酸性藥物結合。

3. 可結合非結合型膽紅素。

(三) 臨床意義

低白蛋白血症：如慢性肝病、肝硬化、腎病症侯群、燒傷等。

三、α₁-區帶球蛋白

包含 α₁-抗胰蛋白酶、α₁-酸性醣蛋白、α₁-胎蛋白、α₁-抗胰凝乳蛋白酶與 α₁-脂蛋白。

(一) α₁-抗胰蛋白酶(α₁-Antitrypsin; AAT)

1. 物理性質：
   (1) pI 值 4.8，含有 10~20%的糖基。
   (2) 醋酸纖維薄膜或瓊脂糖電泳中泳動於 α₁ 區帶。
   (3) 一種急性反應蛋白。

2. 生理功能：
   (1) 具有類胰蛋白酶酵素抑制作用。
   (2) 可抑制凝血因子 IIa。
   (3) 遺傳分型最常見的表現型為 MM (Pi^M)。
   ※ α₁-抗胰蛋白酶缺乏症：為 14q32.1 處 SERPINA1 基因缺陷，正常狀況時可與許多蛋白酶結合抑制其活性，預防肺泡壁被破壞，缺乏時與泛腺泡型肺氣腫(panacinar emphysema)有正相關。

3. 臨床意義：
   (1) 缺乏：如肺氣腫、肝硬化等。
   (2) 上升：如急性炎症反應、懷孕等。

(二) α₁-酸性醣蛋白(α₁-Acid Glycoprotein; AAG)

1. 物理性質：
   (1) pI 值 2.7，在酸性溶液中仍具"負電荷"。
   (2) 含有許多唾液酸殘基(Sialic acid residues)。
   (3) 醋酸纖維薄膜或瓊脂糖電泳中泳動於 α₁ 區帶。

2. 生理功能：具有急性心肌梗塞時 AAG 作為一種急性期反應蛋白。

3. 臨床意義：

 (1) 下降：如營養不良、嚴重肝損害等。

 (2) 上升：如急性炎症、懷孕、心肌梗塞、風濕性關節炎和肺炎等。

(三) α_1-胎兒蛋白(α-Fetoprotein; AFP)

1. 物理性質：

 (1) 胎兒肝臟與卵黃囊中合成。

 (2) 醋酸纖維薄膜或瓊脂糖電泳中泳動於 α_1 區帶。

 (3) AFP 在胎兒 13 週時佔血漿蛋白總量的 1/3，在妊娠 30 週時達最高峰，以後逐漸下降。

2. 生理功能：

 (1) 胎兒發育過程中維持正常妊娠所必需的蛋白。

 (2) 用於胎兒產前監測；可經羊水部分進入母體，其血漿 AFP 在妊娠 16~18 週羊水或母體血清中 AFP 超過正常範圍，需考慮胎兒發育異常。

3. 臨床意義：

 (1) 上升：如神經管缺損、無腦兒、畸胎瘤(yolk sac tumor)、重度病毒肝炎等。

 (2) 用於早期篩選肝癌。

(四) α_1-脂蛋白(α_1-Lipoprotein)

 HDL 屬於此類。

(五) α_1-抗胰凝乳蛋白酶(α_1-Antichymotrypsin)

1. 物理性質：

 (1) 電泳泳動於 2.52_2 區間。

 (2) 發炎時會上升，為急性反應期蛋白。

2. 生理功能：抑絲胺酸蛋白酶(serine protease)。

3. 臨床意義：

 (1) 當肺原發性惡性纖維瘤時，大量上升。

 (2) 氣喘亦會上升。

四、α₂-區帶球蛋白

α₂-區帶球蛋白包括結合球蛋白(haptoglobin)、α₂-巨球蛋白(α₂-macroglobulin; AMG)、藍色胞漿素(ceruloplasmin)、凝血酶原(prothrombin)等。主要介紹前面三種。

(一) 血清結合球蛋白(Haptoglobin；Hp)

1. **物理性質：**
   (1) 會與紅血球破裂時釋放 hemoglobin 形成 haptoglobin-hemoglobin complex (Hp-Hb)。
   (2) 結合是不可逆的，結合後複合物轉運到肝。

2. **生理功能：**
   (1) 血管內溶血時，大量釋放出 hemoglobin 造成血液中 haptolobin 濃度下降。
   (2) 燒傷與腎功能不良時 Hp 會上升。

3. **臨床意義：**
   (1) 監測急性炎症反應和溶血是否處於進行狀態。
   (2) 血管內溶血、Hp 含量明顯下降。
   (3) 測定 Hp 可以評估血管內溶血的嚴重程度。
   (4) 發炎性疾病將增加。
   (5) 裝置人工心臟瓣膜時血色素亦高，導致 HP↓。

(二) α₂-巨球蛋白(α₂-Macroglobulin; AMG)

1. **物理性質：**
   (1) 血漿中分子量最大的蛋白質。
   (2) 在肝細胞和網狀內皮系統中合成。
   (3) 為蛋白酶抑制劑(proteinase inhibitor)。

2. **生理功能：**
   (1) 它能與一些蛋白水解酶結合而影響這些酶的活性(如：胃蛋白酶、胰蛋白酶)。
   (2) 有選擇性地保護某些蛋白酶活性的作用，免疫反應中可能具有重要意義。

3. **臨床意義：**腎病變、低蛋白血症、妊娠期及口服避孕藥時會增高。

（三）藍色胞漿素(Ceruloplasmin; CER）

1. **物理性質：**

(1) 含銅的 α_2-醣蛋白（單鏈多肽，每分子含 6~7 個銅原子）。

(2) 具有氧化酶的活性，對多酚及多胺類化合物有催化其氧化的能力。

2. **生理功能：**CER 屬於一種急性時期反應蛋白。

3. **臨床意義：**

(1) 增高：如感染、創傷、腫瘤、妊娠期和口服避孕藥時。

(2) 明顯下降：如威爾森氏病、嚴重肝病及腎病症候群等。

※　威爾森氏病(Wilson's disease)：

　　a. 第 13 對染色體上的 ATP7B 基因異常。

　　b. Ceruloplasmin 結合銅離子能力降低，造成游離的銅離子沉積在肝和腦。

　　c. 眼角膜周圍出現 Kayser-Fleischer rings 棕綠色環。

※　Menkes syndrome：

　　a. X 染色體長臂上 Menkes 基因突變造成 copper-trasnporting ATPase（P 型）無法正常運作。

　　b. 因銅吸收降低且 ceruloplasmin 減少，造成的智能發育不足。

五、β-區帶球蛋白

　　運鐵蛋白(transferrin; TRF)、β_2-微小球蛋白(β_2-microglobulin; BMG)、β-脂蛋白(β-lipoprotein)、纖溶蛋白酶原(plasminogen)、纖維蛋白原(fibrinogen)、β_2-醣蛋白(β_2-glycoprotein)、補體 3 活化蛋白(complement 3 activator)、凝血因子 VI、VII、IX、XI、XII、XIII、補體 1r、2、3、4、5、6、7......。主要介紹前面二種。

（一）運鐵蛋白(Transferrin; TRF)

1. **物理性質：**

(1) 運鐵蛋白是血漿中主要的運載三價鐵的蛋白質。

(2) 單鏈醣蛋白，含糖量約 6％。

(3) 由肝細胞合成。

2. **生理功能：**血清中運送鐵的蛋白，供生成成熟紅血球，合成增加於鐵缺乏時；減少於腎病變、血色素沈著症(hemochromatosis)。

3. 臨床意義：

(1) 用於貧血的診斷和對治療的監測。

(2) 缺鐵性的低色素貧血時 TRF 增高，但鐵的飽和度很低。

(二) β₂-微小球蛋白(β₂-Microglobulin; BMG)

1. 物理性質：

(1) 存在於所有有核細胞的表面。

(2) 特別是細胞表面人類淋巴細胞抗原(HLA)的 β 鏈（輕鏈）部分。

2. 生理功能：

(1) 參與有核細胞表面抗原的形成。

(2) 可通過腎絲球，幾乎完全在腎小管回吸收。

3. 臨床意義：

(1) 腎功能衰竭、炎症及腫瘤時，血漿中濃度可升高。

(2) 監測腎小管功能，特別用於腎移植後，含量增高。

(3) 急性白血病和淋巴瘤有神經系統浸潤時，腦脊髓液中亦增高。

※ 多使用微粒酵素免疫分析法(microparticle enzyme immunoassay; MEIA)測定，溶血、脂血及去活化檢體不適用。

六、γ-區帶球蛋白

C-反應蛋白(C-reactive protein; CRP)、澱粉酶(amylase)、溶菌酶(lysozyme)、補體 Iq (complement Iq)、IgA、IgD、IgE、IgG、IgM...。

(一) C-反應蛋白

1. 物理性質：

(1) C-多醣的蛋白質。

(2) 在肝細胞合成，含五個多肽鏈亞單位。

2. 生理功能：

(1) CRP 是第一個被認為是急性時期反應蛋白。

(2) 可以引發對侵入細胞的免疫調理和吞噬作用，而表現炎症反應。

(3) 它在急性創傷和感染時，血漿中濃度急劇升高。

(4) 高反應性 CRP (high-sensitivity CRP)可為心血管疾病風險指標。

3. **臨床意義：**急性心肌梗塞、創傷、感染、炎症、外科手術、腫瘤浸潤等，發生時會顯著增高。

七、疾病時的血漿蛋白質變化的圖譜特徵

不同疾病時血漿蛋白的電泳圖譜可有特徵性改變。

(一) 急性炎症

1. **上升：**如 AAT、AAG、Hp、CER、C_3、C_4、纖維蛋白原、CRP 等。

2. **下降：**如前白蛋白、白蛋白及運鐵蛋白等。

(二) 肝臟疾病

1. **上升：**如 AAT 增高、CRP、CER、fibrinogen、IgM 及 IgG 出現彌散性的增高，以及 IgA 的明顯升高。

2. **下降：**Hp 常偏低、α_1 脂蛋白及 TRF。

3. **肝硬化時有以下特徵：**

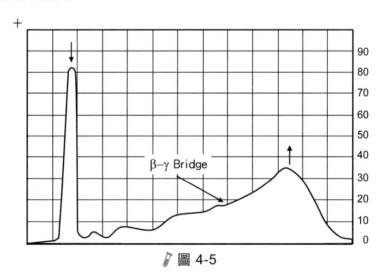

圖 4-5

（三）多發性骨髓瘤

1. 特徵：由漿細胞惡性增生所至的腫瘤。

2. γ 區帶外出現一特徵性的 M 蛋白峰。

3. 白蛋白區帶下降。

4. 血漿蛋白電泳圖譜變化。

（四）阿茲海默症(Alzheimer's disease)

1. 病理特徵：神經元流失所造成後期會出現大腦縮小、腦室變大和腦溝變寬，顯微鏡下之特殊病理神經纖維糾結(neurofibrillary tangle)。

2. 腦脊髓液類澱粉蛋白減少與 Tau 蛋白質增加。

3. Tau 蛋又稱 β transferrin 或 asialo-transferrin。

 4-4 血漿蛋白質的檢測與臨床應用

一、總蛋白的定量

（一）化學法

1. Kjeldahl 法：

   測定原理：蛋白質的含氮量約佔 16 %；即 1 克氮相當於 6.25 克蛋白質。因此只要測定樣品中的含氮量，既可推算出樣品中的蛋白含量。

2. Biuret 法：

   測定原理：蛋白質分子含有肽鍵，鹼性溶液中，與二價的銅離子作用發生縮合反應形成紫紅色的化合物。

3. Lowry 法（亦稱 Folin-Ciocaletu 法）：

   (1) 測定原理：蛋白質與鹼性硫酸銅作用形成銅－肽鍵化合物，主要測定蛋白質分子中含酪胺酸和色胺酸等芳香族胺基酸。

   (2) 測定方法：蛋白質與磷鉬酸－磷鎢酸還原生成藍色化合物（鉬藍和鎢藍混合物）。在一定條件下，藍色深淺與蛋白質含量呈正比，藉此可做比色測定。

（二）物理法

1. 紫外吸收法：

(1) 測定原理：蛋白質在 270~290 nm 及 200~225 nm 兩個紫外區波長段有光吸收。前者光吸收與蛋白質分子中含有共軛雙鍵的 tyrosine、tryptophan 和 phenylalanine。蛋白質溶液的吸光度與濃度呈正比，藉此可作蛋白質的定量測定。

(2) 測定方法：操作簡便、快速，靈敏度較雙縮脲法(biuret)高約 10 倍，所需樣品少，且無需處理可直接測定，比色後樣品可全部回收。

(3) 缺點：受核酸、尿酸、膽紅素等干擾。

2. 比濁法：

測定原理：某些強酸如三氯醋酸使蛋白質產生沉澱，通過比濁計測定懸浮物的濁度，與同樣處理的已知含量蛋白標準液比較，即可求得樣品中蛋白質的含量。

二、染料結合法（測定白蛋白）

方　　　　法	原理	反應 pH 值	干擾因素
BCG (Bromcresol green)	與白蛋白結合	4.2	血紅素
BCP (Bromcresol purple)	與白蛋白結合	5.2	
HABA[2(4'-hydroxyazobenzene)-benzoic acid	與白蛋白結合	6.2	膽紅素、水楊酸
Methyl orange	與白蛋白結合	3.5	膽紅素

三、總球蛋白定量

1. 總球蛋白量＝總蛋白量－白蛋白量。

2. 總球蛋白量可由乙醛酸(flyoxylic acid)直接呈色測量。

精選實例評量　Review Activities

1. 下列哪一種狀況會造成白蛋白／球蛋白比值(A/G ratio)減少？(A)脫水　(B)多發性骨髓瘤　(C)愛迪生氏病(Addison's disease)　(D)威爾森氏病(Wilson's disease)

2. 下列哪一種方法最適宜用來測量血清白蛋白？(A) Biuret 反應　(B) Bromocresol green 反應　(C) Jaff 法　(D) Fearon 法

3. 下列何者可用來偵測裝置人工心臟造成的 free hemoglobin 增高？(A) Ceruloplasmin　(B) Haptoglobin　(C) α_1-antitrypsin　(D) C-reactive protein

4. 下列何者為身體營養狀況好壞的指標？(A) Prealbumin　(B) Haptoglobin　(C) IgG (D) C-reactive protein

5. 肝硬化血清蛋白電泳圖呈現何種現象？(A) β-γbridge 增加　(B) α_1-bands 增加 (C) α_1-bands 減少　(D) α_2-bands 增加

6. 蛋白質電泳出現的 β-γ bridge 主要是因為病人血中何種蛋白增加所致？(A) IgA (B) Albumin　(C) Lipoprotein　(D) Transferrin

7. 下列何種血清蛋白會和 Hb 作不可逆的結合？(A) Macroglobulin　(B) Albumin (C) Ceruloplasmin　(D) Haptoglobin

8. 以 biuret 反應測定蛋白質，下列敘述何者錯誤？(A)銅離子和 peptide 鍵反應　(B) 以 biuret 為標準品　(C)加入酒石酸可阻止銅沉澱　(D)加入碘化鉀可為抗氧化劑

9. Kjeldahl 法檢測蛋白質，主要是測其下列何種成分？(A)氧　(B)氮　(C)氫　(D)碳

10. 測蛋白質的雙縮脲法(biuret reaction)是在下列哪一種 pH 環境偵測藍紫色反應產物？(A)酸性　(B)中性　(C)鹼性　(D)和 pH 無關

11. 下列那種蛋白質在急性發炎期其血清濃度會上升？(A) α_1-酸性糖蛋白　(B)前白蛋白　(C)白蛋白　(D)運鐵蛋白質

12. 利用鹼性瓊膠進行血清蛋白質電泳，下列出現的順序由陽極算起，何者最正確？ (1)白蛋白(albumin) (2)補體 3 (complement 3) (3)結合蛋白(haptoglobin)。(A)(1)(2)(3) (B)(3)(1)(2)　(C)(1)(3)(2)　(D)(2)(1)(3)

答 案　　1.B　2.B　3.B　4.A　5.A　6.A　7.D　8.B　9.B　10.C　11.A　12.C

 4-5 　先天性胺基酸代謝異常

一、原　因

　　主要因 DNA 出現單點突變，導致胺基酸改變產生酵素缺陷，使得功能異常。

二、苯丙胺酸的代謝

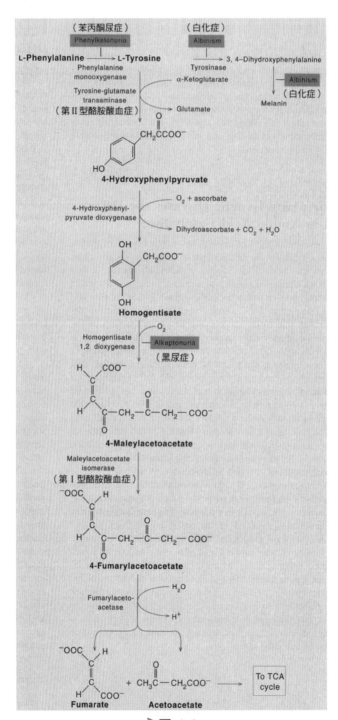

🧪 圖 4-6

三、胺基酸種類

(一) 苯酮尿症(Phenylketonuria)

1. 參考值：

體液	正常人含量	Phenylketonuria
血　液	2 mg/dL	20 mg/dL
尿　液	30 mg/dL	300~1000 mg/dL

2. 分型：

分型	酵素缺陷	臨床意義	臨床症狀
Type I	Phenylalanine hydroxylase 缺乏	血液：Phe 尿液：Phe、Phenylpyruvate	1.智力障礙 2.抽筋
Type II	Phenylalanine hydroxylase 缺陷	血液：Phe	智力障礙
Type III （新生兒型）	Phenylalanine hydroxylase 缺陷	血液：Phe 尿液：Phe	正常
Type IV	Dihydropteridine reductase（雙氫喋啶還原酶）缺乏	血液：Phe	神經障礙
Type V	Biopterin reductase 缺乏	血液：Phe	神經障礙

3. 測試法：

(1) Guthrie test：

　　a. 測定原理：將受試者的血液沾於濾紙上，放於含有 *Bacillus subtilis* 菌種的孢子加入含有 β_2-thienylalanine 的瓊脂盤上。

　　b. 測定結果：血中 Phenylalanine 的濃度超過 2~4 mg/dL 的範圍，則細菌生長。

　　c. 特性：屬於半定量的微生物分析法。

(2) Ferric chloride test：

　　a. 測定原理：測定 phenylpyruvic acid。

　　b. 測定結果：呈現深藍色。

(3) 2,4-Dinitrophenylhydrazine Test：

　　a. 測定原理：測定 phenylpyruvic acid。

　　b. 測定結果：呈現黃白色。

(4) 微螢光測量法。

（二）Tyrosinemia

1. 分型：

分　型	酵素缺陷	臨床意義	臨床症狀
Type I	Fumarylacetoacetate hydrolase 缺陷	血液：Tyr、Met 尿液：Tyr、DOPA	肝硬化、腎傷害
Type II	Tyrosine aminotransferase	血液：Tyr 尿液：Tyr	智力障礙
短暫性新生兒型	肝臟發育不全	血液：Tyr、Phe 尿液：Tyr	暫時性的代謝障礙

2. 測試法：

　　(1) Ferric chloride test：

　　　　a. 測定原理：測定 p-hydroxyphenylpyruvate。

　　　　b. 測定結果：呈現綠色。

　　(2) 2,4-Dinitrophenylhydrazine test：

　　　　a. 測定原理：測定 p-hydroxyphenylpyruvate。

　　　　b. 測定結果：呈現黃白色。

　　(3) Nitrosonaphthol：

　　　　a. 測定原理：測定 p-hydroxyphenylpyruvate、tyrosine。

　　　　b. 測定結果：呈現橘紅色。

（三）黑尿症(Alkaptonuria)

1. 原因：缺乏黑尿酸氧化酶(homogentistate oxidase)，主要黑尿酸無法代謝，隨尿液排出。

2. 臨床症狀：如退化性關節炎、褐黃症等。

3. 測試法：Ferric chloride test：

　　(1) 測定原理：測定 homogentistic acid。

　　(2) 測定結果：呈現藍色。

（四）楓糖蜜尿症(Maple Syrup Urine Disease)

1. **原因**：缺乏支鏈酮酸脫氫酶(Branched chain alpha-keto acid dehydrogenase)，造成 leucine、isoleucine 和 valine 的代謝被阻礙。

2. **臨床症狀**：如嗜睡、肌肉僵硬等。

3. **測試法**：
   (1) Guthrie test：
       a. 測定原理：將受試者的血液沾於濾紙上，放於 4-aza-leucine 瓊脂盤上。
       b. 測定結果：若 leucine 升高會抑制細菌生長，MSUD (+)。
       c. **特性：屬於半定量的微生物分析法。**
   (2) Ferric chloride test：
       a. 測定原理：測定 Branched chain keto acid。
       b. 測定結果：呈現灰藍色。
   (3) 2,4-Dinitrophenylhydrazine test：
       a. 測定原理：測定 branched chain keto acid。
       b. 測定結果：呈現黃白色。

（五）胱胺酸尿症(Cystinuria)

1. **原因**：由於胺基酸轉運系統的缺陷，造成 lysine、cystine、arginine 和 ornithine 由尿液排出。

2. **臨床症狀**：腎小管處沉澱，造成尿路結石。

3. **測試法**：Cyanide-Nitroprusside：
   (1) 測定原理：測定 sulfhydryl group。
   (2) 測定結果：呈現紅紫色。

（六）半胱胺酸尿症(Homocystinuria)

1. **原因**：由於胱硫醚 β 合成酶(cystathionine-β-synthase)缺乏，造成血漿和尿液中的 homocysteine 和 methionine 升高，需要 vitamin B_6 當輔酶。

2. **臨床症狀**：如骨質疏鬆症、心智遲緩、動、靜脈易出現栓塞等。

3. **測試法**：Cyanide-Nitroprusside：
   (1) 測定原理：測定 sulfhydryl group。
   (2) 測定結果：呈現紅紫色。

(七) 同半胱胺酸血症(Homocysteinemia)

1. **原因**：由於胱硫醚 β 合成酶缺乏或缺乏葉酸、維生素 B_{12} 及 B_6，造成血漿和尿液中的 homocysteine 和 methionine 升高。

2. 單獨測定血中同胱胺酸濃度，評估心血管疾病與腦血管病變。

(八) 異戊酸血症(Isovaleric Acidemia)

1. **原因**：由於異戊醯－輔酶 A 去氫酶(isovaleryl-CoA dehydrogenase)缺乏，造成血漿 glycine 升高。

2. Leucine 無法進行正常的代謝而代謝成 isovaleryl-CoA 堆積，進而產生 isovaleric acid。

3. **症狀**：呼吸尿液呈散發出特異性腳汗臭味(sweaty feet odor)，代謝性酸中毒、高血氨症、低血糖、酮酸血症、高甘胺酸與血球過低。

(九) 丙酸血症(Propionic acidemia)

1. **原因**：丙醯基輔酵素 A 羧化酵素(propionyl-coenzyme A carboxylase)缺陷。

2. **症狀**：代謝性酸中毒、酮尿、低血糖、高血氨及基底核梗塞。

(十) 甲基丙二酸血症(methylmalonic acidemia)

1. **原因**：缺乏甲基丙二酸醯輔 A 變位酵素(methylmalonyl-CoA mutase)，或是維生素 B_{12} isoleucine 會造成支鏈胺基酸 methionine, threonine, valine, isoleucine 代謝異常。

2. **症狀**：代謝性酸血症、酮酸血症、高血氨。

四、骨質疏鬆的檢測指標

1. **定義**：骨小樑消失，骨實質減少而產生較多較大空隙，使得骨骼鬆碎易發生骨折最常發生在腰椎骨與髖骨關節部位。

2. **主要因素**：
   (1) 老化：老化造成骨質的流失，稱為老年性骨質疏鬆症。
   (2) 停經：最為常見（與女性荷爾蒙減少有關）。
   (3) 活動量減少：如長期臥床。

3. **臨床症狀**：骨骼脆性增加，易發生骨折。

4. **檢測指標物**：

(1) 骨生成的指標：

　　a. Bone specific alkaline phosphatase。

　　b. Osteocalcin：49 個胺基酸組成，含 γ-carboxyglutamic acid。

　　c. 監控造骨功能，及評估骨質替換速率。

　　d. 甲狀腺高能症、Paget's disease 會升高。

(2) 骨耗損的指標：

　　a. 第一類型膠原質交聯鍵結的 N 端胜肽片段(type I collagen cross-linked N-telopeptide; NTx)：中第一型膠原質被降解後所產生的代謝物。

　　b. 膠原 pyridium 交叉連結物： pyridinoline 與 deoxypyridinoline 為膠原蛋白的三股 α 多胜肽鏈上的 lysine 及 hydrolysine 之共價鍵結之環狀結構，可經腎臟清除。

精選實例評量

Review Activities

1. Leucine、isoleucine 及 valine 三種胺基酸不在肝臟細胞中進行代謝，因為肝臟中缺少哪一種酵素之故？ (A) Alanine aminotransferase (B) Aspartate aminotransferase (C) Branched-chain aminotransferase (D) Methylmalonyl aminotransferas

2. 下列何種胺基酸與血管硬化的進行有密切的關係，是心臟疾病與腦血管病變的危險因子？ (A)同半胱胺酸(Homocysteine) (B)胱胺酸(Cystine) (C)同胱胺酸(Homocystine) (D)絲胺酸(Serine)

3. 下列何者會引起高蛋白血症？ (A)營養不良 (B)慢性肝病 (C)燒傷 (D)多發性骨髓瘤

4. 下列何種蛋白質是來自漿細胞(plasma cell)？ (A) γ-globulin (B) α_2-globulin (C) β-globulin (D) α_1-globulin

5. 苯丙酮尿症(PKU)與何種酵素缺乏有關？ (A) Phenylalanine hydroxylase (B) Glutamate dehydrogenase (C) Pyruvate kinas (D) Cystathionine-β-Synthase

6. 下列何種成分在楓糖蜜尿症(maple syrup urine disease)病人的尿中不增加？
   (A) Isoleucine　(B) Leucine　(C) Lysine　(D) Valine

7. 缺乏下列何種酵素會導致楓糖尿症？(A) Phenylalanine hydroxylase　(B) Pyruvate dehydrogenase　(C) Tyrosine aminotransferase　(D) Homogentisate oxidase

8. 因動情素不足所引起的骨質疏鬆(osteoporosis)的機轉是：(A)膠原纖維成分不足 (B)只有骨質流失之增加　(C)只有骨質合成之減少　(D)既增加骨質之流失且減少骨質之合成

9. 下列哪一項檢驗適用於尿液胱胺酸的測定？(A)氯化鐵檢驗(Ferric chloride test) (B) CTAB test　(C) Cyanide-nitroprusside test　(D) Silver- nitroprusside test

10. 多發性骨髓瘤患者，其血清總蛋白質 11.2 g/dL、白蛋白 2.2 g/dL，則下列敘述何者正確？(A)電泳分析若以 Ponceau S 染色，可用 640 nm 波長於密度儀測定 (B)電泳分析可看到 Monoclonal 蛋白質　(C)空腹採血才可檢測出異常蛋白質 (D)血清 Alkaline phosphatase 為正常上限的 5 倍以上

答案　　1.C　2.A　3.D　4.A　5.A　6.D　7.B　8.D　9.C　10.B

05
Chapter

維生素

本章大綱

學習目標

1. 掌握維生素基本特性。
2. 掌握維生素的分類。
3. 掌握個別維生素臨床意義。
4. 瞭解維生素缺乏症候群。

一、定　義

　　不能由人體製造合成（但維生素 D 例外），必須由外界吸收攝取而來。依溶解度可分成脂溶性與水溶性兩大類。水溶性維生素當攝取過多容易從尿液中排出；脂溶性維生素皆具有異戊二烯(Isoprene)結構所形成的長碳鏈。

二、特　性

1. 維持動物正常發育。
2. 參與新陳代謝，但不提供能量。
3. 僅需少量來維持正常的生理功能。

 5-1　脂溶性維生素

一、維生素 A

(一) 性　質

1. 視網醇(retionl)，是最初的維生素 A 形態（只存在於動物性食物中）；provitamin A，可從植物性及動物性食物中攝取。
2. 結構含有 4 個 isoprene 單元
3. 有三種活化形態：視網醇(retinol)、視網醛(retinal)、視網酸(retinoic acid)。

4. 可溶於脂溶性的有機溶劑。

5. 易受到紫外線的破壞。

(二) 生理功能

1. 維持正常生長與生殖的能力。

2. 維持正常的上皮組織與視覺功能。

3. Retinol 可被低密度脂蛋白(LDL)攜帶。

(三) 正常參考值

兒　童	成　人
0.87~1.5 µmol/L	0.35~1.75 µmol/L

(四) 臨床意義

1. 降低：
   (1) 暗適應能力下降、夜盲症(nyctalopia)及乾眼病(xerophthalmia)。
   (2) 黏膜、上皮角質化。
   (3) 生長發育受阻，影響骨骼發育，齒齦增生與角化。

2. 增高：頭痛、骨痛、肝腫大和血液學異常等。

(五) 測定法

Neeld-Pearson 反應，主要將 TFA 與 Vit. A 結合形成藍色複合物。

二、維生素 D

(一) 性　質

1. 以麥角鈣化固醇 (Vit. D_2; ergocalciferol)和膽鈣化固醇(Vit. D_3; cholecalciferol)存在人體中。而 Vit. D_1 乃是由 Vit. D_2 和 lumisterol 組成。

2. 7-dehydrocholesterol 照光後變成 Vit. D_3 或者經飲食中攝入。

3. 調節體內鈣代謝成其活化形式 1,25-dihydroxy vitamin D。

（二）生理功能

1. 刺激小腸對鈣離子和磷酸鹽物質的吸收。

2. 腎臟中促進鈣、磷的吸收。

3. 增進骨骼對鈣的吸收，且 Vit. D 可和 PTH 與 calcitonin 共同調節血漿中鈣離子濃度。

4. 促進鈣自骨骼釋出。

5. Calciferol 無生化活性，不過可幫助其他物種的代謝。而 Vit. D 代謝物被觀察和腸膜細胞的核仁有關。

（三）活化機制

1. 人體皮下存在的 Vit. D_3 (cholesterol)經紫外線作用可轉變為 previtamin D_3。

2. 受熱變成 Vit. D_3 於肝臟中轉變成 25-(OH) D_3 (25-hydroxycholecalciferol)。

3. 運到腎臟形成 1,25-$(OH)_2$ D_3 (1,25-hydroxycholecalciferol)。

4. 1,25-$(OH)_2$ D_3 作用在小腸可促進鈣的吸收；也作用在骨骼可促進蝕骨作用 (ostoclasis)使血鈣升高，造成高血鈣症。

（四）臨床意義

缺乏症：
(1) 引起兒童佝僂症(rickets)。
(2) 引起成人骨質軟化症(osteomalacia)、骨質疏鬆症(osteoporosis)。
(3) 牙齒鈣化不全。
(4) 足抽搐症。

三、維生素 E

（一）性　質

1. 具有 α、β、γ、δ-生育醇(tocopherol)四種。

2. α-生育醇(tocopherol)是存在自然界中最多的維生素 E，最具生物活性。

（二）生理功能

1. 當抗氧化劑：

(1) 防止多元不飽和脂肪酸及磷脂質被氧化，故可維持細胞膜的完整性。

(2) 保護維生素 A 不受氧化破壞，並加強其作用。

2. 維生素 E 之抗氧化作用為清除過氧化物質：

(1) 防止血小板過度凝集的作用。

(2) 增進紅血球膜安定及紅血球的合成。

3. 維生素 E 與麩胱甘肽過氧化酶相輔相成：

(1) 防止血液中的過氧化脂質增多，造成細胞損傷。

(2) 硒(Se)是麩胱甘肽過氧化酶的輔因子，使得脂類過氧化酶喪失活性，避免過氧化物過度堆積。

(3) Se 與 Vit. E 具有抗氧化作用。

（三）正常參考值

12~46 µmol/L。

（四）臨床意義

1. 缺乏：

(1) 紅血球易破裂，導致溶血貧血(hemolytic anemia)。

(2) 不孕、流產或先天性畸形。

2. 增高：

(1) 生長遲緩、骨骼鈣化。

(2) 血比容上升、凝血時間增加。

(3) 骨骼肌粒線體的呼吸作用增加。

四、維生素 K

（一）性　質

1. 對熱與還原劑安定。

2. 對光敏感易受到破壞。

（二）生理功能

1. 凝血酶原(prothrombin)，factor VII、IX、X，protein C，protein S 的合成有關。

2. 由 glutamate residue 形成 γ-carboxyglutamate residue，為凝血酶原的成分。

3. 參與鈣結合蛋白(calcium-binding protein)上 γ-carboxyglutamate 的形成。

4. 維生素 K 是種脂溶性維生素，分成 K_1、K_2、K_3 三種，維生素 K_1 來自綠葉蔬菜；維生素 K_2 來自腸道中之細菌合成；K_3 為人工合成。

5. 新生兒腸道缺少菌叢會影響凝血因子的合成，可能發生出血的情形，可先給予新生兒維生素 K_1 預防注射。

(三) 正常參考值

1.1~4.4 nmol/L。

(四) 臨床意義

缺乏症：

1. 會使傷口的出血時間延長。

2. 容易引起皮下出血形成瘀血斑。

精選實例評量

Review Activities

1. 下列何種維生素為抗氧化劑，可益助紅血球膜對抗氧化壓力？(A)維生素 D　(B)維生素 A　(C)維生素 E　(D)維生素 K

2. 下列哪一種維生素是合成視紫紅質的物質？(A) Vit. B　(B) Vit. D　(C) Vit. A　(D) Vit. C

3. 夜盲症是由於缺乏什麼引起的？(A) Vit. B　(B) Vit. D　(C) Vit. A　(D) Vit. C

4. 下列何種維生素對於鈣的代謝具有近似激素的功能？(A)維生素 E　(B)維生素 B_{12}　(C)維生素 D　(D)維生素 K

5. 下列何種維生素可以幫助紅血球對抗氧化壓力，缺乏時會造成溶血性貧血？(A)維生素 A　(B)維生素 C　(C)維生素 E　(D)維生素 K

6. 下列有關維生素 K 的敘述，何者正確？(A)結構上有 Isoprene 單元　(B)光照會幫助合成維生素 K　(C)可以抑制血液凝固　(D)具有抗氧化的功能

答案　1.C　2.C　3.C　4.D　5.C

5-2　水溶性維生素

一、維生素 B_1

(一) 性　質

1. 又稱硫胺素(thiamin)。

2. 易溶於水、鹼性溶液會加速分解。

(二) 生理功能

1. 促進碳水化合物和脂肪的代謝，在能量代謝中作為輔酶作用。

2. 提供神經組織所需要的能量，防止神經組織萎縮和退化。

3. Thiamin 的輔酶態為 thiamin pyrophosphate (TPP)。

(三) 生化反應

1. **參與氧化去羧作用 (Oxidative decarboxylation)**：將 pyruvate 利用 α-ketoglutarate dehydrogenase 作用的過程。

2. **參與轉酮酶反應(Transketolase reaction)**：
   (1) 為六碳醣單磷酸側徑(hexose monophosphate pathway) transketolase 之輔酶。
   (2) 反應過程：Fructose-6-phosphate ＋ Glyceraldehyde-3-phosphate→
       Xylulose-5-phosphate ＋ Erythrose-4-phosphate

(四) 建議攝取量

兒　童	成　人
0.7~1.4 mg/day	1.4~1.6 mg/day

(五) 臨床意義

缺乏：

1. 會引起、疲勞、憂鬱、急躁及生長遲緩等。

2. 腳氣病(beriberi)及多發性神經炎。

3. 韋尼克式氏腦病變(Wernicke encephalopathy)。

二、維生素 B_2

(一) 性　質

1. 又稱核黃素(riboflavin)，由咯嗪(alloxazine)及核醇構成。

2. 易溶於水、鹼性溶液會加速分解。

3. 對可見光與紫外光敏感易受到破壞，需避光。

(二) 生理功能

1. 可參與碳水化合物、蛋白質及脂肪的代謝，維持正常的視覺功能，促進生長。

2. 輔酶態為活性磷酸化代謝物黃素單核苷酸(flavine mononucleotide; FMN)和黃素腺嘌呤二核苷酸(flavine ademine dinucleotide; FAD)，擔任氫原子傳遞者。

3. FMN 與 FAD 參與呼吸鏈與能量產生為電子轉移系統之重要分子。

4. FMN 與 FAD 可啟動維生素 B_6，維持紅血球的完整性。

(三) 生化反應

1. 參與電子傳遞系統之核黃蛋白(flavoprotein)酵素，需有 FAD 當輔酶。

2. 為 acyl-CoA dehydrogenase 與 glutathione reductase 的輔酶。

(四) 正常參考值

70~100 nmol/L。

(五) 臨床意義

缺乏症狀：

1. 初始嘴角處（口角炎，angular stomatitis）損傷，接著為舌炎、唇炎。

2. 面部脂漏性皮膚炎(dermatitis)及周邊神經失調（神經炎，neuropathy）等。

三、維生素 B₆

(一) 性　質

1. 包含吡哆醇(pyridoxine)、吡哆醛(pyridoxal)與吡哆胺(pyridoxamine)。

2. 易溶於水，微溶於酒精和丙酮中。

3. 對鹼性溶液與光敏感，易受到破壞。

(二) 生理功能

1. 輔酶態是 pyridoxal phosphate (PLP)及 pyridoxamine (PMP)。

2. 可參與胺基酸，碳水化合物及脂肪的正常代謝。

3. B₆-PO₄(PLP)為 ALA 合成酶的輔酶；ALA (δ-aiminolevulinic acid)為 heme 的前驅物。

(三) 生化反應

1. 參與 aminotransferase 的反應（ALT 與 AST 的 coenzyme）。

2. 參與去羧作用(decarboxylation)反應：
   (1) 麩胺酸(glutamic acid)合成 γ-胺基丁酸(GABA)。
   (2) 5-氫氧基色胺酸(5-hydroxy-tryptophan)轉變為血清素(serotonin)。

3. 參與去氨作用(deamination)的反應：由 serine 去氨成丙酮酸。

4. 參與 cystathionine β-synthase 促成的轉硫作用(transsulphuration)。

5. 參與 serine hydroxymethyl transferase 的反應（serine 和 glycine 可逆互換）。

6. 參與 Succinyl CoA+glycine ⟶ δ-ALA（ALA 的 coenzyme）。

(四) 正常參考值

118~532 nmol/L。

(五) 臨床意義

缺乏：

1. 情緒低落、神經質、精神恍惚與貧血。

2. 下降常見於酒精中毒、膀胱癌、乳腺癌、各種肝衰竭、晚期妊娠及腎透析等。

3. 尿中出現大量黃尿酸(xanthurenic acid)。

四、維生素 B_{12}

(一) 性　質

1. 抗惡性貧血因子，存在於胃壁分泌的 intrinsic factor 中。

2. 以很少量的氰鈷胺(cyanocobalamin)形式存在於體內。

3. 為深紅色的針狀結晶，微溶於水。

4. 對熱安定，但在遇光或強鹼下會失去其活性。

5. 活化態為 coenzyme B_{12} (adenosyl cobalamin)及 methyl B_{12} (methyl cobalamin)。

(二) 生理功能

1. 素食者易缺乏，易造成惡性貧血。

2. 促進葉酸代謝正常。

3. 幫助紅血球的發育，促進紅血球成熟。

4. 參與甲基之生合成反應及使雙硫鍵還原作用。

5. 檢測尿中甲基丙二酸(methylmalonic acid; MMA)含量來推斷 Vit. B_{12} 含量。

6. Vit.B_{12} 吸收檢測須收集 24 小時尿液，使用 ^{57}Co 標誌之 Vit.B_{12} 尿液中同位素回收量少於 9%表示吸收不良。

(三) 生化反應

1. 參與甲基丙二酸醯輔 A 變位酵素(methylmalonyl-CoA mutase)的反應：若酵素缺陷將使甲基丙二酸堆積造成甲基丙二酸血症(methylmalonic academia)。

2. 參與 homocysteine methyltransferase (5-methyl THFA)反應。將 homocysteine 轉成 methionine 及轉化為 succinyl CoA。

3. 參與 DNA 合成：為核糖核苷酸還原酶的輔因子。

(四) 正常參考值

150~730 pmol/L。

（五）臨床意義

　　缺乏症：

1. 如惡性貧血(pernicious anemia)、胃酸過少症、腸紊亂吸收障礙及甲狀腺疾病等。

2. 當維生素 B_{12}、葉酸與內在因子任一缺乏時，皆可造成巨母紅血球性貧血 (megaloblastic anemia)。

3. 長期吃素或胃切除者（缺乏內在因子）。

五、生物素(Biotin)

（一）性　質

1. 為運送 carboxyl 單元酵素的輔因子，單碳物之固定。

2. 易溶於水。

（二）生理反應

1. 參與脂肪與蛋白質的代謝與糖質新生作用。

2. 與維生素 A、B 群共同作用，能維持皮膚健康。

3. 促進嘌呤(purine)及嘧啶(pyrimidine) 之合成。

（三）生化反應

1. 參與羧化反應(Carboxylation reaction)：為羧化酶的輔酶。

2. 例如：

   (1) 脂肪酸合成作用之乙醯輔酶 A 羧化酶(acetyl-CoA carboxylase)。

   (2) 丙酮酸羧化酶(pyruvate carboxylase)：丙酮酸(pyruvic acid)的羧基化，合成草醋酸鹽(oxaloacetic acid)。

   (3) 丙基輔酶 A 羧化酶(propionyl-CoA carboxylase)。

   (4) 3-甲基巴豆醯輔酶 A 羧化酶(3-methylcrotonyl-CoA carboxylase)。

（四）臨床意義

1. 生雞蛋中含有一種生物素的拮抗物為 avidin，長期食用使得生物素缺乏。

2. 缺乏症：皮膚炎、禿頭與早生白髮。

六、葉酸(Folate); B$_9$

(一) 性　質

1. 為單碳轉移酵素的輔因子：負責單碳基團的轉移。

2. 易溶於水。

3. 對熱安定，但在遇光下會失去其活性。

4. 活化態為 FH$_4$ (tetrahydrofolic acid)。

5. 葉酸與 Vit. B$_{12}$ 為 DNA 的合成，以及骨髓內成熟紅血球的生成。

(二) 生理生化反應

1. 參與胺基酸代謝：Serine 轉換成 Glycine 分解，在 Vit. B$_{12}$ 協助將 5-甲基四氫葉酸 (5-CH$_3$-H$_4$ folate)上的甲基轉移到 homocysteine，形成甲硫胺酸(methionine)。

2. Aminoprerin 與 Amethopterin 為葉酸之結構類似物，可用來破壞二氫葉酸還原酶的活性，用來治療白血病。

(三) 臨床意義

　　葉酸的缺乏症：

1. 巨紅血球性貧血(megaloblastic anemia)。

2. 舌炎。

3. 孕婦缺乏時易造成流產或胎兒神經管缺陷症(neural tube defects)與脊柱裂(spina bifida)。

4. 引起血管粥樣硬化：因 homocysteine 無法代謝成 methionine。

七、菸鹼酸(Niacin)

(一) 性　質

1. 包含菸鹼酸(nicotinic acid)與菸鹼醯胺(nicotinamide)。

2. 易溶於水與酒精。

3. 電子呼吸作用中電子傳遞系統重要分子。

（二）生理生化反應

1. 輔酶態為 NAD (nicotinamide adenine dinucleotide)與 NADP (nicotinamide adenine dinucleotide phosphate)，氧化還原的過程中，傳遞氫原子。

2. 可降低血膽固醇與脂肪酸釋出。

（三）臨床意義

菸鹼酸缺乏症：

1. 癩皮病(pellagra)。

2. 皮膚炎(dermatitis)。

八、泛酸(Pantothenic Acid)

（一）性　質

1. 又稱為維生素 B_5。

2. 易溶於水與醋酸。

（二）生理生化反應

1. 輔酶態是輔酶 A (coenzyme A; CoA)。

2. 可攜帶醯基(acyl-group)，例如：
   (1) 脂肪酸代謝前活化加入 CoA 形成 fatty acyl-CoA。
   (2) TCA cycles 中的乙醯輔酶 A (acetyl-CoA)與草醋酸(oxaloacetate)反應合成檸檬酸(citric acid)。

3. 參與醯基載體蛋白(acyl carrier protein; ACP)合成。

4. 促進磺胺(sulfonamide)藥物的排泄。

（三）臨床意義

缺乏泛酸時會導致頭痛、疲倦、運動機能不協調、心跳過速、血壓下降。

九、維生素 C

(一) 性　質

1. 又被稱 ascorbic acid。

2. Vit. C 易溶於水，不耐熱，在空氣中易氧化，遇鹼性物易被破壞。

3. Vit. C 不能在體內合成，必須從食物中攝取，或用 Vit. C 製劑補充。

(二) 生理生化反應

1. 羥化作用與氫原子轉移時的輔因子。

2. 直接參與體內氧化－還原及羥化反應的某些酶的必要成分。

3. 對抗由自由基引發的脂質過氧化反應，脂質過氧化反應可能是促發動脈粥樣硬化形成的因素之一。

4. 幫助膠原蛋白(collagen)的形成。

(三) 臨床意義

　　Vit. C 缺乏可導致壞血症(scurvy)。

十、肉鹼(Carnitine)

(一) 性　質

1. 肌肉組織中含氮的鹽基。

2. L-carnitine 主要由 glycine 與 methionine 合成。

(二) 生理生化反應

1. 負責將脂肪酸送進入粒線體去進行 β-氧化(β-oxidation)。

2. 原發性肉鹼缺乏症患者因染色體 5q31.1 位置上的 OCTN2 (organic cation transporter)基因缺陷，造成細胞膜 carnitine transporter 缺陷，導致肉鹼由尿中流失。

(三) 臨床意義

　　缺乏時心肌、中樞神經系統及肌肉骨骼三方面的症狀：腦神經病變、心臟肌肉病變、肝臟脂肪變性及高血氨症（主因：脂肪酸無法進入粒線體，沒有足夠的脂肪酸進行 β-氧化作用）。

精選實例評量

1. 下列哪一種維生素會增加周邊組織對於 levodopa 的代謝作用？(A) Vitamin B_6 (B) Vitamin B_{12}　(C) Vitamin D　(D) Vitamin E

2. 下列何種維生素的主要功能是參與胺基酸代謝？(A)鈷胺素(cobalamin)　(B)菸鹼酸(niacin) (C)吡哆醇(pyridoxine)　(D)泛酸(pantothenic acid)

3. 血清中的維生素 D 結合蛋白是在下列何種器官合成？(A)小腸　(B)大腸　(C)肝臟 (D)腎臟

4. 參與單碳單位傳遞的維生素有：(A)葉酸　(B)生物素　(C)維生素 B_6　(D)維生素 C

5. 下列那個維生素並不參與細胞中 S-adenosyl methionine 的代謝？(A) Folic acid (B) Vitamin B_{12}　(C) Vitamin B_1　(D) Vitamin B_2

6. 維生素 C 缺乏會造成壞血病，其主要功能是下列何種組織中酵素的輔因子？(A)肝臟　(B)血小板　(C)造血細胞　(D)軟骨組織

7. 缺乏時會引起壞血病的維生素是：(A) Vit. D　(B) Vit. B_2　(C) Vit. C　(D) Vit. K

8. 下列哪種維生素又稱抗壞血酸：(A) Vit. D　(B) Vit. B_2　(C) Vit. C　(D) Vit. K

9. 轉胺酶的輔酶是：(A)維生素 B_1 的衍生物　(B)磷酸吡哆醛　(C)維生素 B_{12} (D)生物素

10. 膠原蛋白(collagen)上特殊的胺基酸羥脯胺酸(hydroxyproline)的合成需要下列哪個輔酶？(A)維生素 A (Vitamin A)　(B)維生素 B (Vitamin B)　(C)維生素 C (Vitamin C)　(D)維生素 D (Vitamin D)

11. 下列何種胺基酸為葉酸(folic acid)之一部分？(A) Ala　(B) Asp　(C) Gln　(D) Glu

12. FMN 和 FAD 是由何種維生素(Vitamin)轉換而來？(A)菸鹼酸(niacin) (B)核黃素(riboflavin)　(C)葉酸鹽(folate)　(D)噻胺(thiamine)

13. 下列哪項檢驗是評估體內維生素 B_1 含量的指標？(A)血漿 transketolase 活性　(B)尿液 thiamine pyrophosphate 濃度　(C)紅血球 thiamine 濃度　(D)紅血球 thiamine pyrophosphate 濃度

14. 下列有關維生素的敘述，何者錯誤？(A)缺乏葉酸(folic acid)會造成胎兒神經管缺陷(neural tube defect)　(B)缺乏維生素 B_1 會造成腳氣病(beriberi)　(C)缺乏維生素 C 會造成壞血症(scurvy)　(D)缺乏泛酸(pantothenic acid)會造成糙皮症(pellagra)

15. 下列何種維生素適合以微生物利用法(microbiological assay)進行測定？(A)維生素 A_2　(B)維生素 B_{12}　(C)維生素 D_1　(D)維生素 K_1

16. 下列何種維生素是輔酶 A(coenzyme A)的主要組成結構？(A)鈷胺素(cobalamin)　(B)菸鹼酸(niacin)　(C)吡哆醇(pyridoxine)　(D)泛酸(pantothenic acid)

17. 下列各項評估試驗中，何者不屬於維生素 B_6 營養性檢測？(A)紅血球 AST 活化係數值之測定法　(B)口服色胺酸(tryptophan)代謝試驗　(C)血漿 PLP 濃度測定法 (D)血球 TPP 濃度測定法

答案　　1.A　2.C　3.C　4.A　5.C　6.D　7.C　8.C　9.B　10.C　11.D　12.B　13.D
　　　　14.D　15.B　16.D　17.D

Clinical Biochemistry

06
Chapter

電解質與微量元素實驗室診斷

本章大綱

學習目標

1. 掌握體內生理性電解質、實驗室檢查及結果分析。
2. 瞭解骨質代謝有關電解質、實驗室檢查及結果分析。
3. 掌握造血系統有關電解質、實驗室檢查及結果分析。
4. 瞭解體內稀有元素的特質、實驗室檢查及結果分析。

6-1　酸鹼代謝異常評估

一、代謝性酸鹼異常（主要影響[HCO_3^-]）

1. 代謝性酸中毒：pH 正常或＜7.35、[HCO_3^-]及 B.E.下降、PCO_2 不變。
2. 代謝性鹼中毒：pH 正常或＞7.45、[HCO_3^-]及 B.E.上升、PCO_2 不變。

二、呼吸性酸鹼異常（主要影響 PCO_2）

1. 呼吸性酸中毒：pH 正常或＜7.35、PCO_2 上升、B.E.及[HCO_3^-]不變。
2. 呼吸性鹼中毒：pH 正常或＞7.45、PCO_2 下降、B.E.及[HCO_3^-]不變。

三、陰離子間隙(Anion Gap)

1. 特性：
   (1) 臨床上常測量 Na^+、K^+、Cl^-、HCO_3^-（視為總 CO_2）。
   (2) AG 為未測量之陰、陽離子的差距。
2. 表示法：
   (1) $AG = Na^+ - (Cl^- + HCO_3^-)$
   (2) $AG = (Na^+ + K^+) - (Cl^- + HCO_3^-)$
3. 判讀：
   (1) AG 下降：如多發性骨髓癌。
   (2) AG 上升：如 uremia、ketoacidosis、嚴重脫水等。

6-2　生理性電解質

一、前　言

1. 特性：

    (1) 電場中陰離子(anion)帶負電會往陽極(anode)移動。

    (2) 電場中陽離子(cation)帶正電會往陰極(cathode)移動。

2. 生理功能：

生理功能	參與離子（電解質）
1.體液量與滲透壓調節	鈉、氯、鉀
2.心臟收縮	鉀、鎂、鈣
3.酵素之輔因子	鎂、鈣、鋅等
4.調節 ATPase 離子通道	鎂
5.酸鹼平衡	HCO_3^-、鉀、氯
6.血液凝固	鈣、鎂
7.神經肌肉活化	鉀、鈣、鎂

二、滲透度(Osmolality)

1. 定義：1,000 公克溶劑(w/w)中所含有之溶質濃度(millimoles)。

    滲透度壓莫耳濃度[osmolarity(w/v)]：單位 milliosmoles/liter。

2. 臨床意義：

    (1) 鈉及其相對應之陰離子，可維持血漿中 90%的 osmotic activity。

    (2) 下視丘調控腦下垂體後葉分泌 ADH，以便增加水分的重吸收。

3. 參考值：275~295 mOsm/kg of plasma H_2O。

4. 檢體收集：以血清、尿液檢體為主。

5. 測定法：利用溶質會使溶液凝固點降低與蒸氣壓下降的現象。

6. 滲透度差(Osmolal gap)：

    (1) 定義：儀器測量的滲透度和計算的滲透度間的差距值。

    (2) 測定物質：鈉、尿素、葡萄糖等之外；尚有 ethanol、methanol、ethylene glycol、lactate、β-hydroxybutyrate 等物質。

三、電解質各論

(一) 鈉(Sodium)

1. 特性：

(1) 為細胞外液(extracellular fluid; ECF)中含量最多的陽離子，佔 90 %。

(2) Na^+-K^+-ATPase 離子幫浦往細胞外運送 3 個 Na^+，並往細胞內運送 2 個 K^+，會造成細胞內外鈉離子的濃度差，導致細胞靜止膜電位形成。

2. 調節機制：

(1) 水分的攝取：口渴機制調節。

(2) 水分排除：ADH 調節。

(3) 血液容積：aldosterone、angiotensin II 調控。

3. 檢體收集：

(1) 血清。

(2) 血漿：lithium heparin、ammonium heparin 或 lithium oxalate 抗凝劑。

(3) 尿液（24 小時）。

4. 分析方法：

(1) FES (Flame emmitting)：產生黃色。

(2) AAS (Atomic absorption)。

(3) ISE (Ion selective electrode)：使用液膜型流動式離子選擇電極法。

(4) 酵素法：利用 β-galactosidase 分解 ONPG 進行反應。

5. 參考值：

血清、血漿	尿液（24 小時）	腦脊髓液
136~145 mmol/L	40~220 mmol/day	136~150 mmol/L

6. 臨床意義：

(1) 高鈉血症(>150mmol/L)多合併有血漿滲透壓增高，常見原因脫水、庫欣氏症候群與尿崩症。

(2) 低鈉血症(<135mmol/L)原因有：鬱血性心臟衰竭、肝硬化合併腹水、腎臟病（腎病症候群、腎衰竭）、SIADH(syndrome of inappropriate antidiuretic hormone secretion)。

※ 有效血漿滲透壓(effective osmolality) = 2 [Na^+] + [BUN]/2.8 +[glucose]/18

（二）鉀(Potassium)

1. 特性：

(1) 細胞內含量最多的陽離子。

(2) 生理功能：神經肌肉活化、心肌收縮、維持細胞內溶液體積。

2. 調節機制：

(1) Aldosterone 作用於腎臟遠曲小管，分泌受到 renin-angiotensin system 的調節調控，分泌過多會造成低血鉀及代謝性鹼血症。。

(2) Insulin 調控鉀進入骨骼肌與肝臟。

(3) 兒茶酚胺(catecholamine)包含腎上腺素、腎上腺素及多巴胺，會促進鉀進入細胞。

3. 檢體收集：

(1) 血清、血漿(heparin)。

(2) 尿液（24 小時）：應避免溶血。

4. 注意事項：

狀　況	原　因
血液凝集	血小板會釋出鉀
胰島素過量	鉀下降
劇烈運動	溶血會使鉀升高
血液檢體置於冷藏	鉀升高

5. 分析方法：

(1) FES (Flame emmitting)：產生紫色。

(2) ISE：使用 valinomycin membrane 電極。

6. 參考值：

血清、血漿	尿液（24 小時）
3.4~5.0 mmol/L	25~125 mmol/day

7. 臨床意義：

(1) 高鉀血症(> 5 mmol/L)，常見原因：腎功能不全、白血病、愛迪生氏病與酸中毒。

(2) 低鉀血症(< 3 mmol/L)原因有：庫欣氏症候群、醛固酮過高症、嘔吐、腹瀉、胰島素過量與代謝性鹼血症。

(三) 氯

1. **特性：**
   (1) 細胞外液主要的陰離子。
   (2) 維持電中性。
   (3) 維持滲透度。

2. **調節機制：**
   (1) 與鈉一同在近曲小管被再吸收。
   (2) Chloride shift：與 HCO_3^- 交換。

3. **檢體收集：**
   (1) 血清、血漿(lithium heparin)。
   (2) 尿液（24 小時）。
   (3) 汗液。

4. **分析方法：**
   (1) ISE。
   (2) Amperometric-coulometric Titration：直接測量 Ag^+。利用 Ag^+ 結合 Cl^- 來定量。
   (3) Mercurimetric titration（Schales-Schales 法）：以 S-diphenylcarbazone 當指示劑進行 Hg^{2+} 滴定 Cl^- 產生藍紫色。
   (4) Colorimetric 法：使用 mercuric thiocyanate 和 ferric nitrate 與氯反應形成紅色產物，測 480 nm 吸光值變化。

5. **參考值：**

血清、血漿	尿液（24 小時）
98~107 mmol/L	110~250 mmol/day

6. **臨床意義：**
   (1) 高氯血症：易出現代謝酸中毒。
   (2) 低氯血症原因有：醛固酮缺乏症、長期嘔吐與糖尿酮酸血症。

（四）碳酸根(Bicarbonate)

1. **特性：**
   (1) 細胞外液中含量第二個主要的陰離子。
   (2) 總 CO_2：為碳酸根離子(HCO_3^-)（佔 90%）、碳酸(H_2CO_3)、溶解的 CO_2。

2. **生理功能：** 為血液的主要緩衝系統。

3. **調節機制：**
   (1) 紅血球藉 chloride shift 作用將 HCO_3^- 排出細胞外。
   (2) 85 %的 bicarbonate 由近曲小管重吸收。

4. **檢體收集：**
   (1) 血清、血漿(lithium heparin)。
   (2) 檢體應加蓋避免 CO_2 流失(6 mmol/L per hour)。

5. **分析方法：**
   (1) ISE：pH 電極來測量 。
   (2) Colorimetric method：使用 phosphoenolpyruvate carboxylase，使用 NADH 氧化產生吸光值變化。

6. **參考值：** 總 CO_2 為 22~29 mmol/L（靜脈血）。

（五）鎂(Magnesium)

1. **特性：**
   (1) 為身體含量第 4 多的陽離子，也是細胞內第 2 多的陽離子。
   (2) 53 %存在於骨骼；46 %於肌肉及其他組織器官；1 %存在於血清與紅血球。
   (3) 血清中之鎂離子有 1/3 與白蛋白結合，其他與游離狀態或與其他離子結合。

2. **生理功能：**
   (1) 只有游離態的鎂離子才具有生理功能（為酵素之輔因子）。
   (2) 參與糖解作用，骨質密度的維持與維持細胞膜的穩定性。
   (3) 與鈉、鉀、鈣共同維持心臟、肌肉、神經等的正常功能

3. **調節機制：**
   (1) 腎臟調控。
   (2) 副甲狀腺素(PTH)會增進腎臟對鎂離子的再吸收，和小腸的吸收；而 aldosterone 與甲狀腺素具有相反作用。

4. **檢體收集**：

    (1) 血清、血漿(lithium heparin)：

        a. 應避免溶血，立即分離血球。

        b. 不能使用 oxalate、citrate、EDTA 等抗凝固劑（會與鎂離子結合）。

    (2) 尿液（24 小時）：檢體應加 HCl 酸化以避免沉澱產生。

5. **分析方法**：

    (1) Colorimetric 法：通常加入 EGTA 以避免鈣離子干擾。

    (2) Calmagite 法：鎂離子與 calmagite 結合形成紅紫色複合物。

    (3) Formazen dye 法：於 660 nm 讀取數據。

    (4) Methylthymol blue 法。

    (5) AAS。

6. **參考值**：血清、血漿為 0.63~1.0 mmol/L (1.7~ 2.4 mg/dL)。

7. **臨床意義**：

    (1) 高鎂血症：腎衰竭與醛固酮過低症。

    (2) 低鎂血症：接受毛地黃治療、嚴重酗酒、糖尿病併持續多尿 與副甲狀腺高能症。

（六）鈣(Calcium)

1. **特性**：

    (1) 肌肉收縮有關，只有游離態的鈣離子才具有生理功能。

    (2) 99 %存在於骨骼中，1 %存在於血液與細胞外液中。

    (3) 血液中鈣離子 45 %為游離態，40 %與蛋白結合，15 %與其他離子結合。

    (4) 酸血症時，鈣離子濃度增加。

2. **調節機制**：受 PTH、維生素 D_3 與 calcitonin 調節。

3. **檢體收集**：

    (1) 血清、血漿(lithium heparin)：不能使用 oxalate、EDTA 抗凝固劑。

    (2) 尿液檢體應先酸化。

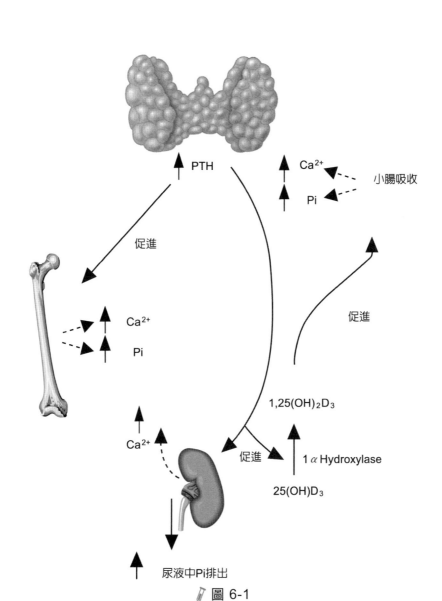

PTH

Ca²⁺

Pi

小腸吸收

促進

Ca²⁺

Pi

促進

1,25(OH)₂D₃

Ca²⁺

促進

1 α Hydroxylase

25(OH)D₃

尿液中Pi排出

圖 6-1

4. 分析方法：

(1) Orthocresolphthalein complexone (OCPC)：使用 8-hydroxyquinoline 避免鎂離子干擾。

(2) Arsenzo III dye 與鈣形成錯合物。

(3) AAS：參考方法。

(4) ISE。

5. 參考值：

	總鈣濃度	游離鈣濃度
小孩	2.20~2.70 mmol/L	1.20~1.38 mmol/L
成人	2.15~2.25 mmol/L	1.16~1.32 mmol/L

6. 臨床意義：

(1) 高鈣血症：副甲狀腺高能症。

(2) 低鈣血症：肌肉強直、原發副甲狀腺低能症(hypoparathyroidism)、低鎂血症 (hypomagnesemia)、慢性腎衰竭與 Vitamin D 缺乏症。

(七) 磷酸(Phosphate)

1. 特性：

(1) 構成遺傳物質、生物能量物質，為細胞內含量最多的陰離子。

(2) ATP 磷酸機酸(creatine phosphate)與 phosphoenol pyruvate 為能量儲存處。

(3) 80 %存在於骨骼中。

2. 調節機制：

(1) 血中磷酸含量受腎臟調節。

(2) PTH 會促進腎臟排泄而降低血磷濃度。

(3) Vit. D 促進小腸與腎臟吸收而增加血磷濃度；生長激素降低腎臟排泄而使血磷增加。

(4) 生長激素會使血磷濃度增加。

3. 檢體收集：

(1) 血清及血漿(lithium heparin)：

　(a) 不能使用 oxalate、EDTA、citrate 抗凝固劑。

　(b) 避免溶血。

(2) 尿液檢體（24 小時）。

4. 分析方法：主要與無機磷酸形成 ammonium phosphomolybdate complex。

(1) 測 340 nm。

(2) 還原成 molybdenum blue，測 660 nm。

5. 參考值：

	血清、血漿	尿　液
小孩	1.45~1.78 mmol/L	
成人	0.87~1.45 mmol/L	13~42 mmol/day

6. 臨床意義：

(1) 高磷酸鹽血症：腎衰竭、假副甲狀腺低能症(pseudohypoparathyroidism)與淋巴母細胞白血病。

(2) 低磷酸鹽血症：酗酒。

(八) 乳酸(Lactate)

1. 特性：

(1) 缺氧時糖解作用的副產物。

(2) 肝臟為主要代謝器官（使 lactate 進入 gluconeogenesis）。

(3) 臨床上用來監控 nitroprusside（硝基氫氰酸鹽）所造成的副作用（cyanide toxicity；抑制有氧代謝路徑）。

2. 檢體收集：

(1) 避免使用止血帶造成靜脈內滯留乳酸。

(2) 使用 Heparin 為抗凝固劑，並應置於冰上。

(3) 加入 iodoacetate、fluoride 避免糖解作用。

3. 分析方法：

(1) 氧化法：與 permanganate、H_2SO_4、O_2 反應，產生 acetaldehyde、CO 或 CO_2。

(2) 酵素法：lactate oxidase、peroxidase。

4. 參考值：

	血　漿
靜脈	0.5~2.2 mmol/L
動脈	0.5~1.6 mmol/L

5. 臨床意義：

(1) 乳酸中毒時血液中濃度會大於 5 mmol/L。

精選實例評量

1. 下列何種試劑可以用來測血清中鈉的濃度？(A) β-Galactosidase
   (B) Titan yellow　　(C) o-Cresolphthalein complexone　　(D) Methyl orang

2. 飯後採血，會造成下列何者濃度暫時性之降低？(A)鈣　(B)磷　(C)鉀　(D)鎂

3. 全血放置冰箱隔夜，下列血中何種元素會升高？(A)鈉　(B)鉀　(C)鈣　(D)氯

4. Beckman ASTRA 自動分析儀是採用庫倫－安培計法測定下列何者？(A)鈉　(B)鉀
   (C)氯　(D)鈣

5. OCPC (o-Cresolphthalein complexon)法，可用於測定下列何種元素？(A)鈉　(B)鉀
   (C)氯　(D)鈣

6. 關於維持血中鈣質恆定之機制，下列何者非副甲狀腺激素(parathyroid hormone)之
   直接作用？(A)增加小腸鈣質吸收(absorption)　(B)增加骨骼鈣質吸收(resorption)
   (C)增加腎小管鈣質再吸收(reabsorption)　(D)減少腎小球磷質再吸收

7. 在下列的情況中，何者血清磷及鈣均會升高？(A)副甲狀腺高能症　(B)多發性骨
   髓瘤　(C)副甲狀腺低能症　(D)維生素 D 中毒

8. 以 Magon 法測鎂時，加入 EGTA [ethlene-bis-(oxyethylenenitrilo) tetraacetic acid]
   可以防止下列何種元素之干擾？(A)鈉　(B)鈣　(C)鋅　(D)銅

9. Arsenazo III 可用於測定血清中之：(A)鋅　(B)銅　(C)鈣　(D)鈷

10. 欲準確測量高脂血症病患之血中鈉含量，下列何種方法較適宜？(A)火焰比色法
    (B)間接電極法　(C)直接電極法　(D)電泳法

11. 一血清鈉之濃度為 310.5 mg/dL，等於多少 mmol/L（分子量 Na=23）？(A) 67.5
    (B) 135　(C) 270　(D) 714.2

12. 細胞外液含量第二多之陰離子為下列何者？(A) HCO_3^-　(B) Cl^-　(C) HPO_4^{2-}　(D)
    SO_4^{2-}

13. 血清中鈣離子濃度上升，副甲狀腺激素濃度下降，則此病人最有可能為：(A)原
    發性甲狀腺低下症　(B)原發性副甲狀腺低下症　(C)惡性腫瘤引起之高鈣血症
    (D)偽性副甲狀腺低下症

14. 下列有關測定血中鈉離子和鉀離子之檢體敘述，何者正確？(A)檢體溶血對測定
    鈉離子較沒影響　(B)抽血後若無法馬上離心，全血檢體應放置於冰上　(C)血漿

與血清中之鈉離子濃度有很大之差異　(D)若欲使用血漿檢體，應使用 EDTA 作抗凝劑

15. 利用離子選擇性電極測定鈉濃度時，若血清有高蛋白質情形時，下列何種處理方式最恰當？(A)以間接離子選擇性電極測定　(B)以直接離子選擇性電極測定　(C)將血清蛋白質以 SDS 沉澱後，再測定　(D)使用 SST tube 重新採檢，再以間接法測定

16. 下列關於乳酸之敘述，何者錯誤？(A)65%於肝臟代謝　(B)糖解之中間產物　(C)常用血清測量　(D)乳酸中毒時血液中濃度會大於 5 mmol/L

17. 下列關於乳酸測量之敘述，何者錯誤？(A)在 pH＝9.3 時可氧化成丙酮酸　(B)前述反應一般較利於正向(forward)進行　(C)可用乳酸脫氫酶來催化　(D)在正向反應下可測得 340 nm 吸光度下降

答案　1.A　2.B　3.B　4.C　5.D　6.A　7.D　8.B　9.C　10.C　11.B　12.A　13.C
　　　14.D　15.B　16.C　17.D

 6-3 微量元素

一、銅(Copper)

1. 特性：

(1) Ceruloplasmin 為一種急性期蛋白質。

(2) Cytochrome C oxidase、superoxide dismutase (SOD)、lysyl oxidase、tyrosinase、dopamine β-monooxygenase 皆含有銅。

(3) 可活化 tyrosinase。

(4) Ascorbic acid 會妨礙銅的吸收。

2. 生理功能：

(1) 小腸吸收後在細胞內會與 metallothionein 結合（鋅、鐵會與銅競爭此結合位）。

(2) 循環中則與白蛋白和 ceruloplasmin 結合。

(3) 銅缺乏會導致肌肉無力、膠原蛋白連結異常(abnormal collagen cross-linking)與貧血。

3. 參考值：

	血　清
男性	70~140 μg/dL
女性	80~155 μg/dL

4 臨床意義：

(1) Wilson's disease：又稱肝豆狀核變性(hepatolenticular degeneration)，血中藍胞漿素(ceruloplasmin)濃度降低，血清銅下降及 24 小時尿中銅量增加與角膜出現凱－弗二氏環(Kayser-Fleischer ring)。銅中毒引起 Wilson's disease 之最佳解毒劑為 Penicillamine。

(2) Menkes syndrome：血清藍胞漿素下降，血清銅下降。

二、鋅(Zinc)

1. 特性：

(1) 存在於肌肉、骨骼、肝臟。

(2) 與金屬硫蛋白(metallothionein)結合（銅、鐵會與銅競爭此結合位置）與 superoxide dismutase 合成有關。

(3) 在循環中則與白蛋白和α_2-macroglobulin 結合。

2. 生理功能：

(1) 許多酵素（＞300 種）的輔因子。

(2) 與生長、傷口癒合、生殖、免疫及預防自由基傷害有關。

3. 參考值：75~125 mg/dL。

4. 臨床意義：

鋅缺乏會引起病變性肢端皮膚炎(acrodermatitis enteropathica)與皮膚過度角化。

三、鈷(Cobalt)

1. **特性**：
   (1) 組成維生素 B_{12}（抗惡性貧血因子）。
   (2) 運送外生性維生素 B_{12} 至骨髓為 transcobalamin II，當缺乏會產生 megaloblastic anemia；運送內生性維生素 B_{12} 為嗜鈷蛋白(cobalophilin)。

2. **生理功能**：與葉酸代謝及紅血球生成有關。

3. **參考值**：0.11~0.45 μg/dL。

四、鉻(Chromium)

1. **特性**：
   (1) 能增進胰島素作用，降低胰島素需求。
   (2) 補充鉻劑改善對葡萄糖的耐受性。

2. **參考值**：＜0.5 μg/L。

五、鉬(Molybdenum)

1. **特性**：
   (1) 會受銅、鐵的抑制吸收。
   (2) 為 oxidase 的輔因子（xanthine oxidase、aldehyde oxidase 與 sulfite oxidase）。

2. **參考值**：0.1~3.0 μg/L。

3. **臨床意義**：鉬缺乏會導致神經系統障礙、水晶體異位、尿酸過高（篩檢法：新鮮尿液 sulfite test 試紙測驗陽性）。

六、硒(Selenium)

1. **特性**：主要結合於 glutathione peroxidase，為體內硒含量的指標。

2. **生理功能**：有移除自由基的作用，具有抗氧化劑的功能（可與維生素 E 同時存在具有抗氧化協同作用）。

3. **參考值**：58~234 μg/dL（全血檢體）。

4. **臨床意義**：硒缺乏會導致 Keshan disease（克山病）造成心肌病變與 Kashin-Beck disease 的軟骨壞死。鎘中毒時會造成骨軟化症。

七、鎘(cadmium)

1. **特性**：主要作用器官為腎臟。

2. **參考值**：0~2.6 µg/g

3. **臨床意義**：染料工廠的含鎘廢水灌溉稻田，造成稻米的生物濃縮所引起，造成骨骼組織之病變鎘會造成骨骼組織病變，引起痛痛病。

八、錳(Manganese)

1. **特性**：身體藉著膽汁排除與小腸再吸收調節體內的錳含量。

2. **參考值**：0~0.05 mg/dL。

3. **臨床意義**：
   (1) 長期大量暴露錳造成腦部基底核受損，導致大腦神經退化性疾病類巴金森氏症。
   (2) 中毒：尿 17-酮類固醇、尿多巴胺及其代謝產物增多，而香草酸含量降低。

九、鐵(Iron)

1. **特性**：
   (1) 傳送氧氣。
   (2) 存在於血紅素之血基質(heme)，少部分存在於肌球蛋白、catalase、鐵－硫蛋白。
   (3) 以 ferritin（每一個 ferritin 分子可包含 4,500 個鐵原子）、hemosiderin 形式，儲存於骨髓、脾臟、肝臟中。

2. **鐵的恆定**：
   (1) 吸收：Fe^{3+}必須先還原成 Fe^{2+}，於小腸吸收。
   (2) 儲存：ferritin (Fe^{2+})。
   (3) 運送：transferrin (Fe^{3+})。

3. **生理功能**：
   (1) 紅血球中氧氣與血紅素中的 Fe^{2+} 結合。
   (2) Methemoglobin 含 Fe^{3+} 不具生理功能。
   (3) $[H^+]$、PCO_2、2,3-diphosphoglycerate 增加，會降低血紅素對氧的親和力，使氧氣釋放出來。

4. 參考值：

	血清及血漿
男性	65~170 µg/dL
女性	50~170 µg/dL

5. 實驗室檢查：

(1) 總鐵含量（血清鐵）：

　　a. 早晨抽血。

　　b. 以血清或血漿存在（用 Heparin 抗凝劑）；不可使用 oxalate、citrate、EDTA 抗凝劑。

　　c. 分析方法：以 ascorbate 將 Fe^{3+} 還原成 Fe^{2+}，再與 ferrozine、ferene、bathophenanthroline 等呈色劑反應呈色。

　　d. 在 Deferoxamine 治療中同時服用 Vitamin C，可促進鐵之排泄。

(2) 總鐵結合量(Total iron binding capacity; TIBC)：

　　a. 測量運鐵蛋白(transferrin)含鐵的飽和程度。

　　b. 未結合鐵量(UIBC)＝(Fe added)＋(Excess Fe)

　　　總鐵結合量(TIBC)＝UIBC＋總鐵量(Total Fe content)

　　c. 鐵飽和度(% Saturation)＝總鐵量(Total Fe content)/TIBC×100%

(3) 運鐵蛋白(Transferrin)：

　　a. 在血液中協助鐵運送到骨髓。

　　b. 負(negative)急性期蛋白，發炎反應時濃度下降。

　　c. Transferring receptor (TrfR)：與細胞內鐵含量成反比；血清中之主要形式為 transferrin-bound transferring receptor。

(4) 儲鐵蛋白(Ferritin)：

　　a. 作為評估營養狀態，鐵儲存量的指標。

　　b. 發炎或癌性疾病時，血清中 ferritin 濃度升高。

(5) 酗酒會增加 carbohydrate-deficient transferrin 的形成。

6. 參考值：

狀　況	血清鐵	運鐵蛋白	儲鐵蛋白	飽和度
血清、血漿含量	65~170 µg/dL	200~400 mg/dL	20~250 µg/dL	20~55%
鐵缺乏	減少	增加	減少	減少

狀　　況	血清鐵	運鐵蛋白	儲鐵蛋白	飽和度
Hematochromatosis	增加	減少	增加	增加
慢性疾病引發貧血	減少	正常／減少	減少	正常／增加
Sideroblastic anemia	增加	正常／減少	增加	增加

精選實例評量

Review Activities

1. 缺鐵時易引起疲勞，因為：(A)缺鐵無法清除自由基　(B)血紅素中的鐵轉變為還原態而無法攜帶氧　(C)細胞色素需要鐵在電子傳遞鏈中產生釋能反應　(D)缺鐵無法進行糖解反應

2. 下列的金屬元素中，何者於血中完全與蛋白質結合？(A)鈉　(B)銅　(C)鈣　(D)鎂

3. 下列何者不是常規性添加於靜脈營養輸液中的微量元素？(A)鐵(Iron)　(B)鉻(Chromium)　(C)鋅(Zinc)　(D)銅(Copper)

4. 下列何者完全與蛋白質結合，故測定前需先加酸將其解離再測定？(A)鋅，鐵，銅　(B)鎂，磷，碘　(C)鈉，鉀，氯　(D)鎂，鋁，鈣

5. Selenium 在體內主要的功能為何？(A)調節血壓　(B)抗氧化　(C)酸鹼平衡　(D)造血

6. 下列有關鉻離子的敘述，何者是正確的？(A)又稱為葡萄糖耐受因子　(B)是汗液中最多的陽離子　(C)使用鉻劑可改善 IDDM　(D)適合用含 EDTA 的檢體進行檢測

7. 關於兒童威爾森氏症(Wilson Disease)的敘述，下列何者錯誤？(A)為 autosomal recessive disorder　(B)主要的基因異常在第 13 對染色體上　(C)女生比男生易罹患此疾病　(D)神經異常表現比肝臟疾病表現多

8. 下列何者與銅(copper)缺乏最不相關？(A)肌肉無力　(B)神經性異常　(C)壞血病(scurvy)　(D)膠原蛋白連結異常(abnormal collagen cross-linking)

9. 下列何者不是人體必需的微量元素？(A)硒　(B)銅　(C)鈷　(D)鋁

10. 關於人體的貯存鐵，下列敘述何者正確？(A)以 Fe^{2+} 形式存在　(B)主要存在細胞間隙　(C)最大部分存於肝臟與骨髓　(D)與 transferrin 結合成 ferritin

11. 哺乳動物之超氧歧化酶(superoxide dismutase)不含何種金屬輔因子(cofactor)？(A) Cu　(B) Zn　(C) Mn　(D) Fe

12. 下列病變中，何者與硒的缺乏無關？(A) Acrodermatitis　(B) Cardiomyopathy　(C) Osteoarthritis　(D) Muscle weakness

13. 下列有關遺傳性血素沉著症(hereditary hemochromatosis)病人之敘述，何者錯誤？(A)病人對鐵的吸收過度　(B)在肝臟及其他器官可發現鐵沉積　(C)血清鐵飽和度(serum iron/TIBC)＞50%　(D)病人血清 transferrin 會上升

答案　1.C　2.B　3.A　4.A　5.B　6.A　7.D　8.C　9.D　10.C　11.D　12.A　13.D

Clinical
Biochemistry

07
Chapter

血液氣體分析與酸鹼平衡

本章大綱

學習目標

1. 掌握呼吸衰竭的概念、分類和診斷標準，以及血液氣體酸鹼平衡的改變。
2. 掌握 HCO_3^-、$PaCO_2$、pH 在酸鹼平衡紊亂中的診斷意義與掌握血液氣體與酸鹼分析的指標及參數。
3. 瞭解氣體運輸的基本知識與瞭解酸鹼平衡紊亂及其代償機制。
4. 熟悉體內緩衝系統及作用。
5. 熟悉高碳酸血症的代償機制與低鉀、低氯性鹼中毒。

 7-1 呼吸系統

一、呼吸器官的構造

(一) 氣體的通道

鼻咽道（鼻腔、口腔、咽喉）→氣管→細支氣管→肺節支氣管→肺泡管→肺泡（氣體交換）。

(二) 支氣管解剖

1. 扁平上皮層：
   (1) 漿液細胞。
   (2) 杯細胞(Mucin)。
2. 黏膜下層：漿性液體。

3. 肺泡的組成細胞：

細胞種類		功　能	備　註
上皮細胞	Type I cell	肺泡壁之主要內襯細胞	O_2 進入肺泡後→通過 type I cells→血管內皮細胞→與紅血球中之血紅素(Hb)結合
	Type II cell（顆粒性肺細胞）	分泌界面活性劑	與新生兒呼吸窘迫症候群有關
其他細胞	巨噬細胞	下呼吸道之清道夫	維持呼吸道之無菌狀態
	肥胖細胞(Mast cell)	吞噬過敏原	與過敏性氣喘有關
	淋巴球及漿細胞	細胞免疫及體液免疫	與病毒性感染相關

（三）生理功能（氣體交換功能）

1. 一個肺臟約含有 3 億個肺泡，並由肺微血管包圍。

2. 肺泡之氣體交換須經由擴散作用。

3. 呼吸調節區，位於橋腦上方，傳遞衝動抑制吸氣

4. 外呼吸：血液之 CO_2→右心室→肺動脈→肺泡微血管排出→氣體交換（指肺泡腔與肺微血管間之氣體交換，主要肺泡壁微血管血液中的血紅素極易與氧氣結合形成氧合血紅素）。

5. 內呼吸：O_2 經呼吸道、肺泡進入血液→肺靜脈→左心房→左心室→體循環→周邊組織細胞。

6. 分流：當肺動脈的血液可能因血管異常或其他疾病引起，導致沒有流經肺泡即回流至肺靜脈。

7. 換氣不足：肺泡的換氣減低，導致血液中 CO_2 上升（如肺氣腫：通常死腔內氣體的體積增加）。

8. 氣胸：

　(1) 胸腔內壓急速上升（由負壓狀況→上升至大氣壓值）。

　(2) 肺部塌陷。

二、呼吸的調控

(一) 換氣機制

1. **壓力低梯度的改變**：流體會由壓力高的地方往低的地方流動。
   (1) 吸氣：胸腔內壓低於大氣壓力（為負壓）。
   　　∴ 肺間壓＝0~負的肺泡壓－更負的胸膜內壓
   (2) 呼氣：胸腔內壓（肺內壓力）高於大氣壓力。

2. **主要是由 Boyle's Law**：一定的溫度下，氣體的體積與壓力成反比

$$P_1V_1 = P_2V_2$$

   呼吸週期：
   　a. 吸氣終止時肺泡壓＝0→肺間壓＝肺泡壓－胸膜內壓
   　b. 呼氣終止時呼吸道氣流＝0

	作功	胸腔內壓	肺部體積	肋骨	橫膈膜	肌肉收縮
吸氣	主動	下降	擴張	上舉	收縮	外肋間肌、胸鎖乳突肌、前鋸肌
呼氣	被動	上升	減少	不動	放鬆	內肋間肌、腹直肌、後鋸肌

(二) 呼吸調節

1. **呼吸中樞**：
   (1) 吸氣調節中樞與呼氣調節中樞位於延腦。
   (2) 呼吸調節中樞位於橋腦。
   (3) 長吸調節中樞(apneustic center)位於橋腦。

2. **回饋控制系統（CO_2 主要調節者）**：
   (1) 化學回饋(Chemical feedback)：主要因血中 PO_2、pH 均下降及 PCO_2 升高調節呼吸作用刺激周邊化學受器（頸動脈竇與主動脈體）與中樞化學接受器（延腦腹外側吻端(rostral ventrolateral medulla)。
   (2) 機械回饋(Mechinical feedback)：Hering-Breuer 機轉（牽張反射）可控制呼吸節律。
   　a. 肺泡擴大→壓力↓→抑制吸氣→開始呼氣。
   　b. 肺泡縮小→壓力↑→刺激吸氣→終止呼氣。

c. 支氣管上有拉力受體(stretch receptor)→通常潮氣容積＞1.5L 才觸發（正常值：500 mL）。當深吸氣會刺激拉力受體，可經由抑制副交感神經所控制的支氣管收縮，達到降低氣道阻力的作用。。

3. 氧與血紅素解離飽和曲線：

(1) 曲線左移：$H^+\downarrow$ 與 $CO_2\downarrow$。

(2) 曲線右移：$H^+\uparrow$，$CO_2\uparrow$，2,3-DPG↑ 與溫度(Temp)。

(3) 如：肺內外呼吸為增加氧的攜帶量　，其血液的氧解離曲線會向左移位。

4. 在 O_2 與 CO_2 血液氣體運送的相互關係：

(1) Bohr Effect：$PCO_2\uparrow$→氧與血紅素親和力降低→加強組織血液釋氧能力。

(2) Haldane Effect：$PO_2\uparrow$→CO_2 與血紅素親和力降低。

5. O_2 與 CO_2 血液氣體運送方式：

(1) CO_2 的攜帶：

a. $CO_2 + H_2O \rightleftharpoons H_2CO_3 \rightleftharpoons H^+ + HCO_3^-$

Chloride shift：利用 bicarbonate-chloride carrier：

靜脈中紅血球的 Cl^- ＞動脈中紅血球 Cl^-

b. $Hb + CO_2 \rightleftharpoons HbCO_2$。

c. CO_2 於血漿中。

(2) O_2 的攜帶：

a $Hb + O_2 \rightleftharpoons HbO_2$。

b. O_2 於血漿中。

$$HCO_3^- + Phosphoenolpyruvate \xrightarrow{PEPC,\ Mg^{++}} Oxaloacetate + P_i$$

$$Oxaloacetate + NADH + H^+ \xrightarrow{MDH} Malate + aNAD^+$$

1. 下列何者不是維持人體 pH 值恆定的重要物質？　(A)重碳酸鹽(Bicarbonate)　(B)蛋白質(Protein)　(C)磷酸鹽(Phosphate)　(D)乳酸(Lactate)

2. 控制吸氣時間長短的 pneumotaxic center 位於何處？　(A)延腦背側(Dorsal portion of medulla)　(B)延腦腹側(Ventral portion of medulla)　(C)中腦(Midbrain)　(D)橋腦(Pons)

3. 血漿中最重要的緩衝系統為下列何者？　(A)蛋白質　(B)血紅素　(C)HCO_3^-/H_2CO_3　(D)$HPO_4^{2-}/H_2PO_4^-$

4. 下列何者為外呼吸之生理定義？　(A)肺泡腔與肺微血管間之氣體交換　(B)肺微血管內血漿與紅血球間之氣體交換　(C)紅血球與組織微血管內血漿間之氣體交換　(D)組織與組織微血管間之氣體交換

5. 下列何者最適用於血液氣體分析？　(A)加草酸鈉的血漿　(B)加氟化鈉的血漿　(C)加 EDTA 的血球　(D)加肝素的動脈全血

6. 下列何者可造成 oxygen-hemoglobin dissociation curve 向右移？　(A)降低血中 CO_2 的濃度　(B)降低體溫　(C)增加 2,3-diphosphoglycerate(DPG)　(D)增加 OH^- 離子

7. 下列何種條件下會讓紅血球容易釋放出氧氣？　(A) 2,3-DPG 增加　(B) pH 值上升　(C) PCO_2 下降　(D)溫度下降

8. 一克血紅素可結合之氧？　(A) 13.9 μL　(B) 13.9 mL　(C) 1.39 μL　(D) 1.39 mL

9. 動脈氣體分析採血相關敘述何者正確？　(A)以肝素(Heparin)濕潤注射針筒　(B)需全身麻醉　(C)檢體需靜置於室溫中 30 分鐘　(D)檢體需於等溫槽中加熱

10. 下列有關周邊化學接受器(peripheral chemoreceptor)之敘述，何者正確？　(A)位於主動脈體(arotic body)及頸動脈體(carotid body)　(B)位於肺動脈及頸動脈體　(C)血液 pH 值上升會活化周邊化學接受器　(D)血液中氧分壓上升會活化周邊化學接受

答案　1.D　2.D　3.C　4.A　5.D　6.C　7.A　8.D　9.A　10.A

7-2　血液緩衝系統

一、緩衝系統

緩衝系統	分布情形
重碳酸鹽系統 ($H^+ + HCO_3^- \rightleftharpoons H_2CO_3 \rightleftharpoons CO_2 + H_2O$)	細胞外液＞細胞內液
磷酸鹽系統 ($3H^+ + PO_4^{3-} \rightleftharpoons H_3PO_4$)	細胞內液＞細胞外液
蛋白質系統 protein($H^+ + Pr^- \rightleftharpoons HPr$)	細胞內液＞細胞外液
Hemoglobin($H^+ + HB^- \rightleftharpoons HHb$)	細胞內液（紅血球）
Amonium($H^+ + NH_3 \rightleftharpoons NH_4^+$)	細胞外液（腎小管）

1. **人體緩衝系統**：碳酸－重碳酸鹽系統(H_2CO_3-HCO_3^-)（佔 60%）＞血色素系統（佔 30%）＞蛋白質系統＞磷酸鹽系統(H_2PO_4-HPO_4^{2-})。

2. **氯轉移(Chloride shift)**：細胞移出 HCO_3^- 同時自血漿中移入 Cl^-，以維持電化學平衡的現象。

3. **血色素系統**：紅血球內的緩衝系統。
   (1) 多與 hemoglobin 結合（主要與 2,3-DPG 結合是維持生理 pH 範圍）。
   (2) RBC glycolysis→2,3-DPG↑→氧與血紅素親和力降低→曲線右移→O_2 釋放於組織。

4. **蛋白質系統**：多與 albumin 結合（含 16 個 histidine 是維持生理 pH 範圍）。

5. **磷酸鹽系統**：佔血漿非重碳酸系統的 5%。

$$[HPO_4^{2-}] : [H_2PO_4^-]=4 : 1$$
$$H_2PO_4^- \rightleftharpoons HPO_4^{2-} +H^+$$

二、肺對酸鹼平衡調節

1. 肺在酸平衡作用受肺泡的換氣率來控制 CO_2 排出量。

2. 呼吸中樞化學感應器受 $PaCO_2$ 與 H^+ 濃度來調節。

3. 周圍化學感應器受 $PaCO_2$ 來調控。

三、腎對酸鹼平衡調節

1. 近側腎小管、亨利氏彎厚段，遠側小管和集尿管的上皮細胞分泌氫離子（藉由 carbonic anhydrase）。

2. 氯轉移(Chloride shift)：細胞移出 HCO_3^- 同時自血漿中移入 Cl^-，以維持電化學平衡的現象。

3. 腎小管 HCO_3^- 再吸收。

4. 所有腎小管上皮細胞皆合成 NH_3（除亨利氏彎薄段以外，因為腎小管含有 glutaminase 將 glutamine 變成 glutamate+ NH_3）。

四、反映酸鹼平衡的指標

(一) pH 和 H^+ 濃度

1. **正常人動脈血：**
   (1) pH 值為 7.35~7.45 之間。
   (2) 根據 Henderson-Hasselbalch 方程式：

說 明

$$H_2O + CO_2 \rightleftharpoons H_2CO_3 \rightleftharpoons H^+ + HCO_3^-$$

$$k = \frac{[H^+][HCO_3^-]}{[H_2CO_3]}$$

$$pH = pK + \log\frac{[HCO_3^-]}{H_2CO_3}$$

CO_2 溶解量 ＝ 溶解度 × $PaCO_2$

$$pH = pk + \log [HCO_3^-] / \alpha \times PaCO_2$$

$$= 6.1 + \log [HCO_3^-] / 0.03 \times PCO_2（CO_2溶解係數）$$

範 例

血中 pH = 7.1，Total CO_2 為 23.1 mmol/L，其$[HCO_3^-]$為多少？

pH = pKa + log $[HCO_3^-]$ / $[H_2CO_3]$

又 pH = 6.1 + log $[HCO_3^-]$ / $[H_2CO_3]$

∴log $[HCO_3^-]$ / $[H_2CO_3]$ = 1,　$[HCO_3^-]$ / $[H_2CO_3]$ = 10

∵Total CO_2 = $[HCO_3^-]$ + $[H_2CO_3]$　∴23.1 = 10 $[H_2CO_3]$ + $[H_2CO_3]$

∴$[H_2CO_3]$ = 2.1　∴$[HCO_3^-]$ = 10 $[H_2CO_3]$ = 21(mmol/L)

(二) 動脈血 CO_2 分壓

1. 反映呼吸性酸鹼平衡指標。

2. 正常值：35~45mmHg（平均值 40mmHg）。

(三) 緩衝鹼

1. 反映代謝性酸鹼平衡指標。

2. 正常值：45~51mmol/L（平均值 48 mmol/L）。

3. 正常人$[HCO_3^-]$/$[H_2CO_3]$=20/1 (pH=7.4)，∴$[HCO_3^-]$佔 Total CO_2 95%。

(四) 陰離子差距(Anion Gap)

1. 反映代謝酸性物（有機酸）的產量，有助判定代謝性酸中毒症（甲醇：蟻酸、乙烯二醇：草酸）診斷。

2. 陰離子差距＝Na^+–(HCO_3^-+Cl^-)。

3. 參考值：8~12 mmol/L（正常值：12±4 mEq/L）。

(五) 血氧分析

1. **氧分壓**：PO_2 = 83~108 mmHg。

2. **氧飽和度**：血紅素與氧結和的百分率；正常值＞95%。

   SO_2 ＝ 含氧血色素(Hb O_2)(g/dL)／[還原血色素(HHb)+含氧血色素(Hb O_2)(g/dL)]×100%。

＝血紅素氧氣含量(hemoglobin oxygen content)／血紅素氧能力(hemoglobin oxygen capacity)

3. P_{50}：血紅素氧合量達 50%。

(1) 評估血紅素與氧氣親和性之重要指標。

(2) 正常人血紅素－氧解離曲線中，P_{50} 之分壓約為 27 mmHg。

(3) 當 P_{50} 下降可觀察出血紅素的親和力增強，2,3-DPG 濃度下降與 H^+ 濃度下降。

（六）血液氣體分析參考值

動脈血	測定項目	靜脈血
7.35~7.45	pH（於 37 °C）	7.32~7.43
男性 34~45 mmHg 女性 32~45 mmHg	PCO_2	36~50 mmHg 34~48 mmHg
23~27 mmol/L	Total CO_2	23~30 mmol/L
22~26 mmol/L	$[HCO_3^-]$	22~29 mmol/L
83~108 mmHg	PO_2	35~50 mmHg
95~99%	SO_2	50~70%

註 1：一般血液氣體分析係進行於 37℃，發燒病人，每升高 1℃，PO_2 即下降 7%，PCO_2 上升 3%。

註 2：動脈與靜脈氧分壓差為 50~60 mmHg。

五、測定法

1. 測量原理：

(1) pH 值原理：以玻璃電極為測量電極，甘汞電極為參考電極，提供一個穩定的參考電位來比較測量電極的電位變化。

*pH 電極又通稱 Sanz 電極(Sanz electrode)：當 H^+ 離子通過玻璃膜時會產生電壓，依照電壓的改變而測得溶液的 pH 值。

(2) PCO_2 值原理：可使用修飾過 pH 電極。

酵素法：

$$HCO_3^- + \text{Phosphoenolpyruvate} \xrightarrow{\text{PEPC, Mg}^{++}} \text{Oxaloacetate} + P_i$$

$$\text{Oxaloacetate} + NADH + H^+ \xrightarrow{\text{MDH}} \text{Malate} + NAD^+$$

phosphoenolpyruvate carboxylase (PEPC)及 malate dehydrogenase (MDH)

(3) PO_2 值原理：PO_2 電極又稱為 clarke 電極可測量電流的變化量，血液檢體中 O_2 藉擴散作用穿過半透膜進入電解液中與白金陰極產生化學反應後產生電子，藉由測量陽極和陰極之間電流的變化量，即可算出擴散穿透薄膜進入電解液的氧氣，電流量與在陰極 O_2 被還原量有關。

2. 檢體以厭氧技術採動脈血，數分鐘內測畢，冰浴可穩定 30 分鐘。

3. 不易採血之幼兒可將皮膚加溫(45~47°C)10 分鐘，採集微血管血於含 Heparin 之毛細管。

4. 5 mL 動脈血添加 0.1 mL Heparin (1,000 U/mL)。

5. 干擾狀況：

狀　況	變動的因子
未密封蓋	PO_2 上升；pH 值上升；PCO_2 下降
未立即測定置於室溫不加蓋而與空氣接觸	PO_2、pH、Lactate 上升；Sugar、PCO_2 下降
室溫加蓋而不與空氣接觸	PO_2、pH 下降；PCO_2 上升
Heparin 過量	PCO_2 下降

六、酸鹼平衡系統紊亂

(一) 代謝性酸中毒（Primary Biocarbonate 缺乏）

1. 檢測：
   (1) HCO_3^- 減少，且 pH 值下降。
   (2) 酸性代謝物增加超過腎臟所能負荷，或是重碳酸鹽流失而造成的。
   (3) 重碳酸鹽與碳酸的比例會由 20:1 變小。

2. 主因：

高陰離子差距	正常陰離子差距 "DURHAM"
甲醇中毒(Methanol poisoning)	Diarrhea (腹瀉)
尿毒症(Uremia)	Ureteral diversion（輸尿管分流）
糖尿病酮症酸中毒(Diabetic ketoacidosis)	Renal tubular acidosis（腎小管性酸中毒）
乳酸性酸中毒(Lactic acidosis)	Hyperalimentation（高營養療法）
水楊酸中毒(Salicylate poisoning)	Acetazolamide（乙醯唑胺治療）
	Miscellaneous conditions（其他）

3. 代償機制：

呼吸系統	腎　臟
肺通氣增加：因此 CO_2 分壓下降，H^+ 濃度降低 Hyperventilation (kussmaul's respiration) →Decreased in [PCO_2]→increased in [O_2] →[HCO_3^-]/[CO_2]＜20/1	儲備鹼：腎再吸收 HCO_3^- 與排出 H^+ 1. Na^+–H^+ exchange rate ↑ 2. Ammonia fromation ↑ 3. Reabsorption of [HCO_3^-] ↑ 　→[HCO_3^-]/[CO_2]＞22/1

（二）代謝性鹼中毒（Primary Biocarbonate 過量）

1. 檢測：HCO_3^- 增多且 pH 值升高。

2. 主因：

　　(1) [HCO_3^-]/[CO_2]＞20/1。

　　(2) [Ca^{2+}]減少。

　　(3) [Cl^-]減少。

氯離子有反應性(Cl⁻-Responsive)	氯離子抗性(Cl⁻-Resistant)
細胞外液減少、循環血容量不足	原發或繼發性醛固酮增多、全身性水腫、嚴重低鉀血
1. Contraction Alkaloses 　(1) Hypokalemia（低鉀血症） 　(2) Villous adenoma（絨毛腺瘤） 2. Cystic fibrosis（囊狀纖維化） 3. 劇烈嘔吐	1. Mineralocorticoid Excess 　(1) Hyperaldosteronism（醛固酮增多症） 　(2) Congenital adrenal hyperplasia（先天性腎上腺皮質 　　增生症） 2. Glucocorticoid Excess 　(1) Cushing's syndrome（庫欣氏症候群） 　(2) Cushing's disease（庫欣氏症） 3. Bartter's Syndrome（巴特氏症候群）

註1：囊狀纖維化(Cystic fibrosis; CF)

(1) 第7對染色體長臂 CFRT (cystic fibrosis transmembrane conductance regulator)缺陷。

(2) 腺體的上皮細胞無法正常分泌氯離子與異常增加鈉離子與水分的再吸收，導致分泌物變得黏稠，
　　而增加感染跟發炎的危險。反覆呼吸道感染造成肺部問題的惡化。

註2：Bartter's Syndrome（巴特氏症候群）

(1) 體染色體隱性遺傳的腎小管病變。

(2) 低血鉀、低血氯、代謝性鹼中毒以及血中腎素濃度過高（但血壓為正常）。

4. 代償機制：

呼吸系統	腎　臟
肺呼氣減緩 CO_2 滯留(Hypercapnia) →$[HCO_3^-]$, $[CO_2]$↑	**再吸收** H^+ 與排出排出 HCO_3^- 1. Na^+-H^+ exchange rate ↓ 2. Ammonia fromation ↓ 及 reclamation biocarbonate ↓

（三）呼吸性酸中毒（$[CO_2]$過量）

1. 檢測：

(1) $PaCO_2$ 升高，且 pH 值下降。

(2) 肺泡換氣不足造成肺部減少 CO_2 排除，引起 $PaCO_2$ 上升而間接導致 H^+ 濃度的增加。

(3) 重碳酸鹽與碳酸的比例會由 20:1 變成 10:1。

2. 主因：

(1) 直接抑制呼吸中樞。

(2) 呼吸道阻塞性疾病。

3. 常見疾病：慢性阻塞肺病(COPD)、支氣管哮喘、成人呼吸窘迫症、肺部纖維化。

4. 代償機制：腎再吸收 HCO_3^- 與排出 H^+；肺 PCO_2↓→ $[HCO_3^-]$ / $[CO_2]$↓

（電解質變化：氯減少與鉀增加）

（四）呼吸性鹼中毒（$[CO_2]$減少）

1. 檢測：

(1) $PaCO_2$ 減少，且 pH 值升高。

(2) 刺激呼吸中樞或過度換氣動脈 PCO_2 下降動脈 PCO_2 下降造成動脈 pH 值上升。

(3) 重碳酸鹽與碳酸的比例會由 20:1 變成 40:1。

2. 主因：

(1) Gram-negative 敗血病變。

(2) 甲狀腺高能症(Hyperthyroidism)。

(3) 肺部病變（如肺炎、氣喘等）。

(4) 發燒。

3. 代償機制：

(1) 第一步：紅血球與組織的緩衝系統的 H^+。

(2) 第二步：減少腎的酸的排出及碳酸氫根再吸收的濃度。

（電解質變化：氯增加與鉀減少）

表 7-1　酸鹼異常之代償作用

酸鹼異常	代謝性酸中毒 (Metabolic acidosis)	代謝性鹼中毒 (Metabolic alkalosis)	呼吸性酸中毒 (Respiratory acidosis)	呼吸性鹼中毒 (Respiratory alkalosis)
pH	＜7.35	＞7.45	＜7.35	＞7.45
影響因子	$[HCO_3^-]$下降	$[HCO_3^-]$上升	PCO_2上升	PCO_2下降
代償作用	急促呼吸→PCO_2下降	緩慢呼吸→PCO_2上升	腎排泄 H^+ 再吸收$[HCO_3^-]$	腎保留 H^+ 排泄$[HCO_3^-]$

七、判定及分析酸鹼平衡疾病

	步　驟	判定指標
第一步	是否有酸血症或鹼血症存在	1. 7.35~7.45 之間（動脈血） 2. pH<7.35 即表示有酸血症 3. pH>7.45 即表示有鹼血症
第二步	是呼吸性或代謝性？	1. 代謝性：pH 及 PCO_2改變方向相同 2. 呼吸性：pH 及 PCO_2改變方向相反
第三步	當呼吸性，是急性抑或慢性？	1. 急性：腎臟沒有足夠的時間代償 2. 慢性：可完全代償，pH 值正常
第四步	如有代謝性酸血症	觀察血中 Anion Gap (AG)的值
第五步	如有代謝性鹼血症	以尿中(Cl^-)的值高低來分類

八、滲透壓莫耳濃度

1. **定義**：水分由濃度低的液體經由半滲透膜至濃度高的液體→O.P.=CRT。

2. **高張溶液**：細胞出現萎縮的現象；低張溶液：細胞出現膨脹的現象。

3. **血清滲透壓**：285~295mOsm/Kg；尿液為血清的 1~3 倍。

4. **血清滲透壓**＝$2 \times Na(mEq/L)+Glucose(mg/dL)/18 + Urea\ N(mg/dL)/2.8$。

5. **調節體內水分之激素為**：抗利尿激素(ADH)及醛固酮(aldosterone)。

    (1) 抗利尿激素（又稱血管加壓素）：

        a. 腦下腺後葉分泌。

        b. 促進腎小管與集尿管吸收水分，提高血壓。

        c. Disorder of ADH：

        (a) 功能低下：Polyuria（多尿症）→Diabets insipidus（尿崩症）。

        (b) SIADH：低血漿滲透壓($<270mOsm/4\delta$)，尿液滲透壓高於血漿滲透壓。

    (2) 醛固酮：

        a. 腎上腺皮質絲狀帶分泌。

        b. 促進 Na^+ 吸收，增加 K^+、H^+、Mg^{2+}、NH_4^+ 排泄。

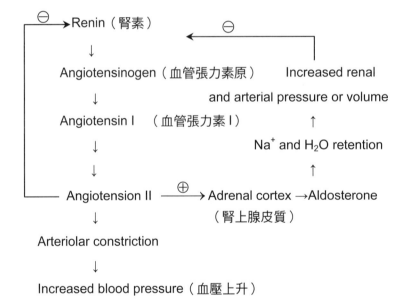

6. 調節血漿滲透壓漿滲透壓最主要的離子為：Na^+。

7. 水分佔男性體重約 60％，女性為 50％，全身水分分布在兩個主要部分：2/3 為細胞內液，1/3 為細胞外液。

8. 抗利尿激素不適當分泌症候群(syndromeof inappropriate antidiuretic hormones; SIADH)：為一種抗利尿激素不適當分泌而造成水分滯留及低血鈉症之疾病。

精選實例評量

1. 動脈血液氣體分析參考正常值，包括：

   (1) pH：7.35~7.45　(2) HCO_3^-：19~25mmol/L

   (3) PO_2：83~108mmHg　(4) PCO_2：52~65mmHg

   (A)(1)+(3)　(B)(2)+(4)　(C)(1)+(2)+(3)　(D)(1)+(2)+(3)+(4)

2. 抗利尿激素(ADH)分泌不足，會導致尿崩症(diabetes insipidus)。下列有關病人身體內變化的敘述，何者錯誤？　(A)血漿中的滲透壓(plasma osmolarity)會上升　(B)血漿中的鈉離子(plasma sodium)濃度會上升　(C)血漿中的腎素(renin)濃度會下降　(D)細胞外組織間質液(interstitial fluid)的淨水壓(hydrostatic pressure)會下降

3. 動脈血氣體分析顯示：pH：7.5，PCO_2：20mmHg，HCO_3^-：24mmol/L，PO_2：90mmHg，此病人臨床診斷為：　(A)呼吸性酸血症　(B)呼吸性鹼血症　(C)代謝性酸血症　(D)代謝性鹼血症

4. 動脈採血樣本如果延遲檢查，可能見到下列何種情況出現？　(A)因溶血而導致pH上升　(B) PO_2 下降　(C) PCO_2 下降　(D)血紅素量減少

5. 血液氣體分析的檢體若置於室溫過久，其數值會有下列何種變化？　(A) PCO_2 降低　(B) HCO_3^- 降低　(C) pH 增加　(D) PO_2 降低

6. 採集動脈血測血液氣體分析時，所使用之抗凝固劑為：　(A) NaF　(B) Potassium oxalate　(C) Heparin　(D) EDTA

7. 下列有關代謝性酸中毒之敘述，何者是錯誤的？　(A) pH < 7.35　(B) HCO_3^- 增加　(C)代償作用為急促呼吸　(D)代償作用為 PCO_2 降低

8. 知某人之動脈血中之酸鹼值為 7.1，則下列敘述何者最正確？　(A)此人為酸中毒，且其血漿 $[HCO_3^-]/[H_2CO_3]$ 比值為 10　(B)此人為酸中毒，且其血漿 $[HCO_3^-]/[H_2CO_3]$ 比值為 1　(C)此人為鹼中毒，且其血漿 $[HCO_3^-]/[H_2CO_3]$ 比值為 10　(D)此人為鹼中毒，且其血漿 $[HCO_3^-]/[H_2CO_3]$ 比值為 1

9. 人體如何進行代謝性酸中毒之補償作用？　(A)增加呼吸速率　(B)減少腎臟中 bicarbonate 之再吸收　(C)減少腎臟中 NH_4^+ 的形成　(D)肺降低氧氣排出之速率

10. 有一病患做氣體分析，結果如下：pH=7.56，PCO_2=20 mmHg，PO_2=87 mmHg，Total CO_2=25 mmol/L，則此病人為：　(A)代謝性鹼中毒　(B)代謝性酸中毒　(C)呼吸性鹼中毒　(D)呼吸性酸中毒

11. 下列滲透壓莫耳濃度(osmolality)數值，何者落於正常成人血清的正常參考值範圍內： (A) 145 mOsm/Kg H_2O (B) 145 Osm/Kg H_2O (C) 290 mOsm/Kg H_2O (D) 290 Osm/Kg H_2O

12. 測量血中總二氧化碳時，可利用下列哪些酵素？

(A) Phosphoenolpyruvate carboxylase 與 Oxaloacetate dehydrogenase

(B) Phosphoenolpyruvate carboxylase 與 Malate dehydrogenase

(C) Pyruvate kinase 與 Lactose dehydrogenase

(D) Glutamate dehydrogenase 與 Oxaloacetate carboxylas

13. 在 1 大氣壓(760 mmHg)下吸氣，此時咽氣管開口端之氮氣分壓最接近多少 mmHg？ (A) 0.25 (B) 47 (C) 160 (D) 560

14. 採血後未立即處理氣體分析，可能會因糖解作用而導致下列何種結果？

(A) pH↑; PCO_2↓ (B) pH↑; PO_2↓ (C) pH↓; PO_2↑ (D) pH↓; PCO_2↑

15. 作血液氣體分析的檢體若接觸到空氣，會造成何種影響？ (A) PCO_2↓; PO_2↑

(B) pH↓; PO_2↓ (C) pH↓; PCO_2↓ (D) PCO_2↓; PO_2↓; pH↑

16. 溶液中 X 酸的 pKa 是 6.1，當 X 酸：X 酸鈉鹽濃度比為 1:40，則該溶液的 pH 值？

(A) 5.4 (B) 7.1 (C) 7.4 (D) 7.7

17. 某病患之動脈血液氣體分析報告如下，pH: 7.52，PCO_2: 22 mmHg，HCO_3^-: 25 mmol/L，PO_2: 96mmHg，下列何者是最恰當的診斷？ (A)呼吸性酸中毒 (B)呼吸性鹼中毒 (C)代謝性酸中毒 (D)代謝性鹼中毒

18. 因身體不適至醫院就診，體循環血液數值顯示：動脈血氧分壓為 55 mmHg，動脈血二氧化碳分壓為 61 mmHg，酸鹼值為 7.16，碳酸氫根為 24.5 mEq/L。這名患者最可能的診斷為何？ (A)急性呼吸道阻塞 (B)慢性呼吸道阻塞 (C)腎衰竭 (D)腎衰竭合併呼吸代償

19. 下列有關正常人體內氧分壓的敘述，何者正確？ (A)肺泡氧分壓＝肺動脈氧分壓 (B)組織氧分壓＞靜脈血氧分壓 (C)肺泡氧分壓＞主動脈血氧分壓 (D)靜脈血氧分壓＞肺泡氧分壓

答案　　1.C　2.C　3.B　4.A　5.D　6.C　7.B　8.A　9.A　10.C　11.C　12.B　13.D

14.D　15.A　16.D　17.B　18.A　19.C

Clinical
Biochemistry

08
Chapter

肝功能與實驗室診斷

本章大綱

8-1 肝臟解剖構造

8-2 膽汁酸的基本概念

8-3 黃疸發生機制

8-4 檢測法

8-5 肝臟疾病之酵素偵測

8-6 肝臟合成功能評估

8-7 氮元素代謝

學習目標

1. 掌握肝臟主要的解剖及生理功能。
2. 掌握膽汁酸的基本概念及臨床意義。
3. 掌握黃疸發生機制、臨床意義及評價。
4. 瞭解乙醇在肝內的代謝與肝硬化的主要生化指標。
5. 掌握肝臟疾病的診斷、實驗室檢查及結果分析。

 8-1　肝臟解剖構造

一、肝臟構造

1. 體內最大的腺體（解剖單位為肝小葉由輻射狀之肝細胞組成，具有再生能力）。
2. 位於橫膈下方，右上腹部。
3. 血液流向：肝動脈→門靜脈→血管竇(sinusoids)→中心靜脈。
4. Kupffer 細胞：
   (1) 位於血管竇的巨噬細胞。
   (2) 具有吞噬、消滅微生物及清除毒性物質等功能。

二、肝臟生理功能

1. 製造膽汁注入消化道的入口部位在十二指腸及分泌膽紅素。
2. 製造抗凝劑及血漿蛋白。
3. 具吞噬作用，代謝有毒之氮廢物。
4. Cytochrome P450 是肝臟解毒的重要酵素。

三、肝細胞的代謝功能

（一）在醣類代謝中的作用

　　肝臟是調節血糖濃度的主要器官，嚴重肝病時，易出現空腹血糖降低，主要由於肝醣貯存減少以及糖質新生作用障礙的緣故。

（二）在脂類代謝中的作用

　　肝臟是氧化分解脂肪酸的主要場所，肝臟能分泌膽汁，其中的膽汁酸鹽是膽固醇在肝臟的轉化產物，能乳化脂類、可促進脂類的消化和吸收。

（三）在蛋白質代謝中的作用

　　肝臟除合成自身所需蛋白質外，血漿蛋白中如：白蛋白、凝血酵素原、纖維蛋白原及血漿脂蛋白所含的多種載脂蛋白(Apo A, Apo B, C, E)等（除 γ-球蛋白外）均在肝臟合成。

（四）在維生素代謝中的作用

1. 肝臟是體內含維生素較多的器官。肝臟所分泌的膽汁酸鹽可協助脂溶性維生素的吸收。

2. 肝臟直接參與多種維生素的代謝轉化，如將 β-胡蘿蔔素轉變為維生素 A，將維生素 D_3 轉變為 25-(OH) D_3。

（五）在激素代謝中的作用

　　肝細胞膜有某些水溶性激素（如胰島素、正腎上腺素）的接受器，此類激素與接受器結合而發揮調節作用。

 8-2　膽汁酸的基本概念

一、膽汁酸的種類

　　正常人膽汁中的膽汁酸(bile acid)按結構可分為兩大類：

1. **游離型膽汁酸**：包括膽酸(cholic acid)、去氧膽酸(deoxycholic acid)、鵝去氧膽酸 (chenodeoxy cholic acid)和少量的石膽酸(litho chalic acid)。

2. **結合型膽汁酸**：是上述游離膽汁酸與甘胺酸或牛磺酸結合的產物統稱。主要包括甘胺膽酸、甘胺鵝去氧膽酸、牛磺膽酸及牛磺鵝去氧膽酸等。一般結合型膽汁酸水溶性較游離型大。

二、膽汁酸的來源

1. **初級膽汁酸**：肝細胞內，以膽固醇為原料直接合成，包括膽酸和鵝去氧膽酸。

2. **次級膽汁酸**：初級膽汁酸在腸道中受細菌作用，進行 7-α 去羥作用生成的膽汁酸，包括去氧膽酸和石膽酸。

三、膽汁酸的臨床意義

1. 膽汁酸由膽固醇轉變而來，這也是膽固醇排泄的重要途徑之一。

2. 當肝細胞損傷或膽道阻塞時都會造成膽汁酸的代謝障礙。

3. 臨床指標：

臨床指標	疾　病
膽汁酸增加(＞ 20 μmol/L)	急性肝炎、肝癌、肝硬化
膽酸／鵝去氧膽酸＞1	膽道阻塞
膽酸／鵝去氧膽酸＜1	肝實質細胞損傷

4. **參考值**：0.3~2.3 μg/mL。

四、測定法

1. **層析法**：GLC、HPLC 與 TLC。

2. **酵素法**：主要以 3-α-Hydroxy steroid dehydrogenase 作用。

3. **免疫分析法**：ELISA 與 RIA。

8-3　黃疸發生機制

一、膽紅素代謝

(一) 膽紅素的來源

1. 80%左右膽紅素來源於衰老紅血球中血紅蛋白的分解。

2. 少部分來自造血過程中紅血球的過早破壞。

(二) 膽紅素的生成

1. 衰老的紅血球由於細胞膜的變化被網狀內皮細胞識別並吞噬，在肝、脾及骨髓等網狀內皮細胞中被分解，血紅素在微粒體中血紅素加氧酶(heme oxygenase)催化下，迅速被還原為膽紅素。

2. 膽紅素在血液中的運輸，在血液中主要與血漿白蛋白結合成複合物進行運輸，使其不致對組織細胞產生過大的毒性作用。

3. 肝臟中的代謝：

   (1) 以膽紅素－白蛋白的形式輸送到肝臟，很快被肝細胞攝取，主要與肝細胞內兩種載體蛋白 Y 蛋白和 Z 蛋白結合。

   (2) 在肝細胞內質網中有葡萄糖醛酸轉移酶(UDP glucuronyl transferase; UGT)，生成葡萄糖醛酸膽紅素，為未結合膽紅素，經轉化後稱為結合型膽紅素。

   (3) 結合型膽紅素較未結合型膽紅素脂溶性弱而水溶性增強，故易從膽道排出，也易透過腎絲球從尿中排出。

	間接膽紅素	直接膽紅素		
	α-bilirubin	β-bilirubin	γ-bilirubin	δ-bilirubin
與葡萄糖醛酸結合	無	1 個	2 個	無（會與白蛋白結合）
偶氮反應	無	緩慢	快速	快速
偶氮膽紅素	A	AB	B	B
水溶性	無	有	有	有
經腎排出	不可	可	可	可
增加原因	溶血	肝細胞黃疸	阻塞性黃疸	阻塞性黃疸

(4) 在迴腸末端至結腸道中的轉變，再還原成為無色的膽素原族化合物，即中膽素原 (mesobilirutinogen)、糞膽素原 (stercobilinogen) 及尿膽素原 (urobilinogen)。

二、黃　疸

(一) 定　義

膽紅素是金黃色色素，當血清中濃度高時，則可擴散入組織，使組織被染黃，稱為黃疸(jaundice)。

(二) 含　量

正常人血漿中膽紅素的總量不超過 1mg/dL，一般血清中膽紅素濃度超過 2mg/dL 時，肉眼可見組織染黃；當血清膽紅素達 7~8 mg/dL 以上時，有明顯黃疸。

(三) 分　類

病變部位	肝前性黃疸	肝性黃疸	肝後性黃疸
成　因	溶血性黃疸	肝細胞性黃疸	阻塞性黃疸
機　制	紅血球大量破壞，網狀內皮系統產生的膽紅素過多，超過肝細胞的處理能力，因而引起血中未結合型膽紅素濃度異常增高	肝細胞功能障礙，對膽紅素的攝取結合及排泄能力下降所引起的高膽紅素血症	膽紅素排泄的通道受阻，使膽小管或毛細膽管壓力增高而破裂，膽汁中膽紅素返流入血管而引起
血膽紅素	＞1mg/dL	＞1mg/dL	＞1mg/dL
尿膽紅素	－	＋＋	＋＋
糞便顏色	深	變淺或正常	完全阻塞時呈陶土色

(四) 肝細胞代謝的改變

1. **在蛋白質代謝中的作用**：血漿蛋白主要有白蛋白、球蛋白、纖維蛋白原，以及微量的酵素及酶原（如凝血酶原）減少。

2. **在脂質代謝中的作用**：膽固醇的形成、酯化、排泄發生障礙，引起血漿膽固醇含量減少，主要將 Acetyl-CoA 轉化成 fatty acid、triglyceride、cholesterol。

3. **在醣類代謝中的作用**：使肝細胞損害，不能把攝入的葡萄糖立刻有效合成肝醣，可發生持續時間較長的血糖升高。主要由 gluconeogenesis 產生；由胺基酸合成醣類。

4. **在血清酵素中的改變**：肝細胞損害 AST、ALT、LDH、γ-GT（肝臟與阻塞性疾病）、5'-nucleotidase（肝小管膜損傷或膽道阻塞）與 ALP 上升。

三、常見疾病

（一）新生兒生理性黃疸

1. **原因**：膽紅素尿苷二磷酸葡萄糖醛酸轉移酶(UDP-glucuronosyl transferase; UGT)，在新生兒出生後的 36 小時內尚未"成熟"，致使功能不完全（將尿苷二磷酸葡萄糖醛酸之葡萄糖醛酸接在膽紅素的 C-8 及 C-12 丙酸支鏈）。

2. **血清膽紅素的濃度**：上升 5~6 mg/dL；極少數新生兒在出生後 48 小時的血清膽紅素可高達 10 mg/dL，約於出生後 7~10 天內降至正常水平。

（二）高膽紅素血症

	未結合型膽紅素			結合型膽紅素
疾病	溶血性黃疸	Cigler-Najjar 症候群	Gilbert 症候群	Dubin-Johnson 症候群
原因	紅血球大量破壞	Bilirubin UDP-glucuronyl transferase 缺失	膽紅素無法進入肝細胞使肝功能清除率降低	排泄過程障礙
結合型膽紅素	正常	減少	正常	增加
參考值	5mg/dL	＞20 mg/dL	＜6 mg/dL	5mg/dL

（三）乙醇對肝臟的損害

1. **$NADH/NAD^+$比值的增加**：乙醇在體內的代謝第一階段是由乙醇生成乙醛，第二階段是由乙醛氧化成乙酸，使得肝臟中乳酸的利用降低。

2. 丙酮酸被增多的 NADH 還原成乳酸，容易導致乳酸性酸中毒。

3. 乙醛引起粒線體的功能障礙，使粒線體的呼吸功能、脂肪酸氧化能力受到損傷。

精選實例評量

1. 下列何種 hepatic jaundice 主要是由於 unconjugated bilirubin 無法進入肝細胞所導致？(A) Gilbert's disease　(B) Crigler-Najjar syndrome　(C) Dubin Johnson syndrome　(D) hepatitis

2. 下列那一酵素是血基質(heme)轉變成膽紅素(bilirubin)的過程需要的？(A)膽紅素氧化酶(bilirubin oxidase)　(B)膽綠素還原酶(biliverdin reductase)　(C)鐵螯合酶(ferrochelatase)　(D)原紫質去氫酶(protoporphyrin dehydrogenase)

3. 下列何者必須在加速劑（如 caffeine）存在時才能與 diazo reagent 反應？

   (A) unconjugated bilirubin　(B) mono-glucuronide bilirubin

   (C) di-glucuronide bilirubin　(D) β-bilirubin

4. 一純化的膽紅素，溶於氯仿中，在 453nm 波長下，其分子吸光係數為 60,700。如果其濃度為 2.5 mg/dL，則其吸光值為多少？（膽紅素分子量為 584，光徑為 1cm）(A) 0.26　(B) 0.52　(C) 1.04　(D) 2.08

5. 下列何種型式的膽紅素無法直接與 diazo 試劑進行反應？(A) α　(B) β　(C) γ　(D) δ

6. 下列何種疾病其結合型膽紅素濃度會上升？(A) Crigler-Najjar syndrome　(B) Dubin-Johnson syndrome　(C) Gilbert syndrome　(D) Lucey-Driscoll syndrome

7. 有關利用直接比色法測定新生兒膽紅素的敘述，下列何者正確？(A)適合 1 歲以下的嬰兒　(B)利用 454 nm 直接測定膽紅素的吸收　(C)利用 415 nm 扣除血紅素的干擾　(D)必須在 pH＝4.0 情況下測定，以去除血紅素干擾

8. 下列有關膽道阻塞病人之生化檢查，何者正確？

   (A) Serum unconjugated bilirubin 上升，urine urobilinogen 下降

   (B) Serum conjugated bilirubin 上升，urine urobilinogen 下降

   (C) Serum unconjugated bilirubin 上升，urine urobilinogen 上升

   (D) Serum conjugated bilirubin 上升，urine urobilinogen 上升

9. 下列何種疾病是先天性肝內 glucuronyl transferase 缺乏，使血清中非結合型膽紅素升高？(A) Crigler-Najjar syndrome　(B) Dubin-Johnson syndrome　(C) Menke syndrome　(D) Rotor syndrome

10. 下列何者具較高的抗氧化性質？(A)膽紅素　(B)膽綠素　(C)膽固醇　(D)膽汁酸

11. γ-型膽紅素之敘述，何者正確？(A)膽紅素與兩分子葡萄糖醛酸複合又稱直接性膽紅素　(B)膽紅素與兩分子葡萄糖醛酸複合又稱間接性膽紅素　(C)膽紅素與一分子葡萄糖醛酸複合又稱間接性膽紅素　(D)膽紅素與一分子葡萄糖醛酸複合又稱直接性膽紅素

12. 肝臟是最重要的解毒器官，下列敘述何者錯誤？(A)肝臟內含有許多種酵素能將毒物代謝分解　(B) cytochrome P450 是肝臟解毒的重要酵素　(C)肝臟主要的解毒方式是把毒物囤積於脂肪組織　(D)肝臟可清除很多內源性及外源性有毒物質

13. 下列有關肝臟藥物代謝酵素之敘述，何項錯誤？(A) Cytochrome P450 是一flavoprotein　(B) Cytochrome P450 是一氧化酵素　(C)大部分藥物代謝酵素存在於細胞質與內質網　(D)藥物經 glucuronidation 後水溶性增加

14. Ferrochelatase 在 heme 的合成路徑中的功能為何？(A)將 protoporphyrinogen IX 氧化成 protoporphyrin IX　(B)形成 zinc protoporphyrin　(C)將二價鐵離子置入 protoporphyrin IX　(D)將 heme 的三價鐵離子還原成二價鐵離子

答案　　1.A　2.B　3.A　4.A　5.A　6.B　7.B　8.B　9.A　10.A　11.A　12.C　13.A　14.C

 8-4 檢測法

一、Bilirubin 檢測

(一) 化學法

1. 操作方法 caffeine-benzoate-acetate 為加速劑，催化 azo-coupling 反應。

2. 試劑：

   (1) Sodium acetate：維持反應所需 pH 值。

   (2) Caffeine-sodium benzoate：加速反應。

   (3) Diazotized sulfanilic acid：與 bilirubin 形成紫色 azobilirubin。

(4) Ascorbic acid：消耗反應後形成多餘的 diazo reagent。

(5) Alkaline tartrate solution：使紫色 azobilirubin 轉化成藍色 azobilirubin (OD 600 nm)。

(二) 比色法

1. 血中 bilirubin 濃度與 455 nm 吸光值成正比。

2. 以 575 nm 吸光值校正 hemoglobin 的干擾。

3. 此法較適用於嬰幼兒。

(三) 檢體收集

1. 禁食後採檢，不能有溶血、脂血。

2. 儲存於暗色瓶（需避光），並於 2~3 小時內分析完畢。

(四) 參考值

種　類	數　值
結合型膽紅素	0~0.2 mg/ dL
未結合型膽紅素	0.2~0.8 mg/dL
總膽紅素	0.2~1.0 mg/dL

二、Urobilinogen 檢測

(一) 合成

　　Urobilinogen（無色）經腸道細菌氧化後形成 urobilin（棕色），大部分由糞便排泄，少部分經肝門靜脈再吸收，經血流由腎臟排泄。

(二) 臨床意義

　　增加於常見溶血性疾病、肝臟損傷；減少於膽道阻塞性疾病。

(三) 檢測方法

1. Ehrlich 方法：與 p-dimethylaminobenzaldehyde (Ehrlich's reagent)反應形成紅色產物；加入 ascorbic acid 以保持 urobilinogen 於還原狀態；sodium acetate 終止反應；檢體（2 小時尿，冷藏、避光）。

2. Terwen 方法：以 alkaline ferrous hydroxide 將 urobilin 還原成 urobilinogen；sodium acetate 減少如 indole 的干擾。

3. Watson 方法：以 petroleum ether（取代 diethyl ether）萃取 urobilinogen，減少其他物質的干擾。

4. 誤差來源：干擾物質包括：porphobilinogen、sulfonamide、procaine、5-hydroxyindoleacetic acid、bilirubin。

（四）檢體收集

新鮮尿液檢體（避免 urobilinogen 氧化成 urobilin）。

（五）參考值

種　類	數　值
尿液尿膽素原	0.1~1.0 Ehrlich units/2 hrs
糞便尿膽素原	75~275 Ehrlich units/100g

三、排泄機能檢查

（一）溴磺肽試驗(Bromosulfophthalein (BSP)Test)

1. 特性：
   (1) BSP 除少數由腎臟排出外，幾乎完全由肝臟排出，其排出之速度與肝機能與肝循環有關。
   (2) BSP 從血液運送至肝臟後與 glutathione 結合，再經膽道排出。膽汁流量減少時，BSP 之廓清率會減少。
   (3) 只適用於無黃疸而懷疑有肝障礙者，有明顯黃疸或重症病人最好不要施行此試驗。

2. 作法：每公斤體重靜脈注射 5mg 之 BSP，經 45 分鐘後採血，分離血清，加鹼性液，以 580 nm 波長比色，測出 BSP 滯留量。

3. 參考值：0~6%。

4. 臨床意義：
   (1) BSP 增加於任何肝膽疾病。
   (2) BSP 檢查結果正常者，可以排除任何肝實質性病變的疑慮。

(二) 吲哚氰綠試驗(Indocyanine Green (ICG)Test)

1. **特性**：由肝細胞代謝，幾乎完全經膽汁排出。

2. **作法**：注射 ICG 後，以 805 nm 之紅外線波長測定，測血中之滯留量。

3. **參考值**：正常 15 分鐘 ICG 排清率為 10%以下。

4. **臨床意義**：多使用於探討肝臟血流以及預測藥物（如：Lidocaine）的排清情形。

精選實例評量

Review
Activities

1. Indocyanine green test 評估肝功能，正常值是百分之多少？(A) 5　(B) 15　(C) 25　(D) 35

2. 吲哚氰綠(indocyanine green; ICG)試驗，主要是用於評估何種功能？(A)心臟　(B)肺臟　(C)腎臟　(D)肝臟

3. 進行靛菁(indocyanine green; ICG)試驗發現病人數值異常，通常表示下列何者的功能不佳？(A)循環系統　(B)排泄系統　(C)呼吸系統　(D)肝膽系統

4. 以重氮(diazo)法來測定總膽紅素時，必須加入下列何種試劑？(A)維生素 B_6　(B)葡萄糖-6-磷酸　(C)咖啡因鹼　(D)硫酸鋅

5. 關於 ZPP (zinc protoporphyrin)之敘述，下列何者是錯誤的？(A)可間接鑑別體內鐵之異常　(B)用來監測鉛中毒　(C)有螢光之產生　(D)紅血球內含量最少

6. 何者為肝功能檢查負荷試驗之一？(A) BSP 試驗　(B) PSP 試驗　(C) Hippuric acid 試驗　(D) ZPP 試驗

7. 下列何種 Bilirubin 之檢測，需加入 Caffeine 以加速反應？(A) α-bilirubin　(B) β-bilirubin　(C) γ-bilirubin　(D) δ-bilirubin

8. 下列有關 bilirubin 的敘述，何者正確？(A) α-bilirubin 帶有共價結合的 albumin　(B) α-bilirubin 是指和 glucuronic acid 結合的形式　(C) β-bilirubin 可以在尿液中出現　(D)以重氮反應檢測 γ-bilirubin 時，需加入 caffeine 以加速反應

9. 血液中未結合膽紅素(unconjugated bilirubin)會與下列何種物質結合進入肝臟代謝？(A)膽汁酸　(B)脂質　(C)白蛋白　(D)球蛋白

答案　1.A　2.D　3.B　4.C　5.D　6.C　7.A　8.C　9.C

8-5　肝臟疾病之酵素偵測　

一、鹼性磷酸酶(Alkaline Phosphatase)

1. 反應肝臟與骨骼損傷。
2. 肝臟細胞損傷（肝炎、肝硬化）：輕微、中度升高；肝外膽道阻塞、肝癌等：極度升高；停經後血清 ALP 升高。
3. 骨骼-ALP 型對 urea 的抑制作用最為敏感；胎盤-ALP 可抵抗 56℃加熱 30 分鐘不產生熱變性。
4. 參考值：

檢體種類	參考範圍
血　清	30~90 U/L

二、胺基轉移酶(Aminotransferase)

1. ALT (SGPT)：
   (1) 特性：主要存於肝臟；半衰期較長。
   (2) 評估肝臟疾病。
   (3) 分析法：偶合乳酸去氫酶的反應，檢測 NADH 的吸光度得知。
2. AST (SGOT)：
   (1) 特性：主要存於心臟、肝臟與肌肉；半衰期較長。
   (2) 主要評估心肌梗塞。
   (3) 分析法：偶合蘋果酸去氫酶的反應，檢測 NADH 的吸光度得知。

檢體種類	ALT	AST
血　清	6~37 U/L	5~30 U/L

三、5'-核苷酸酶(5'-Nucleotidase)

1. 主要存在於肝臟。
2. 當肝臟與骨頭有病變時，可見 5'-nucleotidase 與 ALP 的上升。

四、γ-Glutamyltransferase (GGT)

1. 診斷酒精性肝臟損傷、膽道阻塞。
2. 參考值：

檢體種類	參考範圍	
	男性	女性
血清	6~45 U/L	5~30 U/L

五、Ornithine Carbamyl Transferase

1. 又稱 ornithine transcarbamylase。
2. 鳥胺酸氨甲醯基轉移酶缺乏(Ornithine transcarbamylase deficiency)：
   (1) 血清中鳥胺酸(ornithine)濃度上升，而 carbamylphosphate 堆積在粒線體或者細胞質，導致氨排除的能力下降，而造成高血氨。
   (2) OTC 基因位於 X 染色體短臂 Xp21.1。

六、Lactate Dehydrogenase (LD)

1. 由兩種次單元(subunit)組成五種組織特異性同功酶(isozymes)，先以電泳進行各型別之分離，再加試劑顯色。
2. LD-5 主要存在於肝臟與骨骼肌。
3. 參考值：

檢體種類	參考範圍	
	L→P (pH = 9.0)	L←P (pH = 7.4)
血　清	100~225 U/L	80~280 U/L

精選實例評量

1. 下列何者不是肝功能檢查項目？(A) Alanine aminotransferase (B) γ-glutamyltransferase　(C) Lactate dehydrogenase　(D) Amylase

2. 臨床上和膽道阻塞有關的酶？(A) Amylase　(B) LD　(C) ALP　(D) CK

3. 血清 AST＞ALT，通常不會發生於下列何種情形？(A)急性肝炎早期　(B)肝硬化 (C)酒精性肝炎　(D)急性肝炎晚期

4. 下列有關鹼性磷酸酶(ALP)的敘述，何者錯誤？(A)骨骼會製造 ALP　(B)正常人血清中 ALP 的活性主要來自小腸　(C)停經後血清 ALP 升高　(D)胎盤會製造 ALP

5. 下列有關血清 5'-nucleotidase 活性分析之敘述，何者正確？(A)ADP 為常用之受質 (B)最佳之分析 pH 值為 10.3　(C)常用 xanthine oxidase 之反應為偶合反應　(D)在 4℃保存下，5'-nucleotidase 之活性於一天內即會降低一半

6. 乳酸脫氫同功酶(lactate dehydrogenase, LDH isoenzyme)分析可供臨床診斷參考，每種 LDH 同功酶都是由 H 和 M 型二種多胜肽組合成四聚體(tetramer)。下列敘述何者錯誤？(A)共有 5 種 LDH 同功酶，其組織分布量不同　(B)都能催化丙酮酸(pyruvate)轉換成乳酸的反應　(C)呈現相同的電泳移動性(mobility)　(D)具有不同的 Vmax 和 Km

7. 下列有關 AST 和 ALT 活性分析之敘述，何者錯誤？(A)試劑中皆需添加 pyridoxal-5'-phosphate　(B)可測定 340 nm 波長吸收值下降的速率　(C)試劑中皆以 lactate dehydrogenase 為偶合酵素　(D)試劑中皆含有 NADH

答案　　1.D　2.C　3.D　4.B　5.C　6.C　7.C

8-6	肝臟合成功能評估

一、特　性

狀　況	原　因
肝臟疾病	白蛋白、α-球蛋白降低
酒精性肝硬化	γ-球蛋白(IgG、IgM)升高
β-γ bridge	肝硬化血清蛋白電泳變化
Prothrombin time (PT) 延長	凝血因子缺乏

二、黏質蛋白(Mucoprotein)

1. **定義**：蛋白質之肽鏈與醣類結合之複合物稱為黏質蛋白(mucoprotein)或醣蛋白(glycoprotein)。
2. **種類**：
   (1) 糖胺(hexosamine)含量高於 4 %之蛋白質稱為 mucoprotein。
   (2) 糖胺(hexosamine)含量低於 4 %之蛋白質稱為 glycoprotein。
3. **特性**：
   (1) 不會被過氯酸(perchloric aci)或柳硫酸(sulfosalicylic acid)沉澱。
   (2) 會被磷鎢酸沉澱。
4. **判讀結果**：

結　果	狀　況
增加	肝外阻塞性黃疸
下降	急性肝炎、肝硬化

三、混濁試驗(Turbidity Test)

1. **原理**：利用肝病病人血清 A/G 比值、或白蛋白與球蛋白質量常有的非特異性變化，加入某些試劑混合後，會產生混濁或絮狀膠質反應，目前已被淘汰。

2. 種類：

(1) Thymol Turbity Test (TTT)：慢性肝炎及肝硬化時，TTT 混濁試驗會增加，偵測γ、β-globulin。

(2) Zinc Sulfate Turbidity Test (ZTT)：慢性肝炎及肝硬化時，ZTT 混濁試驗會增加，偵測γ-globulin。

四、凝血酶原時間(Prothrombin Time)

1. 目的：偵測凝血因子如：II, VII, IX, X (Vit. K dependent)。

2. 缺點：PT 做為肝機能檢查較不敏感。

3. 優點：阻塞性黃疸引起之 Vit. K 吸收不良及嚴重肝病，PT 為很好的指標。

五、維生素 K 耐性試驗(Vit. K Tolerance Test)

1. 目的：區別 PT 延長的黃疸原因，是因膽道阻塞黃疸引起 Vit. K 缺乏。

2. 操作方法：靜脈或肌肉注射 Vit. K 2~4mg，24 小時後測 PT 時間。

3. 判讀結果：

狀　況	症　狀
PT 恢復正常	膽道阻塞性黃疸引起 Vit. K 缺乏
PT 延長	肝細胞障礙疾病

六、肝硬化超音波檢查的徵象

1. 肝臟表面不規則。

2. 門靜脈壁回音增強。

3. 再生性結節出現。

8-7　氮元素代謝

一、原　因

1. 氨對腦組織的毒性作用在於氨主要是干擾腦的能量代謝，使高能磷酸化合物（ATP 等）濃度降低，造成中樞神經的毒性；肝臟是合成尿素的器官，而人體是以合成尿素的方式來排除氨。

2. 抑制丙酮酸去氫酶的活性，影響乙醯輔酶 A 的生成。

二、代　謝

　　肝臟負責將氨(ammonia)轉換成尿素後由腎臟排泄。

三、測定方法

1. **酵素偶合法(Glutamate Dehyrogenase; GLDH)：**
   $NH_4^+ + 2\text{-oxoglutarate} + NADPH \rightarrow GLDH \rightarrow Glutamate + NADP^+ + H_2O$。

2. **離子選擇性電極**：NH_3 通過選擇性膜，變成 NH_4Cl 造成 pH 值的改變後測其改變的電位。

四、臨床意義

　　血中氨濃度過高會造成肝昏迷。病人需限制蛋白質攝取量。

精選實例評量

Review Activities

1. 下列何者在嚴重肝病病患之血漿中可能降低？(A)氨　(B)白蛋白　(C)γ-球蛋白 (D)膽紅素

2. 下列何種檢驗可以協助診斷肝衰竭引發的昏睡狀態？(A) NH_3　(B) AST　(C) ALT (D) GGT

3. 有關血中氨的檢驗，下列敘述何者有誤？(A)在肝臟中會變成尿素　(B)病人吸菸會影響測量值　(C)與雷氏症候群無關　(D)可以用 glutamate dehydrogenase 測量之

4. 下列哪一酵素可用來測定血中氨？(A) glutamate synthase　(B) glutamate dehydrogenase　(C) glutamate transferase　(D) glutamate isomerase

5. 肝硬化的病患常常會出現低鈣之現象，最可能的原因是血中何者異常？(A)鎂太低　(B)白蛋白太低　(C)磷太高　(D)膽紅素太高

6. 下列血液氨的敘述，何者錯誤？(A)採血後應立即放於冰水中馬上分離測定　(B) Heparin 為抗凝劑　(C)血液氨定量法與胺基酸定量法類似　(D)血液脫離正常肝循環時血液氨會增加

7. 關於血氨的敘述何正確？(A)吸菸會使血氨濃度上升　(B)利用 lactate dehydrogenase 酵素法測定　(C)檸檬酸鹽是抗凝劑的最佳選擇　(D)檢體應去除蛋白，避免分解氨導致濃度下降

答案　1.B　2.A　3.C　4.B　5.B　6.C　7.A

09
Chapter

氮代謝物與腎臟功能

學習目標

1. 掌握腎臟的大體解剖，腎臟斷面的各種結構。
2. 瞭解腎臟與周圍臟器的關係。
3. 掌握腎單位（包括腎小管、腎絲球、腎小囊等）的結構和功能。
4. 掌握集尿管的結構和功能。
5. 掌握腎臟的主要生理功能。
6. 掌握尿液生成過程中腎絲球的過濾作用和腎小管的重吸收及排泄作用。
7. 掌握常見腎臟疾病的病理生物化學改變。
8. 掌握常見腎功能檢查的原理、臨床意義及評價。
9. 掌握腎臟疾病的診斷、實驗室檢查及結果分析。

 9-1　泌尿系統

一、腎臟解剖構造

(一) 腎元(Nephron)

腎臟功能基本單位（兩個腎臟共含 2,400,000 腎元）。可分為皮質腎元(cortical nephron)及近髓質腎元(juxtamedullary nephron)。

1. **腎絲球(Glomerulus)：**
   (1) 構造：由 50 條微血管構成微血管網，為腎臟過濾單位。
   (2) 位於鮑氏囊中。
   (3) 近腎絲球器(Juxtaglomerular apparatus)：位於入球小動脈壁上，由近腎絲球細胞、網質細胞及緻密斑組成。
   (4) 緻密斑(Macula densa)偵測體液中鈉離子濃度變化的構造。

2. **腎小管：**
   (1) 構造：近側小管、亨利氏管、遠側小管、集尿管。
   (2) 具有再吸收與分泌作用。

3. 腎絲球膜：
    (1) 構造：
        a. 微血管的內皮細胞：具有小孔。
        b. 基底膜：為黏多醣蛋白纖維網。
        c. 鮑氏囊(glomerular capsule)臟層：為指狀突起細胞，稱足細胞(podocyte)；指狀突起間隙的隙縫，稱裂孔。
    (2) 具有高通透性。

4. 腎絲球叢：
    (1) 構造：微血管間的血管間質。
    (2) 具有支持作用及吞噬作用。

(二) 腎皮質層

腎皮質層分布在腎絲球與短的亨利氏管。

(三) 腎髓質層

腎髓質層分布在長的亨利氏管與集尿管。

(四) 血液流向

1. 入球小動脈→腎絲球→出球小動脈→腎小管周圍微血管→腎小靜脈。

2. 腎分率(Renal fraction)：
    (1) 定義：流經腎臟血液的總心輸出量的百分比。
    (2) 正常腎血流量：
        a. 佔心輸出量的 20~25 %。
        b. 在休息狀態下，可低至 12 %。

二、腎臟生理功能

(一) 腎絲球過濾率

1. 正常為 125 mL/min。

2. 正常流過腎膜的血漿為 650 mL/min。

3. 過濾壓：
    (1) 迫使液體通過腎絲球膜的淨壓力。

(2) 正常過濾壓約為 10 mmHg。

(3) 腎絲球過濾速率(GFR)＝過濾壓×kf。

(4) 影響因素：

    a. 腎絲球壓：入球小動脈收縮與出球小動脈舒張時 GFR 會降低。

    b. 血漿膠體滲透壓：血漿蛋白質濃度降低時，GFR 會增加。

    c. 鮑氏囊壓。

（二）腎小管

1. 鈉離子主動運輸：

(1) 腎小管上皮細胞具有刷狀緣。

(2) 鈉離子攜帶蛋白。

2. 分泌作用：指 K^+、H^+、尿酸(uric acid)的分泌。

（三）腎小管回饋

1. 入球小動脈血管擴張回饋機制：因 Na^+ 離子濃度的降低導致入球小動脈擴張。

2. 出球小動脈血管收縮回饋機制：因腎素釋放造成血管緊縮素 II 形成。

3. 內分泌功能：

(1) Erythropoietin：

    a. 結構中 2 個雙硫鍵與 4 個醣苷鍵結(glycosylation)的醣蛋白(glycoprotein; 46 kDa)。

    b. 腎臟生成。

    c. 調節紅血球生成數目。

(2) Vitamin D_3 (Cholecalciferol)：將肝臟為 25-hydroxyvitamin D_3 利用 25-(OH) D_3-1- hydroxylase 作用，產生活化態的 Vitamin D 為 1,25-$(OH)_2 D_3$。

(3) Renin：

    a. 主要由近腎絲球器(jextaglomerular apparatus)(JG cells)產生。

    b. 受腎臟的血流量調控與血中的鈉離子調控。

    c. 將血管張力素原(angiotensinogen)轉成血管張力素 I (angiotensin I)的。

（四）排泄濃縮尿液的逆流機制

1. 滲透濃度：

(1) 血漿的滲透濃度：300 mOsm/L。

(2) 腎臟皮質的滲透濃度：300 mOsm/L。

(3) 腎盂髓質的滲透濃度：1,200 mOsm/L。

2. **機制**：主要是濃縮尿素

　　作用：在亨利氏環與直行血管(vasa recta)間，造成腎髓質組織間液內之溶質濃度增加。

(1) 亨利氏環上行支粗段的管壁含有大量的 Na^+ 幫浦對 Na^+ 離子的主動運輸。

(2) 亨利氏環下降枝的水分以滲透的方式被吸收到髓質的組織液

(3) 集尿管中大量尿素的擴散作用與 Na^+ 的主動運輸。

(4) 直血管(vasa recta)將下降枝滲透出來的水分帶離。

(5) 亨利氏環 Na^+、Cl^- 的運輸。

3. **恆定(Homeostasis)**：

(1) 近端小管：

　　a. 等滲透性(isosmotic)。

　　b. 再吸收作用：HCO_3^-、Na^+、K^+、glucose、amino acid、uric acid。

　　c. 磷酸鹽的再吸收。

　　d. 分泌作用：H^+、K^+。

(2) 亨利氏環：

　　a. 高滲透性(hyperosmotic)。

　　b. 濃縮尿液。

　　c. 主動運輸 Cl^- 進入腎小管。

(3) 遠端小管：

　　a. 低滲透性(hyposmotic)。

　　b. 調控 Na^+、水及酸鹼平衡。

　　c. Aldosterone：控制 Na^+ 再吸收。

　　d. 分泌出 K^+。

(4) 集尿管（尿液形成）：

　　a. pH=5.0~6.0；滲透壓 = 800~1,200 mOsm/kg 水。

　　b. 體積：1,000~2,000 mL/24hrs。

　　c. ADH 調控水的再吸收（水分調控：集尿管）。

精選實例評量

Review Activities

1. 下列何種物質不是由腎臟所合成？(A) Angiotensin converting enzyme　(B) Erythropoietin　(C) Prostaglandin　(D) Renin

2. 25-羥維生素 D_3 (25-hydroxyvitamin D_3)在何處合成？(A)肺　(B)皮膚　(C)肝　(D)腎

3. 有關抗利尿激素(antidiuretic hormone)的敘述，下列何者為錯誤？(A)主要製造位置為上視核(supraoptic nuclei)　(B)具有增加血壓的作用　(C)其抗利尿的作用位置主要在近側彎管　(D)失血可刺激抗利尿激素的分泌

4. 哪種蛋白會通過腎絲球而被腎小管吸收，當腎小管受傷害時會造成蛋白尿？(A)溶小體(lysozyme)　(B) β_2 microglobulin　(C)輕鏈(light chain)　(D)都會通過

5. 腎臟的哪一種功能喪失和貧血最有關？(A)酸鹼平衡　(B)鹽類調控　(C)水分調控　(D)內分泌調控

6. 尿毒症常出現的生化特徵，不包括下列何者？(A)pH 降低　(B)血紅素降低　(C)血清白蛋白升高　(D)血清 K^+ 升高

7. 腎小管細胞的重碳酸氫根(HCO_3^-)重吸收過程，常伴隨下列何種現象發生？(A)腎小管細胞的氫離子分泌　(B)腎小管細胞的磷酸根吸收　(C)腎小管細胞的鈉離子與葡萄糖的協同性運輸　(D)腎小管細胞的鈉離子與胺基酸的協同性運輸

8. 血液透析用的透析液，其成分不含有何種電解質？(A)重碳酸鹽　(B)鈉　(C)鉀　(D)磷

9. 某人測得血清肌酸酐濃度為 1.8 mg/dL，尿液肌酸酐濃度為 78 mg/dL，尿量為 0.6 mL/min，則其肌酸酐廓清率為多少？(A) 26 mg/dL　(B) 26 mL/min　(C) 234 mg/dL　(D) 234 mL/min

10. 下列何者不是影響腎絲球濾過率大小的主要因素？(A)腎血流速率　(B)腎絲球過濾膜的過濾係數　(C)血液之酸鹼值　(D)腎絲球濾過率

答案　　1.A　2.D　3.C　4.D　5.D　6.C　7.A　8.D　9.B　10.C

9-2　腎臟疾病

一、定　義

　　腎臟由於感染、免疫複合體傷害、炎症反應、糖尿病、高血壓或尿路阻塞等造成腎臟實質細胞的破壞，產生不可逆的變化，導致腎臟正常功能逐漸消失，稱為慢性腎衰竭。發展過程中由慢性腎衰竭至嚴重的尿毒症狀一般是毫無感覺，此時血清尿素氮開始上升到出現明顯尿毒症狀時，常常已是無法恢復的末期腎衰竭。

二、病　因

1. 代謝性病變：如糖尿病、痛風、類澱粉樣變性；其中的糖尿病腎病變，是慢性腎衰竭最常見的原因。

2. 各型的原發性腎絲球腎炎：是台灣地區導致慢性腎衰竭第二常見的原因。

3. 繼發性腎絲球腎炎：如全身性紅斑性狼瘡、腫瘤等引起的繼發性腎炎尤其是全身性紅斑性狼瘡引起的腎衰竭較為多見。

4. 長期高血壓、動脈硬化引起腎硬化症。

5. 體染色體顯性多囊腎。

6. 阻塞性腎病變：長期尿路阻塞會導致腎組織受傷害，到了慢性腎衰竭的階段時，即使阻塞的原因能去除，也無法使腎功能恢復正常。

7. 慢性間質性腎炎：如長期服用止痛劑、腎結核等。

三、慢性腎病進行階段

(一) 腎儲備功能減少期

　　在此時期不僅是患者無任何症狀，而且血清生化檢查也都正常；此時腎臟內腎元已損傷 50 %。

（二）腎功能不全期

此時殘存的正常腎元約為 30~50 %，而且血清尿素氮及肌酸酐會輕微的上升，但患者多無明顯症狀；有時病患會有多尿和夜尿的現象，這是因為尿液濃縮能力受損所致。

（三）腎衰竭期

腎功能明顯衰退，殘存的腎元在 30 %以下。腎臟體積縮小，血液中的尿素氮及肌酸酐顯著上升（稱為氮血症），伴隨貧血或酸血症等症狀；嚴重者血中鈣離子濃度下降、磷酸鹽基增加等變化都會出現。

（四）尿毒症

殘餘的腎元不到正常的 5~10 %，兩側腎臟萎縮，體內發生明顯的代謝變化及全身症狀如下：

1. **腸胃症狀**：噁心、嘔吐、腸胃道的不適。
2. **心肺症狀**：呼吸困難、喘氣。原因是腎臟無法排泄多餘的體液，使心臟無法負荷，引起心臟衰竭，並造成肺水腫。
3. **中樞神經系統症狀**：剛開始時會有疲倦、記憶力衰退、注意力衰退、嗜睡等症狀，進而發展到昏睡甚至昏迷的現象。
4. **周邊神經症狀**：如四肢末端感覺異常、四肢無力的現象。
5. **皮膚症狀**：皮膚乾燥、全身搔癢、抓痕明顯。
6. **肌肉、骨骼症狀**：由於活性維生素 D 在腎臟的合成減少及磷酸鹽經由腎臟排泄能力下降，進而促使血清中鈣值下降造成骨骼病變，稱為「腎骨病變」。
7. **造血器官症狀**：主要是因為腎臟無法製造「紅血球生成素」，以致紅血球數目不足形成貧血。

四、腎絲球疾病

（一）急性腎絲球腎炎

1. **定義**：腎絲球過濾的能力下降，主要是發炎所引起。
2. **常見原因**：最常見 A 群 β 溶血性鏈球菌感染有關。
3. **臨床診斷**：GFR 下降、BUN、creatinine 上升、寡尿。

（二）膜性腎小球腎炎(Membranous glomerulonephritis)

1. **定義**：主要是免疫複合物沉積於基底膜上皮，使基底膜變厚。

2. **常見原因**：成人腎病症候群的原因之一。

（三）腎病症候群(nephrotic syndrome)

1. **定義**：腎絲球不正常的損傷，致使基底膜的通透性增加，造成血中白蛋白流失滲透壓降低，循環血量減少出現水腫症狀。

2. **常見原因**：如全身性紅斑性狼瘡(systemic lupus erythematosus; SLE)、糖尿病和膜性腎絲球腎炎。

3. **臨床症狀**：蛋白尿(>3.5 g/day)尿液顏色深且呈泡沫狀、低白蛋白血症、水腫、膽固醇增加形成脂尿(lipiduria)。

五、腎小管和間質疾病

（一）腎小管壞死

1. **缺血性腎小管壞死**：低血壓和低血容積性休克所造成。

2. **急性腎小管壞死(acute tubular necrosis)**：最常見原因為缺氧；常見原因尚有鉛中毒、NSAIDs 與四氯化碳。

（二）慢性腎盂腎炎

1. 末期腎衰竭的常見原因。

2. 結石阻塞。

六、慢性腎衰竭併發症治療

（一）腎骨病變

1. **控制高磷血症**：理想的血磷數值是控制在 4.5~5.5 mg/dL 以下。

2. **補充鈣質**：末期腎病患者宜口服鈣片以補充鈣的不足，但血鈣如果高於 11 mg/dL 則要減量。

3. 補充維生素 D_3、給予低磷與高鈣飲食。

（二）高血壓

1. 低鈉飲食：鹽攝取每天不超過 3 公克。

2. 適當的運動有益於血壓的控制。

3. 透析治療可清除患者體內過多的鈉及水分。

（三）貧　血

1. 輸血及給予注射紅血球生成素是貧血最有效的治療方法。

2. 消化道出血，則應針對消化性潰瘍予以治療。

七、先天性腎臟疾病

（一）自體顯性遺傳之多囊性腎疾病(Autosomal dominant polycystic kidney disease; ADPKD)

1. 症狀：大部分在 40 歲後才開始長出腎臟囊泡，雙側腎臟漸次出現囊泡越來越多，出現腰痛，血尿，尿路感染以及尿路結石，而引發高血壓。

2. 位於第 16 對染色體上(16p13.3) PKD1 基因變異造成及 PKD2 基因位於第 4 對染色體上(4q21)。

（二）自體隱性體遺傳多囊性腎病(Autosomal recessive polycystic kidney disease)

1. 症狀：嬰兒期或幼童肝臟及腎臟的囊泡及纖維化。常有肝門靜脈周圍的纖維化，膽管的增生或肝門靜脈高壓等症狀。

2. 位於第 6 對染色體上(6p21.1-p12)上的 PKHD1 **基因變異**

（三）亞伯氏症候群(Alport Syndrome)

1. 症狀：進行性腎衰竭、耳聾和典型腎絲球基底膜(glomerular basement membrane; GBM)之變厚。

2. 位於 xq22.3 COL4A5 基因變異。

八、腎臟功能正常與衰竭比較

腎功能正常	腎衰竭病人
清除體內代謝廢物	1. 血液尿素氮及血清肌酸酐上升→噁心、嘔吐 2. 尿酸上升→繼發性痛風
調節水的平衡	下肢水腫、臉部浮腫、充血性心衰竭、肺水腫
調節電解質的平衡	1. 低鈉血症 2. 高鉀血症 3. 低鈣血症→肌肉顫抖、繼發性副甲狀腺高能症 4. 高無機磷血症
調節酸鹼的平衡	代謝性酸中毒
分泌荷爾蒙 1. 促紅血球生成素 2. 腎素 3. 活性 Vit. D$_3$	1. 下降→貧血 2. 上升→高血壓 3. 下降→低鈣血症

九、透析治療

大多的尿毒症狀都需要透析治療才能解除。

1. Fibrinogen：是透析患者的生化檢驗中最困擾醫檢師的物質，這是因為透析患者在體外血液透析（或腹膜透析）的過程中加入抗凝劑（一般用 Heparin）而影響其凝血功能所造成的，因為其 fibrinogen 作用變慢，致使在離心後尚有 fibrinogen 繼續作用而造成。

2. 使用 SST tube 則因為其可利用凝膠(gel)將紅血球(RBC)與血清(serum)分開，避免細胞中不必要的干擾也是可行的方法。

3. 在上機前觀察是否尚有 fibrinogen 是很重要的一環，否則若因此而使探針(probe)阻塞而造成系統錯誤(system error)。

4. **透析前與透析後之主要生化項目結果比較：**

	正常人	透析前	透析後
尿素氮(BUN)	7~18 mg/dL	↑	↓
肌酸酐(Creatinine)	0.6~1.2 mg/dL	↑	↓

	正常人	透析前	透析後
尿酸(UA)	3.5~7.2 mg/dL	↑	↓
鈉	135~145 mEq/L	↓	↑
鈣	8.6~10.0 mg/dL	↓	↑
鉀	3.4~5.0 mEq/L	↑	↓
磷酸鹽	2.7~4.5 mg/dL	↑	↓
血色素		↓	不一定
HCO_3^-	22~26 mmol/L	↑	↑
總蛋白	6.5~8.3 g/dL	↓	↑
白蛋白	3.5~5.5 g/dL	↓	↑
副甲狀腺素		↑	不一定
血糖	70~110 mg/dL	↑	不一定
紅血球生成素		↓	不一定
Serum Iron	65~170 µg/dL	Normal / ↓	不一定
TIBC		↑	不一定

十、糖尿病腎病變分期

1. **第一期**：腎絲球血流量增加，腎臟較正常為大，此期又稱為高過濾期。

2. **第二期**：腎絲球過濾率大於正常，腎絲球基底膜變厚，間質增加，少量白蛋白流失到尿液，這種現象稱為微蛋白尿。

3. **第三期**：尿液中白蛋白流失增加，正式進入糖尿病腎病變。這個時期，部分病患會有輕度蛋白尿、高血壓、水腫等現象。

4. **第四期**：部分腎絲球開始硬化，腎絲球過濾率開始降低，並有大量蛋白尿。這個時期病人幾乎都有高血壓、水腫、腎機能不全的症狀。

5. **第五期**：病患進入腎臟病變末期，大部分腎絲球硬化，腎絲球過濾率小於每分鐘10毫升，會產生腎衰竭症狀。

十一、常用利尿劑

(一) Furosemide

1. **作用位置**：亨利氏環，也會作用於腎小管的近端與遠端。

2. **藥理作用**：抑制鈉離子與氯離子的再吸收。

3. **適應症**：高血壓、充血性心衰竭、肝硬化及腎臟疾病（包括腎病症候群）所引起的水腫。

(二) Thiazides

1. **作用位置**：腎小管遠端。

2. **藥理作用**：抑制鈉離子與鉀離子的再吸收，而增加鈉、鉀和水分的排出量。

3. **適應症**：
   (1) 水腫：作為因充血性心衰竭、肝硬化和皮質類固醇與動情素所導致水腫的治療。
   (2) 腎功能不全（腎病症候群、急性腎絲球腎炎、慢性腎衰竭）。
   (3) 高血壓。

精選實例評量

Review Activities

1. 下列有關痛風的敘述，何者為誤？(A)利尿劑不宜與 salicylate 併用　(B)急性痛風發作時應即刻使用降尿酸藥劑　(C)長期控制血尿酸濃度小於 6.8 mg/dL 可使痛風石(tophi)溶解　(D)Allopurinol 可使尿酸製造及排泄減少

2. 下列何者與 PKHD1 基因異常最有關？(A)隱性體遺傳多囊性腎病(autosomal recessive polycystic kidney disease)(B)顯性體遺傳多囊性腎病(autosomal dominant polycystic kidney disease)　(C)髓質囊腫病(medullary cystic disease)　(C)威爾姆氏瘤(Wilms tumor)

3. 人類氮的代謝物，主要是以哪一種形式排出？(A)氨　(B)尿素　(C)尿酸　(D)肌酸酐

4. 下列哪一項非腎病症候群之臨床特徵？(A)低白蛋白血症　(B)高血脂症　(C)24小時尿蛋白超過 3.5 克　(D)多喝

5. 快速進行腎絲球腎炎之病理特徵為腎絲球內出現何種病變？(A)新月體　(B)結節　(C)基底膜堆積　(D)膠原蛋白

6. 欲偵測早期、可逆性之糖尿腎病變時，可測定下列何種檢驗項目？(A)尿中之微白蛋白　(B)血中之微球蛋白　(C)尿中之微球蛋白　(D)血中之微白蛋白

7. 急性腎絲球腎炎是由於感染到何種有致病性的溶血性鏈球菌所引起？
(A) A 群 α 型　(B) A 群 β 型　(C) B 群 α 型　(D) B 群 β 型

8. 慢性腎衰竭，下列抽血檢驗結果何者正確？　(1)血清肌酸酐上升　(2)血中尿素氮上升　(3)血紅素下降　(4)血鉀下降　(5)血磷上升(A) (1)(2)(3)(4)　(B) (1)(2)(3)(5)　(C) (2)(3)(4)(5)　(D) (1)(3)(4)(5)

答案　1.B　2.A　3.B　4.D　5.A　6.A　7.B　8.B

9-3　腎功能檢查

一、腎絲球過濾機能檢查(CCR＝GFR)

1. **內生性指標**：肌酸酐（排出量 90 ％）、cystatin C 與尿素(urea)（cystatin C 是 13 KDa 的非糖化基本蛋白質，可被腎絲球自由地過濾），cystatin C 其專一性優於 creatinine，可作為慢性腎臟病變(CKD)初期偵測指標。

2. **外生性指標**：菊糖（排出量 100 ％）、sodium thiosulfate 與 iohexol。
   核子醫學的廓清率檢查：主要以 ^{99m}Tc-DTPA、^{51}Cr-EDTA 或 ^{125}I-iothalamate。

3. **廓清試驗(Clearance test)（腎絲球過濾速率）**：
   (1) 廓清率：
      a. 廓清率＝U（尿中濃度 mg/dL）×V（每分鐘尿量 mL/min）／血中濃度(mg/dL)。
      b. 校正後廓清率＝U（尿中濃度 mg/dL）×V（每分鐘尿量 mL/min）／血中濃度(mg/dL)×校正因子（1.61/A 體表面積）。

說 明

某人測得血清肌酸酐濃度為 1.8 mg/dL，尿液肌酸酐濃度為 78 mg/dL，尿量為 0.6 mL/min，則其肌酸酐廓清率為多少 mL/min？

➲肌酸酐廓清率＝78×0.6/1.8＝26 (mL/min)

---

(2) 肌酸酐廓清率(CCR)操作方法：喝 500mL 水，收集 2 小時尿液分析，並同時採血檢測之。

參考值：

平均值	男　性	女　性
120±20 mL/min	97~137 mL/min	88~128 mL/min

(3) 菊糖廓清試驗(Inulin clearance test)：100 %由腎絲球濾出，為真正腎絲球過濾速率。

4. **GFR 下降**：
   (1) 急慢性腎絲球損傷。
   (2) 生理性：老年人 GFR 較低。

5. **調控機制**：經由近腎絲球腎器調控。

6. GFR 降至 50 %以下，血液中的 BUN 及 creatinine 會開始上升。

7. 微白蛋白尿症(microalbuminuria)為糖尿病性腎病變指標。

二、腎小管機能檢查

濃縮試驗、稀釋試驗(mosenthal)、酚磺肽試驗(phenolsulfonphthalein; PSP)。

(一) 濃縮試驗

1. **目的**：
   (1) 檢測亨利氏環。
   (2) 檢測遠曲小管的機能。
   (3) 觀測尿液中 osmolality。

2. **操作方法**：病人須 24 小時禁止喝水，收集 12 小時尿液分析 3 次，並同時採血檢測之。

3. 判讀結果：

正　常	異　常
尿比重＞1.025（三次其中一次）	尿比重＜1.020（連續三次）

4. 限制者：
   (1) 水腫、心衰竭、尿毒症或夜間多尿者。
   (2) 無葡萄糖及蛋白質下，尿比重＞1.025。

(二) Mosenthal 氏濃縮法

1. 目的：檢測亨利氏環。

2. 操作方法：正常飲食，從早上 8 點至晚上 8 點，每 2 小時測尿比重。

3. 判讀結果：

正　常
1. 尿比重＜1.003（任何一次）
2. 排出總尿量＞1200 mL

4. 限制者：水腫現象者。

(三) 酚磺肽試驗(Phenolsulfonphthalein; PSP Test)

1. 目的：
   (1) 檢測腎絲球機能。
   (2) 腎血流機能檢測。
   (3) 檢測腎小管分泌機能（94 %於近曲小管排出；6 %於腎絲球濾出）。

2. 操作方法：先喝下 500mL 的水，30 分鐘後靜脈注射 1mL 的 PSP (6 mg/mL)分別於 15、30、60、120 分鐘收集尿液。

3. 判讀結果：若低於此值表示腎小管分泌機能不佳。

時　間	PSP 總排出量
15 分鐘	＞ 25%
60 分鐘	＞ 40%
120 分鐘	＞ 60%

三、腎血流量機能檢查(Renal Plasma Flow; RPF)

(一) p-Aminophippuric(PHA) 試驗（或 ^{125}I）

1. **目的：**
   (1) 檢測腎絲球過濾速率。
   (2) 腎小管分泌速率機能試驗。
   (3) 測定腎臟有效腎血漿流速。

2. **腎血流量**＝U（尿中濃度 mg/dL）× V（每分鐘尿量 mL/min）／血中濃度(mg/dL) × 校正因子（1.61/A 體表面積）。

3. **參考值：** 560~830 mg/mL。

四、腎元部位相關之腎機能檢查

	菊糖廓清試驗	肌酸酐廓清試驗	濃縮試驗	PSP 試驗	PHA 腎血漿流量
腎絲球	v	v		v	v
近曲小管				v	
亨利氏環			v		
遠曲小管			v		
腎血管				v	v

精選實例評量

Review Activities

1. 下列何種物質是外生性的且適合做為腎絲球過濾速率的評估？(A) creatinine (B) cystatin C　(C) α_2 -microglobulin　(D) iohexol

2. 下列何者不屬於腎小管機能試驗？(A) Concentration test　(B) Clearance test　(C) PSP test　(D) Dilution test

3. 測定腎絲球過濾功能的實驗？(1) PHA test　(2) PSP test　(3) Creatinine clearance test　(4) Concentration test。(A)(1)+(2)　(B)(3)+(4)　(C)(1)+(3)　(D)(1)+(4)

4. 測定腎小管分泌功能的實驗？(1) PHA test　(2) PSP test　(3) Creatinine clearance test　(4) Concentration test。(A)(1)+(2)　(B)(3)+(4)　(C)(1)+(3)　(D)(1)+(4)

5. 測定腎小管損傷指標？(1) NAG　(2) β_2-MG　(3) HbA$_{1c}$　(4) NAC。(A)(1)+(2) (B)(3)+(4)　(C)(1)+(3)　(D)(1)+(4)

6. 若 U=尿中肌酸酐之濃度，P=血中肌酸酐之濃度，V=每分鐘之尿流量，則肌酸酐 之腎廓清率(renal clearance)的基本計算公式為：(A) PV/U　(B) UV/P　(C) UP/V (D) U/VP

7. 下列何者不是腎機能檢查項目？(A) BSP 試驗　(B)濃縮試驗　(C) PHA 腎血漿流量 (D) PSP 試驗

8. 下列有關腎功能的檢查，何者正確？(A)菊糖廓清試驗為腎小管機能試驗　(B)肌 酸酐廓清試驗為腎絲球的過濾機能試驗　(C)酚磺肽試驗為腎再吸收功能試驗 (D)濃縮試驗為腎絲球過濾機能試驗

9. 有關腎功能的測定，下列何者錯誤？(A)可以利用菊糖的血漿清除率估算腎絲球 過濾率　(B)利用對位胺基馬尿酸(PAH)的清除率估算腎臟血流速率　(C)正常情 形下葡萄糖的血漿清除率為零　(D)正常情形下菊糖的血漿清除率最小

答 案　　1.D　2.B　3.C　4.A　5.A　6.B　7.A　8.B　9.D

 9-4 非蛋白氮代謝

一、非蛋白氮(Nonprotein Nitrogen; NPN)

1. **定義**：血液、血清、組織液等蛋白沉澱後之上清液含氮化物總稱為非蛋白氮 (nonprotein nitrogen; NPN)或殘餘氮(residual nitrogen)，至少有 15 種以上。

2. **主要成分**：血清非蛋白氮化合物之濃度為 15~35 mg/dL。

成　分	濃度(mg/dL)	總 NPN 百分比
尿素氮(Urea N)	6~20	45%
尿酸(Uric acid)	男 4.5~8.0	20%
	女 3.0~6.5	
胺基酸	2.8~5.8	20%

成　分	濃度(mg/dL)	總 NPN 百分比
肌酸酐(Creatinine)	0.5~1.5	5%
肌酸(Creatine)	0.1~0.5	1~2%
氨(Ammonia)	0.015~0.045	0.2%

3. **腎功能指標**：尿素、尿酸、肌酸酐等含氮化合物分別為蛋白質、核酸及肌酸之代謝廢物，大都經由腎臟排出，可當作腎功能的指標。

4. **臨床意義**：

   (1) 非蛋白氮增加稱為氮血症(azotemia)。

   (2) 蛋白質代謝亢進。

   (3) 腎功能障礙引起（除非腎絲球過濾機能損壞之一以上，但血中 NPN 變動不大）。

   (4) NPN 與血清尿素或肌酸酐有平衡增減的關係。

5. **測定法**：

   (1) Kjeldahl 灰化法（測蛋白質和 NPN）。

   (2) 參考值：20~35 mg/dL。

二、尿素氮

1. BUN(blood urea nitrogen)相對 Urea N (SUN; serum urea N)。

2. 尿素(urea)為胺基酸經去氮作用、尿素循環（肝臟的粒線體與細胞質中進行），再經由腎臟排出。

3. 佔 NPN 的 45~50%。

4. 反應蛋白質代謝、腎臟、肝臟、腎上腺內分泌功能。

5. 測量法：Fearon 反應：diacetylmonoxime 在酸性下加熱，形成 diazine 以 540nm 比色（加入 thiosemicarbazide 及 Fe^{3+} 加強穩定呈色）。

6. 參考值：6~20 mg/dL。

7. BUN / NPN ＝ 0.42~0.48。

<0.4	重症肝病
>0.65~0.8	腎機能不全

分類	方　法	測定原理	結　果
化學法	1.Fearon 法 （Diacetylmonoxine 法）	Urea ＋ Diacetyl condenses	Diazine（黃）
	2.增加顏色	外加 Thiosemicarbazide & Ferric ions	540 nm（紫）
酵素法	Urease 法 1.Urease-glutamate dhase	1st Step Urea $\xrightarrow{\text{Urease}}$ NH_4^+ NH_4^+ ＋ 2-oxglutarate $\xrightarrow{\text{Glutamate DHase}}$ Gultmate ＋ H_2O	340 nm
	2.Urease-Berthelot	NH_4^+ ＋ Nitroprusside $\xrightarrow{\text{Phenol+ OCl}^-}$ Indophenol	540 nm（藍紫）

註：　Urea (mg/dL)= Urea N ×2.14

　　　Urea(mg/dL)=Urea(mmol/L×0.36)

三、肌酸酐(Creatinine)

1. 由一分子肌酸(creatine)脫水合成。

2. 不受腎小管再吸收及飲食影響，全由腎絲球過濾排出（優於 BUN 的腎功能指標）。

3. 測量 creatinine 的 Jaffe 反應所需試劑為 picric acid、NaOH 生成橘色複合物。干擾物質：葡萄糖、維生素 C 等。

4. 參考值：0.5~1.5 mg/dL 尿液中，可排出 0.5~1.5 g/day。

5. 增加於腎機能不全。

6. BUN/Creatinine：

>20	胃腸道出血、大量攝取蛋白質
<10	腎衰竭、嚴重肝病

7. Creatinine 與肌肉量有關；GFR、RPF 與體表面積有關。

8. 血液中氨(ammonia)由尿素代謝而來，檢體需冰浴；若為尿液檢體則需加入 thymol 保存。

分類	方　法	測定原理	結　果
化學法	Jaffe 法	Creatinine＋Alkaline picrate（苦味酸） $\longrightarrow$ Creatinine - picrate complex 正誤差：Glucose 與 Vit. C	橘紅色
酵素法	1. Creatininase/ck	EC3.5.2.10≒Creatinine amidohydrolase Creatinine $\xrightarrow{\text{Cretininase amidohydrolase}}$ Creatine $\xrightarrow{\text{Cretine kinase}}$ Creatine phosphate ＋Phospoenolpyruvate $\xrightarrow{\text{Pyruvate kinase}}$ Pyruvate＋ATP $\xrightarrow{\text{Lactate DHase}}$ Lactate	340nm
	2. Creatininase & 　Creatinase	1st：Creatinine $\xrightarrow{\text{Cretininase}}$ Creatine $\xrightarrow{\text{Cretinase}}$ Sarcosine＋Urea 2nd：Sarcosine＋O_2 $\xrightarrow{\text{Sarcosine oxidase}}$ Formaldehyde+Glycine $\xrightarrow{\text{Peroxidase}}$ Colored product	
	3. Creatinine 　deaminase	EC3.5.4.21≒Creatinine iminohydrolase 1st：Creatinine $\xrightarrow{\text{EC3.5.4.21}}$ N-Methylhydantoin N-Methylhydantoin $\xrightarrow{\text{Amidohydrolase}}$ N-Carbamoylsarcosine $\xrightarrow{\text{Amidohydrolase}}$ Sarcosine $\xrightarrow{\text{Oxidase}}$ Formaldehyde＋Glycine 2nd：MBTH-S＋TBHB $\xrightarrow{\text{Peroxidase}}$ Azino dye＋HBr	

四、肌酸(Creatine)

1. 在肝、胰、腎由 arginine 與 glycine 合成 creatine，供肌肉、腦形成 phosphocreatine。

2. 可被腎小管再吸收，女＞男。

3. 參考值：0.2~0.8 mg/dL。

4. 肌肉萎縮疾病時，其值會增加。

5. 肌酸生合成過程：

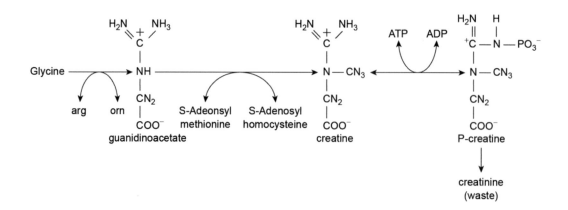

五、尿酸(Uric Acid)

1. **嘌呤類(Purine)**：如 G (guanosine)、A (adenosine)代謝物產生：

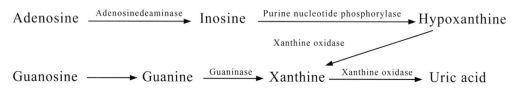

2. **內在合成**：肝臟、骨髓、肌肉(0.5~0.9 g/day)。

3. **外在來源**：食物攝取，如魚、豆類等。

4. 60~80 %由尿液排出（再吸收於近曲小管、分泌於遠曲小管）；30 %經膽汁、腸胃道，細菌分解後由糞便排出。

5. **臨床意義**：有助於痛風診斷($>$10mg/dL)。

   (1) 痛風性關節炎：

   　　a. 尿酸過高、結石沉積。

   　　b. 好發大拇趾。

   　　c. 合併膽固醇與三酸甘油酯(TG)上升。

   (2) 異嘌呤醇(Allopurinol)：

   　　a. Nucleotide analogs。

   　　b. 抑制 xanthine oxidase。

   　　c. 治療痛風。

(3) 高尿酸症(Hyperuricemia)＞10mg/dL。

疾　　病	機　　制	症　　狀
原發性痛風	PRPP synthease	關節痛
Lesch-Nynan 症	HGPRT	自殘行為、舞蹈症
Von Gierk 症	Gucose-6-phosphotase	低血糖、肝腎腫大
白血病、淋巴瘤	細胞核分解增加	

6. **測量法**：

　　Henry 法：鹼性環境下可將鎢酸還原成藍色產物，含 Li_2SO_4 可防止混濁。

7. **參考值**：4.5~8.0 mg/dL (M: 7 mg/dL; F: 6 mg/dL)。

■ 萊希– 尼亨症候群(Lesch-Nyhan Syndrome)

1. 次黃嘌呤－鳥嘌呤轉磷酸核糖基酶(hypoxanthine-guanine phosphoribosyl transferase) 缺乏（HGPRT 基因有單點突變），造成 purine 過量製造，而形成尿酸(uric acid)的 過量堆積。

2. 主要發生在男性，約 3~5 個月大時就會產生症狀。

3. X 染色體隱性遺傳(Xq26-q27.2.1)。

4. 症狀包括全身肌肉無力，智障以及嚴重的自虐行為。自虐行為包括：咬自己的手、 咬自己的腳、挖眼睛、打頭、撞頭等。口腔周圍的自虐行為包括：咬嘴唇、咬頰 側、咬舌頭等，大多數死於腎衰竭或細菌感染。

5. **特徵**：高尿酸血症(hyperuricemia)、肌能不足(hypotonia)、心智發育遲緩(mental retardation)、水腫(swelling)、腦性麻痺(cerebral palsy)、自殘行為、舞蹈症(chorea)、 指痙症(athetosis)。

■ 舞蹈症(Chorea)

　　神經性疾患，是器質性功能異常或由傳染病所引起，出現不規則與不自主的身 體運動，尤其是指臉和四肢。

■ 指痙症(Athetosis)

　　身體各部分緩慢的、重複的、無意識的蠕動；與基底神經節受損傷有關。

舞蹈症與指痙症兩者合稱舞蹈指痙症(choreoathetosis)。

分　類	方　法	測定原理	結　果
還原法	磷鎢酸法	Uric acid ＋磷鎢酸＋O_2＋H_2O $\xrightarrow{OH^-}$ Allantoin＋Tungsten blue 需去除蛋白質	650~700nm（藍）
酵素法	Uricase 法 1.Uricase-Peroxidase	1st Step：Urate $\xrightarrow{Uricase}$ Allantoin $2H_2O_2$＋4-APP＋Phenol $\xrightarrow{Peroxidase}$ Quinoneimine＋$4H_2O$	505nm（紅）
	2.Uricase-Catalase	H_2O_2＋CH_3OH ⟶ H_2O＋HCHO HCHO＋Acetylacetone (or Chromotropic acid)⟶ Yellow complex	410nm（黃）
	3.Uricase-Electrode	陽極 H_2O_2 $\xrightarrow{氧化}$ H_2O＋O_2	

註：　Uric Acid 於 293 nm 有高吸光度
　　　負誤差：Bilirubin 和 hemoglobin

六、氨(Ammonia)

1. 氨對腦組織的毒性作用在於氨主要是干擾腦的能量代謝，使高能磷酸化合物（ATP 等）濃度降低。

2. 實驗檢體要求：
   (1) 需冰上運送，以 EDTA 或 Heparin 當抗凝劑。
   (2) 不受飲食影響。
   (3) 吸菸、Barbiturate，酒精會干擾。

3. 臨床疾病：
   (1) 肝衰竭：肝機能喪失引起的病症。
   (2) 雷氏症候群(Reye's syndrome)：
       a. 出現肝臟脂肪浸潤、血液氨上升及瀰漫性腦病變。
       b. 病理變化：肝、腦細胞之微細脂肪顆粒沉積。
       c. 主因兒童使用阿斯匹靈。

精選實例評量

1. 下列何者為肌酸 (creatine) 生合成過程所需要？ (A)S-腺苷甲硫胺酸 (S-adenosylmethionine)　(B)麩胱甘肽 (glutathione)　(C)乙醯輔酶 A(acetyl-CoA) (D)鳥胺酸(ornithine)

2. Fearon reaction 是用於測定血清中的：(A) Ammonia　(B) Uric acid　(C) Urea (D) Calcium

3. Jaffe 反應試劑除氫氧化鈉外尚有何物？(A)檸檬酸　(B)酒石酸　(C)苦味酸　(D) 鹽酸

4. 凱式法(Kjeldahl)測定蛋白質是以下列何者推算出蛋白質濃度？(A) Nitrogen content　(B) Imidazole group　(C) Peptide bond　(D) Tyrosine residue

5. 磷鎢酸(phosphotungstic acid)試劑可用來測量下列何者？(A)肌酸　(B)肌酸酐 (C)尿酸　(D)尿素

6. 以 Urease 法測定 BUN 的原理是：(A)氧化 urea 成 H_2O_2，再定量 H_2O_2　(B)分解 urea 成 CO_2，再定量 CO_2　(C)分解 urea 成 NH_3，再定量 NH_3　(D)分解 urea 成 NO_2， 再定量 NO_2

7. 正常人血清中尿素氮之濃度是多少？(A) 5~20 ng/dL　(B) 5~20 mg/dL (C) 5~20 g/dL　(D) 5~20 mg/L

8. 在 biuret 反應中，蛋白質與何種離子結合會呈現紫色反應？(A)鐵　(B)銀　(C)鋅 (D)銅

9. 高尿酸症多會出現於何種疾病？(1) Gout　(2) Von Gierke disease　(3) Hurler syndrome　(4) Wilson's disease。(A)(1)+(2)　(B)(3)+(4)　(C)(1)+(3)　(D)(1)+(4)

10. 下列哪一種非蛋白氮(NPN)受到飲食的影響最少？(A)氨　(B)尿酸　(C)尿素　(D) 肌酸酐

11. 下列有關尿素之敘述，何者錯誤？(A)可以被尿素酶水解產生氨　(B)尿素循環是 在腎臟進行　(C)高蛋白飲食會引起血中濃度升高　(D)腎臟疾病會造成血中濃 度升高

12. 用 Diacetylmonoxime 可檢驗血中：(A)肌酸酐　(B)尿酸　(C)胺基酸　(D)尿素

13. 應用苦味(picric acid)當試劑的 Jaffe 反應，可用來定量下列何物？(A)氨　(B)肌酸 酐　(C)尿素　(D)尿酸

14. 利用尿酸酶測定血中尿酸，下列敘述何者錯誤？(A)藉由偵測反應產生之 O_2 量來評估尿酸含量　(B)反應試劑中需有 peroxidase　(C)最後之呈色使用 phenol 類似物和 4-aminophenazone　(D)會受到血中 ascorbic acid 和 bilirubin 之干擾

15. 在體組織代謝中所產生的氨會被進一步轉化為何種形式再被送至肝臟代謝？
    (A) Uric acid　(B) Urea　(C) Arginine　(D) Glutamine

16. 目前臨床上較可靠的腎功能指標是下列哪一項？(A) Blood urea nitrogen　(B) Serum creatinine　(C) Urine creatinine　(D) 24hr creatinine clearance

17. 由肌酸(creatine)轉變為肌酸酐(creatinine)經過了下列何種反應？(A)脫水　(B)脫氫　(C)氧化　(D)還原

答案　1.A　2.C　3.C　4.A　5.C　6.C　7.B　8.D　9.A　10.D　11.B　12.D　13.B
　　　14.A　15.D　16. D　17.A

10 Chapter

臨床酵素學

本章大綱

學習目標

1. 掌握酵素基本特性。
2. 熟悉輔因子、活化劑和濃度選擇。
3. 掌握 K_m 值的意義與臨床價值。
4. 瞭解同功酶的意義。
5. 熟悉常見酵素的臨床意義。

10-1　酵素的基本特性、分類與命名

一、基本特性

1. 只能催化熱力學允許的化學反應，縮短達到化學平衡的時間。
2. 不改變平衡點。
3. 催化劑在化學反應的前後沒有質和量的改變。
4. 作用機制是降低反應的活化能(activation energy)。
5. 高度的專一性。

二、分類法

(一) 氧化還原酶類(Oxidoreductases)

1. **定義**：指催化反應物進行氧化還原反應的酶類。
2. **例如**：乳酸去氫酶、琥珀酸去氫酶、細胞色素氧化酶、過氧化氫酶等。

(二) 轉移酶類(Transferases)

1. **定義**：指催化反應物之間進行某些基團的轉移或交換的酶類。
2. **例如**：轉甲基酶、轉胺酸、己糖激酶、磷酸化酶等。

（三）水解酶類(Hydrolases)

1. **定義**：指催化反應物發生水解反應的酶類。

2. **例如**：澱粉酶、脂酶、磷酸酶、蛋白酶等。

（四）裂解酶類(Lyases)

1. **定義**：指催化一個反應物分解為兩個化合物或兩個化合物合成為一個化合物的酶類（意指共價鍵生成或裂解）。

2. **例如**：檸檬酸合成酶、醛縮酶等。

（五）異構酶類(Isomerases)

1. **定義**：指催化各種同分異構物之間相互轉化的酶類。

2. **例如**：磷酸丙糖異構酶、消旋酶等。

（六）合成酶類（連接酶類(Ligases)）

1. **定義**：指催化兩分子反應物合成為一分子化合物，同時需消耗 ATP 形成化學鍵的酶類。

2. **例如**：tRNA 連接酶等。

二、命名法

（一）習慣命名法

1. 一般採用反應物加反應類型而命名，如蛋白水解酶、乳酸去氫酶、磷酸己糖異構酶等。

2. 對水解酶類，只要反應物名稱即可，如蔗糖酶、膽鹼酯酶、蛋白酶等。

3. 有時出現一酶數名或一名數酶的現象。

（二）系統命名法

酶的系統命名和 4 個數位分類的酶編號。例如對催化下列反應酶的命名。

> **範 例** ATP+D-葡萄糖→ADP+D-葡萄糖-6-磷酸
>
> **說 明**
>
> 正式系統命名
>
> ATP：葡萄糖磷酸轉移酶，表示該酶催化從 ATP 中轉移一個磷酸到葡萄糖分子上的反應。
>
> 分類：E.C.2.7.1.1,E.C
>
> 1. 第 1 個數位(2)代表酶的分類名稱（轉移酶類）。
>
> 2. 第 2 個數位(7)代表亞類（磷酸轉移酶類）。
>
> 3. 第 3 個數位(1)代表亞亞類（以羥基作為接受器的磷酸轉移酶類）。
>
> 4. 第 4 個數位(1)代表該酶在亞亞類中的排號（D-葡萄糖作為磷酸基的接受器）。

 ## 10-2　酵素的作用機制與動力學

一、作用機制

1. 降低反應活化能，加速反應的進行。
2. 形成中間複合物，改變了原來反應的途徑。

二、動力學

其影響因素主要包括：酶的濃度、反應物的濃度、pH、溫度和抑制劑等。

(一) 酶濃度對反應速度的影響

1. 在一定的溫度和 pH 條件下，當反應物濃度大大超過酶的濃度時，酶的濃度與反應速度呈正比關係。反應速度而隨溫度上升而減緩，形成倒 V 形或倒 U 形曲線。
2. 大多數酶的反應速度對 pH 作圖曲線為鐘型向下的曲線。

（二）反應物濃度對反應速度的影響

在酶的濃度不變的情況下，反應物濃度對反應速度影響的作用呈現矩形雙曲線。

1. **一級反應**：在反應物濃度很低時，反應速度隨反應物濃度的增加而增加，兩者呈正比關係。

2. **零級反應**：無論反應濃度如何升高，反應速度不再增加。

（三）麥克－曼坦方程式(Michaelis-Menten Equation)

Michaelis 和 Menten 提出：

$V = V_{max} [S]/K_m + [S]$

V_{max}：指該酶促反應的最大速度。

[S]：為反應物濃度。

K_m：是 Michaelis 常數。

V：是在某一反應物濃度時相應的反應速度。

1. 當反應物濃度很低時，$[S] << K_m$，此時 $V \fallingdotseq V_{max}/K_m + [S]$，反應速度與反應物濃度呈正比。

2. 當反應物濃度很高時，$[S] >> K_m$，此時 $V \fallingdotseq V_{max}$，反應速度達最大速度，反應物濃度再增高也不影響反應速度。

3. $[S] \fallingdotseq K_m$，反應速度達最大速度之一半，$V = 1/2 V_{max}$。

4. 轉換率(Turnover number; kcat)：在酵素作用下，反應物每秒轉換成產物數量的值。

（四）Michaelis 常數的意義

> **說 明**
>
> 當反應速度為最大速度一半時，麥克－曼坦方程式可以變換如下：
>
> $½V_{max} = V_{max} [S]/K_m + [S]$
>
> $K_m = [S]$
>
> K_m 值等於酶反應速度為最大速度一半時的反應物濃度。

(五) K_m 和 V_{max} 的求法

1. Lineweaver-Burke 作圖（又稱雙倒數作圖）：

$$1/V_0 = K_m/V_{max} \cdot 1/[S] + 1/V_{max}$$

2. 可得知：

(1) $1/V_0$ 對 $1/[S]$ 的作圖得一直線，其斜率是 K_m/V。

(2) 在縱軸上的截距為 $1/V_{max}$，橫軸上的截距為 $-1/K_m$。

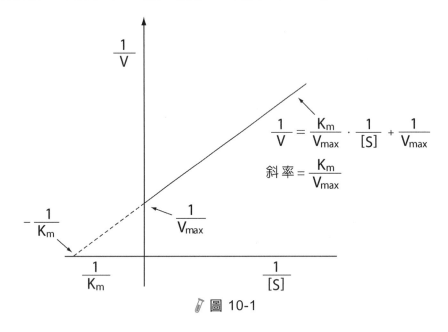

🧪 圖 10-1

(六) 抑制劑對反應速度的影響

凡能使酶的活性下降而不引起酶蛋白變性的物質稱做酶的抑制劑(inhibitor)。

1. 不可逆性抑制作用(Irreversible inhibition)：不可逆性抑制作用的抑制劑，通常以**共價鍵**方式與酶的必需基團進行不可逆結合，而使酶喪失活性，按其作用特點，又有專一性及非專一性之分。

(1) 非專一性不可逆抑制酶：抑制劑與酶分子中一類或幾類基團作用，不論是必需基團與否，皆可共價結合，由於其中必需基團也被抑制劑結合，從而導致酶的失活。如某些重金屬(Pb^{2+}、Cu^{2+}、Hg^{2+})及對氯汞苯甲酸等。

(2) 專一性不可逆抑制酶：此抑制劑專一作用於酶的活性中心或其必需基團，進行共價結合，從而抑制酶的活性。有機磷殺蟲劑能專一作用於膽鹼酯酶活性中心的絲胺酸殘基，使其磷酸化而不可逆抑制酶的活性。

2. **可逆性抑制作用**(Reversible inhibition)：抑制劑與酶以**非共價鍵**結合，酶的活性能恢復，即抑制劑與酶的結合是可逆的，大致可分為以下二類。

(1) 競爭性抑制作用(Competitive inhibition)：

　　a. 定義：抑制劑(I)和反應物(S)對酵素(E)的結合有競爭作用，因此抑制劑能與酵素的活性中心結合和反應物競爭酵素活化中心,但已結合反應物的 ES 複合體，不能再結合 I。

　　b. 特性：(a)加大反應物濃度,可使抑制作用減弱,故與酵素的結合是可逆的。(b) V_{max} 不變，K_m 上升。

　　c. 例子：丙二酸(malonate)及草醯乙酸(oxaloacetate)皆和琥珀酸(succinate)的結構類似，會競爭檸檬酸循環中琥珀酸去氫酶(succinate dehydrogenase)。

　　d. 反應速度公式及作圖：

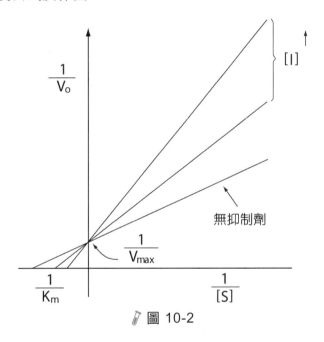

圖 10-2

(2) 非競爭性抑制作用(Non-competitive inhibition)：

　　a. 定義：抑制劑(I)和反應物(S)與酵素(E)的結合完全互不相關，也不促進結合，抑制劑可以和酵素結合生成 EI，也可以和 ES 複合物結合生成 ESI，不能釋放形成產物(P)。

　　b. 特性：I 和 S 在結構上一般無相似之處，增加反應物濃度並不能減少 I 對酵素的抑制程度。

　　c. 例子：鉛與蛋白質中 Cysteine 的硫氫基(sulfhydryl)側鏈形成共價鍵結，不可逆的鍵結。

c. 反應速度公式及作圖：

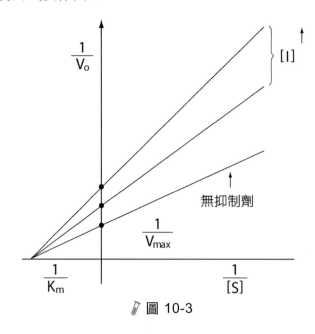

圖 10-3

(3) 不競爭性抑制劑(Uncompetitive inhibition)：

定義：抑制劑(I)會結合至反應物(S)與酵素(E)的複合物，生成 ESI。

特性：V_{max} 下降，K_m 下降

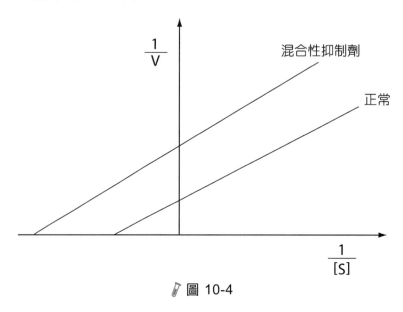

圖 10-4

(4) 混合性抑制劑(mixed-type inhibition)：

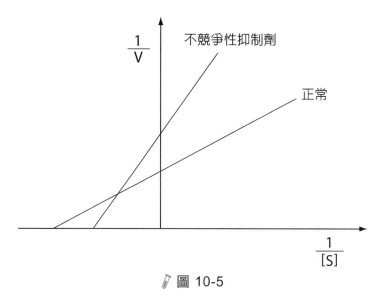

　　圖 10-5

(七) 酵素活性

1. 定義：

   (1) 酵素活性單位(unit)：指在單位時間（1 分鐘）內，酵素使受質減少（或產物增加）的量；表示一分鐘內，催化 1 μmole 受質的酵素量定義為 1 IU。

   (2) 酵素比活性(specific activity)：每 1 mg 的蛋白質含有多少酵素活性單位(unit)，以 unit/mg 表示。

   (3) 酵素 katal 的活性：國際系統單位(SI unit)表示為 1 秒鐘 1 mole 受質的變化量 (1 mol/sec)定義為 1 kata，濃度單位：kat/L。

2. 單位：

   (1) 酵素活性濃度單位表示式：kat/L。

   (2) IU 與 SI 單位的換算式：

   1n kat/L=0.06 U/L

   1IU=1.67 n kat

3. 正常上限倍數(ULN)：

   (1) 目的：克服 pH、溫度、基質、輔酶及測定時間等不同條件的方法。

   (2) 定義：正常上限倍數(ULN)係將測定值除以正常上限值以獲得倍數值。

(3) 特點：

　　a. 可以簡化酵素活性的數值。

　　b. 可作為不同實驗室間品管調查比較之用。

精選實例評量

Review Activities

1. 下列有關酵素之競爭型抑制(competitive inhibition)之敘述，何者錯誤？(A)抑制劑與受質競爭和酵素的結合　(B)其雙倒數圖型為斜直線，且相交於 Y 軸一點　(C) Vmax 不變，Km 上升　(D)為一不可逆抑制反應(irreversible inhibition)

2. 關於競爭型抑制劑(competitive inhibitor)的敘述，下列何者錯誤？(A)競爭型抑制劑能與酵素的活性中心結合　(B)競爭型抑制劑的存在會使酵素 Km 上升　(C)競爭型抑制劑的存在會使酵素 Kcat 下降　(D)競爭型抑制劑與酵素的結合是可逆的

3. 下列關於非競爭型抑制劑(uncompetitive inhibitor)的敘述，何者正確？(A)非競爭型抑制劑係結合於酵素的活性中心，使受質無法結合　(B)非競爭型抑制劑與酵素結合後會改變酵素活性中心的結構，阻斷反應的進行　(C)非競爭型抑制劑的存在會使酵素的 Km 上升　(D)酵素反應之 Vmax 不受非競爭型抑制劑的影響

4. 下列有關不競爭型抑制(uncompetitive inhibition)之敘述，何者正確？(A) Vmax 不變，Km 上升　(B) Vmax 下降，Km 下降　(C)在不同抑制劑濃度下，其雙倒數圖型為斜直線，且相交於 Y 軸一點　(D)在不同抑制劑濃度下，其雙倒數圖型為斜直線，且交點落於第二象限或 X 軸上

5. 下列有關非競爭型抑制作用(noncompetitive inhibition)之敘述，何者正確？(A)可增加酵素之最大作用速率(Vmax)　(B)抑制劑和受質結構相似　(C)酵素之 Km 不變　(D)可以高濃度受質去除抑制作用

6. 某抑制劑會使酵素反應的 Km 上升，但是不影響最高反應速率（即 Vmax 不變），此抑制劑應屬於下列何者？(A)競爭型抑制劑(competitive inhibitor)　(B)不競爭型抑制劑(uncompetitive inhibitor)　(C)非競爭型抑制劑(noncompetitive inhibitor)　(D)混合型抑制劑(mixed inhibitor)

7. 利用 Lineweaver-Burk 圖所繪出之兩條直線，其一為有酵素抑制物，另一為無抑制物存在之狀況。若此兩條直線呈平行時，則此種抑制型式為：(A) Competitive inhibition　(B) Noncompetitive inhibition　(C) Uncompetitive inhibition　(D) Mixed inhibition

8. 在酵素反應中，則隨著溫度上升，反應速率曲線呈現下列哪一種圖形？(A)直線 (B)一端往上的拋物線　(C)兩端往上的曲線　(D)兩端下垂的鐘形曲線

9. 測定酵素活性所使用國際單位(international unit; IU)的定義為下列何者？(A)每分鐘催化 1 μmol 的受質轉換所需之酵素量　(B)每分鐘催化 1 mmol 的受質轉換所需之酵素量　(C)每秒鐘催化 1μmol 的受質轉換所需之酵素量　(D)每秒鐘催化 1 mmol 的受質轉換所需之酵素量

10. 動力學分析顯示某酵素與其突變型對相同受質的 K_m 值分別為 0.001 與 0.0001 mM，由此數據可知：(A)突變酵素催化的反應在較低受質濃度時達到飽和　(B)突變導致酵素與受質的親和力下降　(C)突變酵素的催化速率較快　(D)野生型酵素對此受質的專一性較高

11. 若有一酵素反應，V_{max} 的 93 %為其反應速率，此時受質濃度約為下列何者？(A) 5 倍 K_m　(B) 10 倍 K_m　(C) 13 倍 K_m　(D) 18 倍 K_m

12. 下列酵素中，何者可將葡萄糖或膽固醇轉化產生 H_2O_2，後者再導入 coupling 反應達到偵測這些分析質的酶濃度？(A) Oxidase　(B) Catalase　(C) Dismutase　(D) Dehydrogenase

13. 在酵素催化反應中，若基質(substrate)的濃度達 1/2 K_m，請問此反應起始速率(initial reaction velocity)為何？(A) 0.25 V_{max}　(B) 0.33 V_{max}　(C) 0.50 V_{max}　(D) 0.75 V_{max}

14. 在酵素催化反應中，若基質(substrate)的濃度為 0.25 × K_m，請問此反應起始速率為 V_{max} 的百分之幾？(A) 20　(B) 25　(C) 30　(D) 35

15. 下列有關 K_m 值之敘述，何者錯誤？(A)相當於 1/2 V_{max} 的受質濃度　(B)其值愈大時表示酵素－受質親和力愈小　(C)競爭性(competitive)抑制作用時 K_m 值下降 (D)非競爭性(noncompetitive)抑制作用時 K_m 不變

16. 下列有關酵素活性之敘述，何者錯誤？(A)零級反應之受質濃度＞＞Km (B)一級反應適合做受質濃度之測定　(C)零級反應適合做酵素活性之測定　(D)一級反應應選用 Km 值較小之酵素來分析

答案　　1. D　2.C　3.B　4.B　5.C　6.A　7.C　8.D　9.A　10.A　11.C　12.A　13.B
　　　　14. A　15. C　16.D

10-3　同功酶

一、定　義

　　同功酶(isoenzyme)是指催化的化學反應相同，酶蛋白的分子結構、理化性質不同的一組酶，且有不同的 K_m。

二、特　性

　　存在於生物的同一種屬或同一個體的不同組織，甚至同一組織或細胞中。

三、常見同功酶

(一) 乳酸去氫酶(LDH) (EC 1.1.1.27)

1. 生化特性：
   (1) 由 H 和 M 次單元所組成的四聚體(tetramer)，共有五種不同組合的同功酶，皆能催化丙酮酸(pyruvate)轉換成乳酸的反應。
   (2) LDH 次單元可以分為兩型：骨骼肌型（M 型）和心肌型（H 型）。
   (3) 兩種次單元以不同比例組成五種四聚體即為一組 LDH 同功酶 LDH_1 (H_4)、LDH_2 (H_3M)、LDH_3 (H_2M_2)、LDH_4 (HM_3)和 LDH_5 (M_4)。
   (4) 在 pH8.6 之電泳條件下移向正極，其速度以 LDH_1 為最快，依次遞減，以 LDH_5 為最慢。

2. 特點：
   (1) 心肌中以 LDH_1 及 LDH_2 較為豐富。心肌梗塞時 LD1/LD2＞1，稱為 Flipped LD
   (2) 骨骼肌及肝臟中含 LDH_5 及 LDH_4 較多。
   (3) 成年人正常的含量：$LD_2＞LD_1＞LD_3＞LD_4＞LD_5$。
   (4) 檢體需室溫保存，不可冷藏或冷凍，溶血檢體影響檢測值。
   (5) 輔助診斷：
       a. 心肌受損病人血清 LDH_1 含量上升。
       b. 肝細胞受損者血清 LDH_5 含量上升。

（二）肌酸激酶(CK)及其同功酶 （EC 2.7.3.2）

1. 特性：

(1) 生理功能：磷酸肌酸含高能磷酸鍵，是肌肉收縮時能量的直接來源。

(2) 存在：3 種肌組織和腦組織中含量最高。

(3) 檢體溶血會造成嚴重之干擾，不可以使用含 EDTA 抗凝劑之採血管。

(4) 反應：

$$Creatine\ phosphate + ADP \xrightarrow[Mg^{2+},\ NAC,\ EDTA]{CK-B} Creatine + ATP$$

$$ATP + Glucose \xrightarrow[Mg^{2+}]{HK} ADP + Glucose\text{-}6\text{-}phosphate$$

$$Glucose\text{-}6\text{-}phosphate + NADP^+ \xrightarrow{G\text{-}6\text{-}PDH} 6\text{-}Phosphogluconolactone + NADPH + H^+$$

2. 種類：

(1) 組成：由兩種不同次單元（M 和 B）組成的二聚體，含 3 種同功酶，按電泳速率快慢順序分別為：CK-BB (CK$_1$)，CK-MB (CK$_2$)和 CK-MM (CK$_3$)，電泳時越接近正極數字越小。。

    a. CK-MiMi，電泳時速度最慢，故命名為 CK$_4$。

    b. Creatine kinase 不穩定，需加入 NAC 防止其在空氣中形成雙硫鍵。

    c. 添加 AMP 來抑制 adenylate kinase

    d. 免疫抑制法測定其同功酶常使用 Anti-CK-M 抗體測定 CK-MB 或 CK-BB。。

(2) 分布：CK 主要存在於骨骼肌、心肌、腦組織中，此外還存在於一些含平滑肌的器官，如胃腸道、子宮內。

(3) 參考值：成年男性 15~160 U/L (37℃)；女性為 15~130 U/L (37℃)。

(4) 臨床意義：

    a. 上升：可見於激烈運動、甲狀腺功能低下。

    b. 用於早期診斷急性心肌梗塞(acute myocardial infarction; AMI)（特別 CK-MB）。

（三）胺基轉移酶(ALT EC 2.6.1.2, AST EC 2.6.1.1)及其同功酶

1. 反應：

ALT 催化下列反應：

$$\alpha\text{-ketoglutarate} + Alanine \underset{}{\overset{ALT}{\rightleftharpoons}} glutamate + Pyruvate$$

$$Pyruvate + NADH + H^+ \underset{}{\overset{LD}{\rightleftharpoons}} Lactate + NAD^+$$

AST 催化下列反應：

$$\alpha\text{-ketoglutarate} + \text{Aspartate} \xrightleftharpoons{\text{AST}} \text{glutamate} + \text{oxaloacetate}$$

$$\text{oxaloacetate} + \text{NADH} + \text{H}^+ \xrightleftharpoons{\text{MD}} \text{malate} + \text{NAD}^+$$

2. **輔因子**： pyridoxal-5'-phosphate

特性：

(1) AST 與 ALT 有兩種同功酶分別存在於細胞質(c-AST)和粒線體(m-AST)中。

(2) 分布：

　　a. AST 依含量為：心臟＞肝臟＞骨骼肌＞腎臟，還有少量存在於胰腺、脾臟、肺臟及紅血球中。

　　b. ALT 依含量為肝臟＞腎臟＞心臟＞骨骼肌等，與 AST 相比，在各器官中含量都比 AST 少。

3. **檢體收集**：採用血清為測定標本，4℃冰箱中貯存一週，血清中 ALT 的半衰期比 AST 長。。

4. **參考值**：ALT 為 6~37 U/L (37℃)，AST 為 5~30 U/L (37℃)。

5. **臨床意義**：

疾　病	ALT	AST	AST/ALT
慢性病毒性肝炎	可達 10~100 倍正常上限	程度沒有 ALT 明顯	＜1.0
重症肝炎（肝細胞廣泛壞死）	不超過 20 倍正常上限	增高程度常超過 ALT	＞1.0
肝硬化	輕度增高		＞1.0
心肌梗塞(AMI)	正常或輕度升高	明顯升高，與 CK 和 LD 同時併用	＞1.0
肌肉損傷	正常或輕度升高	可高達 2~5 倍正常上限	＞1.0

（四）鹼性磷酸酶(ALP) (EC 3.1.3.1)

1. **生化特性**：

(1) 鹼性環境中能水解很多磷酸單酯化合物的酶，內含有鋅離子，需要鎂和錳離子為活化劑。可使用 2-amino-2-methyl-1-propanol 為反應的緩衝液，而且含有 $MgCl_2$。

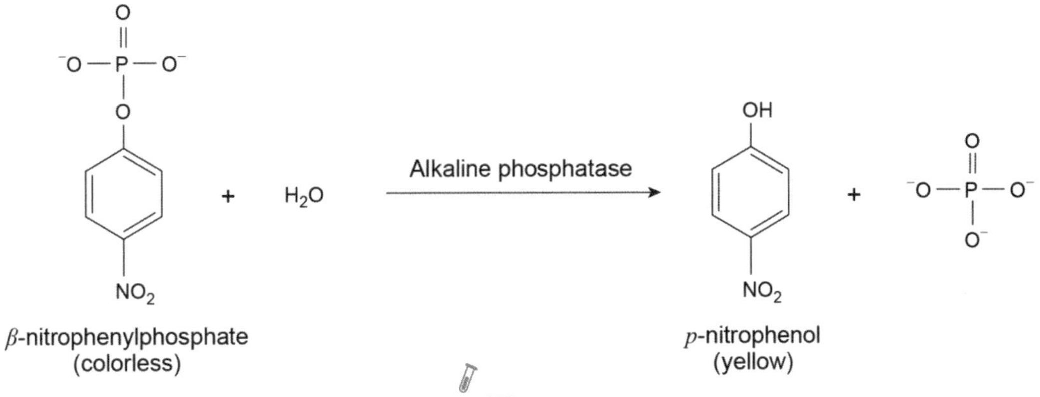

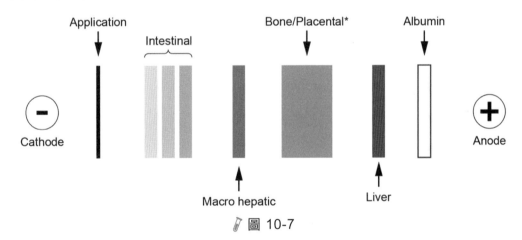

圖 10-6

(2) 骨的鈣化作用密切相關。以 Neuraminidase 處理後可移除骨骼型 ALP 上的 sialic acid，使其電泳移動得比肝臟型 ALP 慢進行分離。

(3) Nagao isoenzyme 來源為 germ cells；胎盤型抵抗 56℃加熱 30 分鐘不產生熱變性。

(4) 分布：含量順序肝臟＞腎臟＞胎盤＞小腸＞骨。

圖 10-7

2. **檢體收集**：血清為測定標本，宜空腹採血，明顯溶血標本會干擾測定結果，停經後血清 ALP 升高。。

3. **參考值**：30~90 U/L (30℃)。

4. 臨床意義：

疾　　病	ALP
變形性骨炎（Paget 病）	極度上升，可達 50 倍正常上限
佝僂病（軟骨症）	可升達 1~3 倍正常上限
骨折	輕度升高
阻塞性黃疸	明顯升高，可達 10~15 倍正常上限
肝癌（原發，繼發）	常明顯上升
甲狀腺低能症	下降
惡性貧血等	下降
遺傳性鹼性磷酸酶缺乏或下降症	下降

（五）γ-麩胺醯轉移酶(γ-GT)及其同功酶(EC 2.3.2.2)

1. 生化特性：

(1) 將 γ-glutamyl 基團轉移至 glycerglycine（為 glutamyl acceptor）上。

(2) 分布：含量順序排列：腎臟＞前列腺＞胰臟＞肝臟＞脾臟＞腸＞腦等。
男性血中 γ-GT 含量明顯高於女性，可能與前列腺含有豐富的 γ-GT 有關。

(3) 酗酒會引起 γ-GT 明顯升高，升高程度與飲酒量有關。

2. 檢體收集：是一較穩定的酶，室溫中 2 天、4℃放 1 週活性無變化，-20℃可儲存 1 年。

3. 參考值：男性為 6~45 U/L；成年女性為 5~30 U/L。

4. 臨床意義：

疾　　病	γ-GT
膽道疾病	明顯升高，可達 5~30 倍正常上限
肝實質疾病（肝炎，肝硬化）	輕度升高，可達 2~5 倍正常上限
肝癌（原發，繼發）	明顯升高且陽性率高

精選實例評量　Review Activities

1. 酗酒者血清中哪一種酵素會升高？(A)澱粉酶 (Amylase)　(B)膽鹼酯酶 (Cholinesterase)　(C)酸性磷酸酶 (Acid phosphatase)　(D)γ-麩胺醯轉移酶 (γ-Glutamyltransferase)

2. 有關 isoenzymes 的敘述，下列何者最為正確？(A)皆存在於細胞內同一個胞器或區間(compartment)中　(B)皆是由同一基因所製造的　(C)能催化相同的反應　(D)對相同受質作用的速率或動力學(kinetics)特性必然相同

3. 當血清儲存於室溫下時，哪一種酵素活性降低幅度最大？(A)脂酶(Lipase)　(B)肌酸激酶(Creatine kinase)　(C)乳酸去氫酶(Lactate dehydrogenase)　(D)鹼性磷酸酶 (Alkaline phosphatase)

4. 鹼性磷酸酶的測定若以 4-nitrophenylphosphate 做為受質，則產物的顏色呈：(A)紫色　(B)藍色　(C)綠色　(D)黃色

5. 車禍骨折時血清中哪一種乳酸去氫酶的同功酶上升最高？(A) LD_1　(B) LD_2　(C) LD_3　(D) LD_5

6. 在偵測下列哪一種酵素時常加入吡哆醛-5′磷酸(pyridoxal-5′ phosphate)藉以活化酵素？(A)酸性磷酸酶(Acid phosphatase)　(B)鹼性磷酸酶(Alkaline phosphatase)　(C)酒精去氫酶(Alcohol dehydrogenase)　(D)丙胺酸轉移酶(Alanine aminotransferase)

7. 下列何者為正常人的天門冬胺酸轉移酶(AST)之數值？(A) 15 U/L　(B) 15 U/dL　(C) 15 U/mL　(D) 15 mg/dL

8. 下列有關 LDH 同功酶之敘述，何者正確？(A)肝惡性腫瘤會使同功酶 LD_1, LD_2 含量↑　(B)溶血會使同功酶 LD_4, LD_5 含量↑　(C) LD_3 是一種雜交同功酶(hybrid isoenzyme)　(D) LD-X 只存在於卵巢

9. 催化 L-aspartate→Oxaloacetate 反應之酵素為下列何者？(A) GOT　(B) GPT　(C) LDH　(D) MDH

10. 下列哪一項與 CK 活性測定活化無關？(A)添加 Mg^{2+}　(B)添加 NAC　(C)使用適量的 EDTA　(D)添加 8-hydroxyquinone

11. 下列有關鹼性磷酯酶(alkaline phosphatase; ALP)的敘述，何者錯誤？(A)幾乎全身各種組織都有　(B)需要兩價的陽離子，例如鈣、鐵離子等作為活化劑　(C) ALP 和小腸的脂質運送有關　(D) ALP 和骨頭的鈣化有關

12. 適合做為心肌梗塞晚期指標(late marker)是血清的下列何者？(A)肌蛋白 (Myoglobin)　(B)肌酸激酶-MB(CK-MB)　(C)肌鈣蛋白 T(cTnT)　(D)肌酸激酶總活性

13. 有關胺基轉移酶(aminotransferases)測定之敘述，下列何者是正確的？(A)可以做為肝細胞受損指標　(B)皆利用 NADH 的生成　(C)需添加 Mg^{2+}，做為活化劑　(D)需以生理食鹽水稀釋血清，以免活性下降

14. 下列何種 cardiac marker 分子量最大？(A) CK-MB　(B) cTnI　(C) cTnT　(D) myoglobin

15. 下列有關 AST 和 ALT 活性分析之敘述，何者錯誤？(A)試劑中皆需添加 pyridoxal-5'-phosphate　(B)可測定 340 nm 波長吸收值下降的速率　(C)試劑中皆以 lactate dehydrogenase 為偶合酵素　(D)試劑中皆含有 NADH

16. 在急性心肌梗塞時，血清中最早升高的心肌酶為下列何者？(A) LDH　(B) CK-MB　(C) AST　(D) Alkaline phosphatase

17. 乳酸脫氫同功酶(lactate dehydrogenase, LDH isoenzyme)分析可供臨床診斷參考，每種 LDH 同功酶都是由 H 和 M 型二種多胜肽組合成四聚體(tetramer)。下列敘述何者錯誤？(A)共有 5 種 LDH 同功酶，其組織分布量不同　(B)都能催化丙酮酸(pyruvate)轉換成乳酸的反應　(C)呈現相同的電泳移動性(mobility)　(D)具有不同的 V_{max} 和 K_m

18. 利用電泳分析肌酸激酶(creatine kinase; CK)的同功酶(isoenzyme)，發現在心肌梗塞(myocardial infarction)發生 24 小時內，何種肌酸激酶的同功酶增加最明顯？(A) CK_1 (B) CK_2 (C) CK_3 (D) Mitochondrial CK

19. 下列何者為測定 AST 時所使用的指示酶(indicator enzyme)？(A) Lactate dehydrogenase　(B) Glucose oxidase　(C) Malate dehydrogenase　(D) Creatine kinase

20. 下列有關血清乳酸脫氫酶的敘述，何者錯誤？(A)心肌梗塞後 48 小時升高，在 3~4 天後恢復正常　(B)心肌梗塞時 $LD_2／LD_1 > 1$　(C)心肌梗塞時，LD 出現上升的時間比 CK 和 AST 晚　(D)溶血檢體會造成 LD 偽陽性上升

答案　1.D　2.C　3.B　4.D　5.D　6.D　7.A　8.C　9.A　10.D　11.B　12.C　13.A

14.A　15.C　16.B　17.C　18.B　19.C　20.B

10-4　酵素各論

Clinical
Biochemistry

酵素名稱	縮　寫	來　源	臨床意義
Aldolase	ALD	心肌、骨骼肌	肌肉萎縮症、肌肉受傷
Amylase	AMS	唾腺、胰	急性胰臟炎、胰臟癌、使用鴉片病人
Cholinesterase	ChE	神經末梢、肺	下降：有機磷中毒、肝硬化 上升：甲狀腺高能症、糖尿病、肥胖
Creatine Kinase	CK	心、肌肉、腦	肌肉病變
Glucose-6-phosphate dehydrogenase	G-6-PD	紅血球	蠶豆症(hemolysate)進行分析
Glutamate dehydrogenase	GLD	肝、心、腎	肝實質細胞病變
α-Hydroxybutyrate dehydrogenase	HBD	肌肉、腎、腦、紅血球	心肌梗塞、肌肉萎縮
Isocitrate dehydrogenase	ICD	肝、心、肌肉、腎	肝實質細胞損傷
Lipase	LPS	胰	急性胰臟炎
5'-Nucleotidase	5'-NT(NTP)		阻塞性肝病變（膽道阻塞）
Sorbitol dehydrogenase	SDH	肝	糖尿病神經病變、肝損傷

※ Amylase 與 Lipase 的特性

	Amylase	Lipase
測定分析使用的受質	Maltopentaose	Olive oil
抑制酵素活性	Triglycerides	血紅素

1. 下列有關血清 cholinesterase 之敘述，何者正確？(A)又稱為 true cholinesterase (B)肝功能有問題時，會使血清 cholinesterase 活性增加　(C)其生理功能為調節正常之神經衝動的傳導　(D)可以 butyrylthiocholine 為受質來偵測血清活性

2. 下列有關酵素的敘述，何者正確？(A)測 amylase 活性需要加入 Mg^{2+}　(B)AST 是比 ALT 更具有肝特異性的酵素　(C)分辨同功酶可以利用電泳法、免疫化學法或是對熱穩定度　(D) creatine kinase 是 tetramer

3. 要區別不同來源的 alkaline phosphatase isoenzyme，下列作法何者錯誤？(A)可以用冷凍變性法來區別　(B)可以用尿素變性法來區別　(C)可以用電泳法來區別 (D)可以用 L-phenylalanine 來區別

4. 下列有關血清 5'-nucleotidase 活性分析之敘述，何者正確？(A)ADP 為常用之受質 (B)最佳之分析 pH 值為 10.3　(C)常用 xanthine oxidase 之反應為偶合反應　(D)在 4℃保存下，5'-nucleotidase 之活性於一天內即會降低一半

5. 下列何種受質可用來將 LD_1 與其他 LD isoenzymes 區分開來？(A) Lactate　(B) α-hydroxybutyrate　(C) Pyruvate　(D) Oxaloacetate

6. 以 oliver/rosalki method 作 CK 之測定時，檢體若有很高之 adenylate kinase 活性，則下列有關敘述何者錯誤？(A)可能為溶血檢體　(B)測定過程中 ATP 之形成增加 (C)測定結果將偏高　(D)加入 ADP 可以避免此干擾

7. 下列有關膽鹼酯酶的敘述，何者正確？(A)血清膽鹼酯酶是屬第 I 型　(B)腦灰質富含第 I 型膽鹼酯酶　(C)血清活性上升可以做為除蟲劑中毒指標　(D)血清活性可以反映肝臟排除功能

答案　1.D　2.C　3.A　4.C　5.B　6.D　7.D

11
Chapter

腫瘤標誌物

本章大綱

學習目標

1. 掌握腫瘤標誌物分類。

2. 掌握惡性腫瘤生化標誌的臨床意義。

3. 熟悉常用腫瘤標誌物的特性與臨床意義。

4. 熟悉腫瘤基因的特質。

 11-1　腫瘤標誌物的發展

　　最早在 1846 年，Bence Jones 即發現骨髓瘤患者尿液中有一種特殊的蛋白，被稱為 Bence Jones protein，為最早的腫瘤標誌物。

年代	腫瘤標誌物	發現者
1846	Bence-Jones Protein	H. Bence-Jones
1928	異位性激素綜合症候群	W. H Brown
1930	人類絨毛膜促性腺激素	B. Zondek
1932	促腎上腺皮質激素	H. Cushing
1949	血型抗原	K. Oh-Uti
1959	同功酶	C. Markert
1963	α-胎兒蛋白	G. I. Abelev
1965	癌胚抗原	P. Gold and S. Freeman
1969	腫瘤基因	R. Heuber and G. Todaro
1975	單株抗體	H. Kohler and G. Milstein
1985	抑癌基因	H. Harris, R. Sager and A. Knudson

11-2　腫瘤標誌物的分類

　　胚胎類腫瘤標誌物其定義為原本胎兒時期的一些蛋白，應隨胎兒的出生而逐漸停止合成和分泌，但因某種因素的影響，特別是腫瘤狀態時，會使得一些靜止狀態的基因啟動，重新開啟並分泌。

　　種類包括：腫瘤胚胎抗原、糖類標誌物、酶類腫瘤標誌物、激素類腫瘤標誌物、蛋白質類腫瘤標誌物、基因類腫瘤標誌物及其他類腫瘤標誌物等。

一、腫瘤胚胎抗原

(一) 癌胚抗原(Carcinoembryonic Antigen; CEA)

1. 生化特性：
   (1) 分子量：180~220kDa 的多醣蛋白，45%為蛋白質。
   (2) 合成：胎兒胃腸道上皮組織、胰和肝的細胞。
2. 臨床意義：腫瘤發展的監測（胃腸惡性腫瘤、肺癌、乳腺癌等）；抽菸的人 CEA 可能會輕度上升。
3. 檢測法：ELISA 和 RIA。

(二) α-胎兒蛋白(Alpha Fetoprotein; AFP)

1. 生化特性：
   (1) 分子量：為 70kD；α-球蛋白區的多醣蛋白，5 %為糖量分子量平均。
   (2) 合成：胎兒肝臟與卵黃囊。
   (3) 可與 lectin lens culinaris agglutinin（小扁豆凝集素）結合。
2. 臨床意義：
   (1) ALP-L3 肝癌明顯升高。
   (2) AFP 與 hCG 聯合檢測有助於生殖細胞腫瘤的分類和分期。
   (3) 15 週的孕婦血液中 AFP 升高為正常的 3~20 倍，表示胎盤早期剝離、先兆流產和胎死子宮內。
3. 測定方法：ELISA 與 RIA。

(三) 胰胚胎抗原(Pancreatic Oncofetal Antigen; POA)

1. 生化特性：

(1) 分子量：40kDa 的 α_2-球蛋白、醣蛋白。

(2) 合成：胎兒胰腺、胰癌患者的腫瘤組織。

2. 參考值：

血　清	參考範圍
正常人	7 kU/L
胰腺癌	20 kU/L

二、細胞角質蛋白(Cytokeratin)

(一) 組織多肽抗原(Tissue Polypeptide Antigen; TPA)

1. 生化特性：

(1) 分子量：分子量為 22 kDa，等電點 pI 為 5.7，單鏈胜肽。

(2) 存在：管狀或囊狀的內表皮細胞，為細胞質內細胞骨架主要成分之一。

(3) 特徵：與細胞角蛋白片段 18(cytokeratin 18 fragments; CYK18)有關。

2. 測定方法：ELISA 與 RIA。

3. 參考值：正常人群血清 TPA＜80U/L。

4. 臨床意義：

(1) 發炎時會上升。

(2) 與 AFP 合併測定，可使肝癌診斷陽性率明顯提高。

(3) 與 CEA 及 CA15-3 合併測定，可監測乳癌。

(4) 與 CEA 及 CA19-9 合併測定，可監測結腸直腸癌

(5) 與 CA125 合併測定，可監測卵巢癌。

(二) Cytokeratin 19 Fragments

1. 生化特性：

(1) 存在：為細胞質內細胞骨架主要成分之一。

(2) 特徵：CYFRA21-1 (cytokeratin fragment 21-1)與所有肺癌有關（特別在肺臟非小細胞癌）。

2. **測定方法**：ELISA、電化學冷光免疫分析法(ECLIA)。

3. **臨床意義**：肺臟非小細胞癌及食道鱗狀上皮細胞癌。

（三）鱗狀上皮細胞癌抗原(Sequamous Cell Carcinogen Antigen; SCCA)

1. **生化特性**：
    (1) 特性：為醣蛋白。
    (2) 特徵：與鱗狀上皮細胞癌有關。

2. **測定方法**：Immunoradiometric 分析法與微粒酵素免疫分析法(microparticle enzyme immunoassay 以 IMx 分析儀)。

3. **參考值**：正常參考值為 < 1.5　μg/L。

4. **臨床意義**：可發現於子宮頸、肺、皮膚、頭頸、消化道與泌尿道等處。

三、醣質抗原(Carbohydrate Antigen)又稱黏液性腫瘤標誌(Mucin Tumor Markers)

（一）醣質抗原 125 (Carbohydrate Antigen 125; CA-125)

1. **生化特性**：
    (1) 分子量：200~1000kDa，屬於醣蛋白。
    (2) 產生處：卵巢上皮細胞。
    (3) 特徵：與 OC-125 的單株抗體反應結合。

2. **測定方法**：EIA 與 RIA。

3. **參考值**：腫瘤患者的血清 CA-125 濃度 > 35kU/L。

4. **臨床意義**：卵巢癌與子宮內膜癌中發現。

（二）醣質抗原 15-3 (Carbohydrate Antigen 15-3; CA-15-3)

1. **生化特性**：
    (1) 分子量：300kDa，屬於醣蛋白。
    (2) 產生處：出現於乳房上皮（此為 episialin）。
    (3) 特徵：可被 DF3 與 115D8 兩種單株抗體辨識。

2. **測定方法**：ELISA 與 RIA。

3. **參考值**：正常參考值為 22~30 kU/L。

4. **臨床意義**：監測追蹤乳癌與卵巢癌的標誌。

(三) 醣質抗原 549 (Carbohydrate Antigen 549; CA 549)

1. **生化特性**：
   (1) 分子量：400 與 512 kDa，屬於酸性醣蛋白。
   (2) 產生處：出現於乳房。
   (3) 特徵：可被 BE4E 549 與 BC4N154 兩種單株抗體辨識。

2. **測定方法**：ELISA 與 RIA。

3. **參考值**：正常參考值為 11 kU/L。

4. **臨床意義**：監測乳癌與卵巢癌的標誌。

(四) 醣質抗原 27.29 (Carbohydrate Antigen 27.29; CA 27.29)

1. **生化特性**：
   (1) 成分：屬於醣蛋白。
   (2) 產生處：出現於乳房。
   (3) 特徵：可被 B27.29 單株抗體辨識。

2. **測定方法**：ELISA 與 RIA。

3. **參考值**：正常參考值為 < 27 ~ 30 kU/L。

4. **臨床意義**：CA27. 29 與 CA-15-3 應用在乳癌監測，不能用在篩檢早期乳癌。

(五) Mucin-like Carcinoma-associated Antigen (MCA)

1. **生化特性**：
   (1) 分子量：350 kDa，屬於醣蛋白。
   (2) 產生處：出現於乳房。
   (3) 特徵：可被 b-12 單株抗體辨識。

2. **測定方法**：ELISA 與 RIA。

3. **臨床意義**：應用在乳癌與卵巢癌的監測。

（六）Detection of a Pancreatic Cancer-associated Antigen (DU-PAN-2)

1. **生化特性：**
   - (1) 分子量：1000 kDa，屬於 mucin。
   - (2) 產生處：出現於胰臟，卵巢及其他上胃腸道癌。
   - (3) 特徵：可被 DU-PAN-2 單株抗體辨識。

2. **測定方法：** ELISA 與 RIA。

3. **臨床意義：** 應用在胰臟癌卵巢癌與腸胃癌監測。

四、血液抗原標誌(Blood Group Antigen)

（一）醣質抗原 19-9 (Carbohydrate Antigen 19-9; CA-19-9)

1. **生化特性：**
   - (1) 分子量：210 kDa，屬於醣蛋白。
   - (2) 來源：結構為 sialylated Lewis^{xa} (Le^{xa}) 血型抗原物質與唾液酸 Le^{xa} 的結合物。
   - (3) 特徵：可被 19-9 單株抗體辨識。

2. **測定方法：** ELISA 與 RIA。

3. **參考值：** 正常參考值為 < 37 kU/L。

4. **臨床意義：** 診斷胰臟癌及大腸直腸癌對於藥物治療的監視。

（二）醣質抗原 19-5 (Carbohydrate Antigen 19-5; CA-19-5)

1. **生化特性：**
   - (1) 分子量：屬於醣蛋白。
   - (2) 來源：結構為 Le^a 和 sialylated Lewis^{ag} 血型抗原物質。
   - (3) 特徵：可被 19-5 單株抗體辨識。

2. **測定方法：** ELISA 與 RIA。

3. **參考值：** 正常參考值為 < 37 kU/L。

4. **臨床意義：** 診斷胰臟癌、卵巢癌及腸胃道癌症。

(二) 醣質抗原 50 (Carbohydrate Antigen 50; CA-50)

1. **生化特性**：
    (1) 分子量：屬於黏液醣蛋白。
    (2) 來源：sialylated Lewis^a (Le^a)。
    (3) 特徵：可被 C50 單株抗體辨識。

2. **測定方法**：ELISA 與 RIA。

3. **參考值**：正常參考值為 0~ 30 kU/L。

4. **臨床意義**：胰臟、胃腸道與直腸等惡性腫瘤組織中。

(三) 醣質抗原 72-4 (Carbohydrate Antigen 72-4; CA 72-4)

1. **生化特性**：
    (1) 分子量：$> 10^3$ kD，屬於黏液醣蛋白。
    (2) 來源：sialylated Tn。
    (3) 特徵：乳腺癌的肝轉移中得到的腫瘤相關醣蛋白 TAG-72，可被 B27.3 與 cc49 單株抗體辨識。

2. **測定方法**：EIA 與 RIA。

3. **參考值**：正常者的血清 CA-72-4 濃度＜6.7kU/L。

4. **臨床意義**：可檢查出胃癌、腸癌與早期卵巢癌。

(四) 醣質抗原 242 (Carbohydrate Antigen 242; CA 242)

1. **生化特性**：
    (1) 來源：sialylated CHO。
    (2) 特徵：可被 C242 單株抗體辨識。

2. **測定方法**：EIA 與 RIA。

3. **參考值**：正常者的血清 CA242 濃度＜20 kU/L。

4. **臨床意義**：可檢查出胰臟癌與直腸癌。

五、酶類腫瘤標誌物

(一) 前列腺特異性抗原(Prostate Specific Antigen; PSA)

1. 生化特性：
   (1) 分子量：30~35 kDa，屬於 Serine 蛋白酶。
   (2) 特徵：為前列腺上皮分泌至精液中。

2. 測定方法：EIA 與 RIA。

3. 參考值：正常者的血清 PSA＞2.96μg/L。

4. 臨床意義：檢測和早期發現前列腺癌，可用於追蹤療效和是否復發。

(二) 神經元特異性烯醇酶(Neuron-Specific Enolase; NSE)

1. 生化特性：
   (1) 分子量：95 kDa，具有 5 種同功酶。
   (2) 特徵：糖解作用中的酵素，存在於神經元、周圍神經組織和神經內分泌組織。

2. 測定方法：ELISA 與 RIA。

3. 參考值：

正常人血清	參考範圍
男性	3.4~11.7μg/L
女性	2.9~9.6μg/L

4. 臨床意義：神經母細胞瘤的腫瘤標誌物與肺小型細胞肺癌的腫瘤標誌物。

(三) 酸性磷酸酶及其同功酶(Acid Phosphatase; ACP)

1. 生化特性：
   (1) 存在處：紅血球、前列腺、肝與脾。
   (2) 特徵：酸性環境下催化磷酸單酯水解的酶類。
   (3) 成分：屬於黏液醣蛋白。

2. 參考值：

正常人血清	參考範圍
ACP	0~5 U/L
PAP（前列腺酸性磷酸酶）	0~1.5 U/L

3. **臨床意義**：前列腺中含有豐富的 ACP，其活性主要存在於腺狀上皮和腺腔內的分泌物中，前列腺癌與良性前列腺肥大有增加的情況。

六、激素類腫瘤標誌物

(一) 抑鈣素(Calcitonin; CT)

1. **生化特性**：
   (1) 分子量：3.4 kDa，32 個胺基酸組成，甲狀腺 C 細胞分泌。
   (2) 特徵：抑制破骨細胞的生長，促進骨鹽沉積，增加尿磷，降低血鈣和血磷。
2. **測定方法**：RIA。
3. **參考值**：正常參考值＜100ng/L。
4. **臨床意義**：甲狀腺髓樣癌患者的抑鈣素可作為觀察臨床療效的標誌物。

(二) 人類絨毛膜促性腺激素(Human Chorionic Gonadotropin; hCG)

1. **生化特性**：
   (1) 分子量：45 kDa，有 α、β 兩個次單元組成，屬於醣蛋白激素（含糖 30％）。
   (2) 特徵：胎盤滋養層細胞分泌，其中 β-次單元具特異性。
2. **測定方法**：ELISA 與 RIA。
3. **參考值**（ELISA 法）：

正常人血清	正常人尿液
＜ 10 μg/L	＜ 30 μg/L

4. **臨床意義**：
   (1) 乳腺癌、睪丸癌、卵巢癌增高。
   (2) 子宮內膜異位症、卵巢囊腫等非腫瘤狀態時增高。

(三) 兒茶酚胺類激素(Catecholamines)

1. **生化特性**：
   (1) 包括腎上腺素(epinephrin)、正腎上腺素(norepinephrine)和 dopamine；是激素，又是神經傳遞物質。
   (2) 正常情況下，它是由腎上腺髓質中的一些交感神經節纖維末梢分泌。

2. **臨床意義**：如為神經母細胞瘤(neuroblastoma)、嗜鉻細胞瘤(pheochromocytoma)則其中的兒茶酚胺(catecholamines)會大量上升。通常其尿液中的 VMA、HVA、metanephrines 會大大的提高，可視為主要的標誌物。

五、蛋白質類腫瘤標誌物

(一) β₂-微球蛋白(Beta -2 Microglobulin)

1. **生化特性**：
   (1) 分子量：11 kDa 為 100 個胺基酸殘基組成的單鏈肽。
   (2) 人類白球血抗原(HLA)的輕鏈部分。

2. **臨床意義**：是惡性腫瘤的輔助標誌物，特別是 β-淋巴瘤，多發性骨髓瘤。

(二) C-peptide (Connecting Peptide)

1. **生化特性**：
   (1) 分子量：3.6 kDa，proinsulin 分解成 insulin 及 C-peptide。
   (2) 特徵：多用來評估糖尿病患者

2. **臨床意義**：監測 insulinoma。

(三) Ferritin

1. **生化特性**：
   (1) 分子量：450 kDa，儲鐵蛋白質，生產於肝臟、脾、骨髓及腫瘤細胞。
   (2) 特徵：多用來評估反映體內鐵質儲藏之多寡。

2. **臨床意義**：可發現於急性白血病，紅血球、白血球之惡性腫瘤，淋巴病以及各種惡性腫瘤（肺癌、肝癌、胰臟癌）。

(四) Bence-Jones Protein

1. **生化特性**：
   (1) 存在於多發性骨髓瘤患者的尿液中，為特殊熱沉澱性質的蛋白質。
   (2) 以輕鏈的二聚體存在，約 22.5 kDa，可以從尿液中排出。

2. **測定方法**：熱沉澱法、電泳免疫法最為常用。

3. **臨床意義**：良性蛋白血症與骨髓瘤的鑑識。

（五）NMP 22(Nuclear Mitotic Apparatus Protein)

1. **生化特性**：220 kDa，是一種存在於尿液檢體中的核蛋白物質。

2. **測定方法**：酵素免疫分析法。

3. **臨床意義**：美國藥檢局研究首先發現泌尿道的移行上皮細胞癌(TCC)患者的尿液檢體中 NMP22 活性升高。因此有人提出 NMP22 可作為 TCC 的腫瘤標誌物。

（六）膀胱腫瘤相關抗原(Bladder Tumor-Associated Antigen; BTA Antigen)

1. **生化特性**：存在於尿液檢體中的蛋白物質，為多胜肽的複合物。

2. **臨床意義**：是膀胱癌瘤的腫瘤標誌物，通常被認定為與侵襲性膀胱癌有密切的關係。

（七）妊娠特異性蛋白（Pregnancy Specific Protein 1)

1. **生化特性**：分子量：10 kDa，屬於醣蛋白。

2. **臨床意義**：是滋養層細胞與胚原細胞(trophoblastic and germ cell)的腫瘤標誌物。

（八）凝血酶前驅物(Prothrombin Precursor)

1. **生化特性**：為去-γ-羧基凝血酶(des-gamma-carboxy prothrombin)。

2. **臨床意義**：為肝細胞癌新興的腫瘤標誌物。

（九）S-100 protein

1. **生化特性**：屬於鈣結合蛋白。

2. **臨床意義**：S-100A4 在乳癌食道癌與腸胃癌會上升；S-100β 可用來診斷黑色素瘤。

精選實例評量　　　Review Activities

1. 下列腫瘤與相關標記的配對中，何者正確？(A) AFP－乳癌　(B) SCC Ag－子宮頸癌　(C) TdT－肺癌　(D) CA-19-9－肝癌

2. 有關 AFP(α-fetoprotein)之敘述，下列何者有誤？(A)是一種醣蛋白　(B)結構類似白蛋白　(C)在胎兒肝臟產生　(D)九週的胎兒含量最低

3. 關於 CG (chorionic gonadotropin)之敘述，下列何者有誤？(A)是一種醣蛋白　(B)在胎盤合成　(C)其 β 鏈之結構與 TSH 相似　(D)可做為唐氏症之篩檢

4. 下列何種檢驗有助於診斷嗜鉻細胞瘤？(A) Catecholamine　(B) Erythropoietin　(C) Progesterone　(D) Testosterone

5. 前列腺特異抗原(PSA)最常應用於哪一種檢驗？(A)懷孕　(B)貧血　(C)停經　(D)腫瘤

6. 下列何者可做為甲狀腺髓質癌的腫瘤標誌？(A)抑鈣素(Calcitonin)　(B) CA-125　(C) CA-19-9　(D)抗利尿激素(ADH)

7. 下列何者可做為卵巢癌的腫瘤標誌？(A) CA-19-9　(B) CA-125　(C) α-胎兒蛋白　(D) NSE

8. 孕婦血漿中 α-胎兒蛋白異常下降可能發生於下列何種情況？(A)胎兒先天性腎臟病　(B)胎兒神經管缺陷　(C)孕婦患有肝癌　(D)胎兒唐氏症

9. 下列有關 α-fetoprotein(AFP)與 lensculinaris agglutinin 的結合力之敘述，何者正確？(A)結合力較高的 AFP-L1 與肝硬化較有關　(B)結合力中等的 AFP-L2 與急性肝炎較有關　(C)結合力較高的 AFP-L3 與 yolksac tumors 較有關　(D)結合力較高的 AFP-L3 與肝癌較有關

10. 下面哪一項檢驗與唐氏症候群的篩檢有關？(A) 5-HIAA　(B) Unconjugated estriol　(C) L/S 比值　(D) VMA

11. 婦女血清中的人類胎盤絨毛膜性促素(β-hCG)的檢驗，在下列何種情況下濃度會降低？(A)子宮外孕　(B)絨毛膜瘤　(C)葡萄胎　(D)懷雙胞胎

12. 癌細胞轉移到骨骼時，尿中常出現下列何者？(A) Hydroxyproline　(B) Alkaline phosphatase　(C) TdT　(D) hCG

13. CA-19-9 腫瘤標誌是屬於下列何者？(A) Oncofetal protein　(B) Mucin glycoprotein　(C) Enzyme　(D) Hormone 或 Hormone 的接受器(Receptor)

14. 下列腫瘤標誌中，何者常被用來監控卵巢癌化學治療的成效？(A) CA-125　(B) CA-19-9　(C) CEA　(D) hCG

15. 有關 AFP (α-fetoprotein)的敘述何者錯誤？(A)是一種 Glycoprotein　(B)和肝癌有關　(C)在成人肝臟產生　(D)可測定 neural tube defects

16. 前列腺癌之篩檢常測血中之何種血清標誌？(A) Human chorionic gonadotropin(hCG)　(B) Prostate-specific antigen(PSA)　(C) Carcino-em(CEA)　(D) AFP

17. 有關前列腺特異抗原(PSA)之敘述，下列何者是正確的？(A)是一種四單體聚合物(Tetramer)，且不含醣類　(B)屬於 Kallikrein 家族　(C)是一種氧化還原酶　(D)在血清裡，95 %為游離型

18. 下列何者是非小細胞肺癌最佳的預後指標？(A) NSE　(B) CA15-3　(C)CA19-9　(D) CYFRA 21-1

19. 何種腫瘤標記與癌症之組合錯誤？(A) CA-19-9 與胰臟癌　(B) CA-125 與前列腺癌　(C) CA-15-3 與卵巢癌　(D) CA 549 與乳癌

20. 下列有關血清癌胚抗原(carcinoembryonic antigen, CEA)的敘述，何者錯誤？(A)抽菸的人 CEA 可能會輕度上升　(B) CEA 必須上升才能下大腸直腸癌之診斷 (C)大腸直腸癌病人，手術前都要檢測 CEA，以為術後追蹤比較之用　(D)大腸直腸癌病人，手術後 CEA 如未降到正常，表示可能切除不完全

答案　1.B　2.D　3.C　4.A　5.D　6.A　7.B　8.D　9.D　10.B　11.A　12.A　13.B
　　　14.A　15.C　16.B　17.B　18.D　19.B　20.B

 11-3　腫瘤基因標誌物

基因研究上兩個重要議題是：腫瘤抑制基因(tumor suppressor gene)和致癌基因(oncogene)。

一、腫瘤抑制基因(Tumor Suppressor Gene)

1. **定義**：正常細胞中亦存在，會控制正常細胞的複製，但能抑制細胞轉形和腫瘤發生的基因。當此類基因調節發生表示下降或基因出現缺失的現象後，可能導致癌病變的發生。

2. **腫瘤抑制基因與腫瘤的關係：**

基因名稱	染色體位置	相關腫瘤
APC	5q21	腺瘤狀多發性息肉，大腸癌
BRCA1	17q21	乳癌

基因名稱	染色體位置	相關腫瘤
BRCA2	13q	乳癌
CDH1	16q	瀰漫性胃癌
DCC	18q21	直腸癌、胃癌
NF1	17q11	神經纖維瘤、直結腸癌、黑色素瘤
NF2	22q	腦膜瘤、許旺細胞瘤
p53	17p13	肉瘤、乳癌、直腸癌、膀胱癌、肺癌、肝癌、腎細胞癌
RB	13q14	視網膜母細胞瘤與骨肉瘤
VHL	3p	腎細胞癌
WT1	11p13	威廉氏腫瘤(Wilm's tumor)

二、致癌基因(Oncogene)

1. **定義**：一群具有潛在的誘導細胞在癌症因子作用下，使得細胞生長、分化失控，造成惡性轉形的細胞癌變。

2. **致癌基因與腫瘤的關係：**

基因名稱	生理功能	相關腫瘤
bcl-2（ch 14:18 轉位）	阻斷細胞凋亡現象	白血病、follicular b cell lymphoma
c-erb B2 (Her-2/neu)複製	為 EGF receptor 家族成員	乳癌、卵巢癌、肺癌、膀胱癌
c-bcr/abl（ch 9:22 轉位）	細胞訊息傳遞	慢性骨髓白血病
RET (Tyrosine kinase receptor)	細胞訊息傳遞	甲狀腺癌
c-myc 轉位（轉錄因子）	基因調節	B 與 T 細胞淋巴瘤
N-myc 複製	基因調節	神經內分泌瘤
K-ras 突變	細胞訊息傳遞	胰臟癌、大腸癌、肺癌、膀胱癌
N-ras 突變	細胞訊息傳遞	急性骨髓白血病、神經母細胞瘤

精選實例評量

1. 家族性大腸息肉症(familial adenomatous polyposis)與下列何種基因變異關係最密切？(A) APC/β-catenin　(B) RB gene　(C) p53 gene　(D) TGF-β receptor

2. 食道鱗狀細胞癌，最少見有以下何種基因的突變或放大情形？(A) K-ras　(B) p53　(C) p16INK4　(D) CYCLIN D1

3. 下列何者基因和乳癌的形成最相關？(A) AFP　(B) CA-125　(C) CA-19-9　(D) BRCA 1

4. 下列何者為可誘導細胞增生的致癌基因？(1)abl (2)neu (3)K-ras (4)NF1 (5)WT1。(A)(1)(2)(3)　(B)(2)(3)(4)　(C)(3)(4)(5)　(D)(1)(4)(5)

5. 下列何種生長因子接受器，目前已作為癌症標靶治療攻擊之目標？(1)epidermal growth factor receptor (EGFR) (2)human epidermal growth factor receptor-2 (HER-2) (3)granulocyte-macrophage colony-stimulating factor receptor (GM-CSF receptor) (4)Tcell receptor。(A)(1)(2)　(B)(2)(3)　(C)(3)(4)　(D)(1)(3)

6. 下列何種致癌基因的功能，可歸類為生長因子(growth factor)？(A)KIT　(B)SIS　(C)H-RAS　(D)C-MYC

7. Multiple Endocrine Neoplasia 2 (MEN-2)是因為 RET gene 發生突變所致。RET 是一種 tyrosine kinase receptor，當它與其 Ligand 結合後，不會產生下列何種反應？(A) Receptor 會 dimerization　(B) Receptor kinase 會磷酸化自己　(C) Receptor kinase 會磷酸化其它蛋白質　(D)會造成細胞內 cAMP 上升

答 案　　1.A　2.A　3.D　4.A　5.A　6.B　7.D

Clinical
Biochemistry

12
Chapter

荷爾蒙檢驗實驗室診斷

12-1　激　素

一、一般特性

(一) 組　成

至少有三種型態，類固醇、多胜肽及蛋白質。

(二) 類固醇荷爾蒙

以膽固醇為先驅物。

1. **分泌處**：由四種器官分泌包括腎上腺(adrenal gland)、卵巢(ovary)、睪丸(testes)、胎盤(placenta)。

2. **特性**：
   (1) 不溶於水，需要攜帶蛋白。
   (2) 可直接穿越細胞膜，進入細胞核。
   (3) 相對而言半衰期長（60~100 分鐘）。

(三) 蛋白質

一般為 peptide 或 glycoprotein。

1. **Polypeptide**：insulin、glucagon、parathyroid、growth hormone、prolactin。

2. **Glycoprotein**：follicle stimulating hormone (FSH)、luteinizing hormone (LH)、thyroid-stimulating hormone (TSH)、human chorionic gonadotropin (hCG)。

3. 特性：

(1) 為水溶性。

(2) 半衰期短（5~60 分鐘）。

(3) 無法穿越細胞膜，必須與細胞膜外側之接受器結合，再透過 G-protein、adenylate cyclase、phospholipase C、second messenger (cAMP、DAG、IP_3)進行訊息傳遞作用。

(四) 氨類(Amine)

由胺基酸衍生而來。

1. 包括：catecholamine (epinephrine、norepinephrine)、thyroxine、triiodothyronine。

2. 生化性質介於蛋白質與類固醇荷爾蒙之間。

二、作用機制

(一) 激素分類

分　類	類固醇類	蛋白質類
種類	固醇類、T_3、T_4	多胜肽、蛋白質、醣蛋白
基本特性	脂溶性	水溶性
半衰期（血漿內）	長	短
作用影響	直接調節基因的作用	活化細胞內的酵素
訊息傳遞物	接受器－荷爾蒙的複合物	cAMP、DAG, IP_3、Ca^{2+}

(二) 激素接受器作用途徑

1. 類固醇類作用機轉：

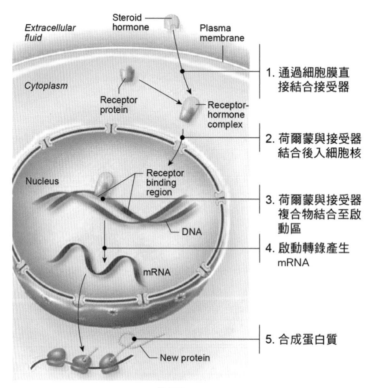

通過細胞膜直接結合接受器
1. 通過細胞膜直接結合接受器
2. 荷爾蒙與接受器結合後入細胞核
3. 荷爾蒙與接受器複合物結合至啟動區
4. 啟動轉錄產生mRNA
5. 合成蛋白質

圖 12-1

2. 蛋白質類

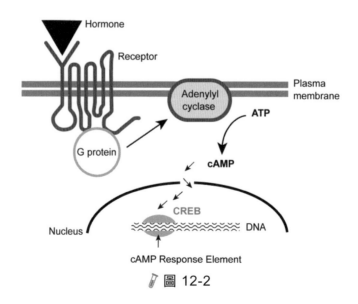

圖 12-2

三、內分泌系統組成器官

(一) 視丘－腦下垂體門脈系統

表 12-1　腦下腺前葉基本功能

下視丘激素	生長激素釋放素(GHRH) 生長激素抑制素(SRIF)	促腎上腺皮質激素因子(CRF)	甲狀腺刺激釋放素(TRH)	濾泡刺激激素釋放素(FSHRH)	黃體生成激素釋放素(LHRH)	催乳素抑制因子(PIF)
	成分　短胜肽(Short peptide)					
腦下垂體前葉細胞	Somatotropes	Corticotropes	Thyrotropin	Gonadotropes	Gonadotropes	Lactotropes
分泌激素	生長激素(GH)	促腎上腺皮質激素(ACTH)	甲狀腺刺激素(TSH)	濾泡刺激素(FSH)	黃體素(LH)	泌乳素(PRL)
	成分　單純蛋白(191 aa)	單純蛋白(39 aa)	醣蛋白(α: 89; β: 112)	醣蛋白(α: 89; β: 115)	醣蛋白(α: 89; β: 115)	單純蛋白(198 aa)
標的器官	全身每個細胞	腎上腺皮質	甲狀腺	卵巢	卵巢	乳腺
功能生理	1. 促進細胞體積增加 2. 細胞分裂增殖 3. 血糖升高	1. 血糖升高 2. 調節 Na^+ 的濃度	1. 提升新陳代謝率 2. 血糖升高	1. 第二性徵的成熟 2. 濾泡成熟	1. 第二性徵的成熟 2. 刺激排卵	1. 乳汁分泌 2. 乳腺發育

　　SRIF：somatotropin release-inhibiting factor。

1. 生長激素(GH)：

(1) 調節機制：

　　a. 促進分泌：GHRH、arginine、glucagon、L-Dopa 與運動。

　　b. 抑制分泌：somatostatin。

　　c. 胰島素拮抗：增加血中 glucose 濃度。

　　d. 促進醣類、脂質分解與促進蛋白質合成。

f. 會降低組織細胞對葡萄糖的利用

d. 刺激 insulin-like growth factor-1 (IGF-1)的分泌，活化 IGF-1 受體具有 tyrosine kinase 活性，能促進細胞生長。

(2) 臨床意義：

狀　況	疾　病
上升	1.小孩時，可引起巨人症(giantism) 2.成人時，可造成末端（肢端）肥大症(Acromegaly)
下降	侏儒症(Dwarfism)

(3) 測定方法：

a. 胰島素誘發低血糖試驗：正常情況下，注射胰島素後，血糖下降而腎上腺皮醇會上升。

b. 葡萄糖耐受性試驗。

c. RIA、ELISA。

(4) 參考值：

	腦下垂體前葉	血　液
成人	5~10 mg	＜5 ng/mL
小孩		＜1~20 ng/mL

2. 促腎上腺皮質激素(ACTH)：

(1) 調節機制：促進分泌：促腎上腺皮質激素因子(CRF)正向調控。

(2) 臨床意義：

狀　況	疾　病
上升	1. 庫欣氏症候群(Cushing's syndrome) 2. 異位性庫欣氏症候群 3. 腎上腺性庫欣氏症候群 4. 愛迪生氏病(Addison's disease)，即原發性腎上腺功能不足

(3) 特性：

a. 上午 8 點至 10 點最高的濃度，夜間為上午的 1/2。

b. 採血後加 EDTA 及冰上運送，立刻分離血漿。

(4) 測定方法：

    a. Dexamethasone suppression test：了解腎上腺皮質功能是否正常的篩選試驗，檢查 cortisol。

    b. 胰島素誘發低血糖試驗。

    c. RIA。

(5) 參考值：

狀　況	血　漿
正常	＜20 pg/mL
腦下垂體腎上腺皮質高能症	＜40~200 pg/mL

3. 甲狀腺刺激素(TSH)：

(1) 調節機制：

    a. 促進分泌：甲狀腺刺激釋放素(TRH)正向調控。

    b. 抑制分泌：血中甲狀腺素調控。

(2) 臨床意義：加速甲狀腺球蛋白(thyroglobulin)釋出甲狀腺素(thyroxine)。

狀　況	疾　病
上升	原發性甲狀腺低能症
下降	甲狀腺高能症(Hyperthyroidism; Thyrotoxicosis)

(3) 測定方法：

    a. 甲狀腺刺激素試驗：RAIU（放射性碘攝取率）。

    b. T_3 suppression test：口服 T_3，再抽血檢驗 Total T_4 以及 T_3，正常狀況為口服 T_3 而抑制 TSH 之分泌而導致 Total T_4、T_3 被抑制。

(4) 參考值：

TSH	血　漿
正常	0.5~6.0 μU/mL
TSH 增高	＞6.0 μU/mL
TSH 減少	＜0.1μU/mL

（二）腦下腺中葉

1. **分泌**：α-Melanocyte-stimulating hormone (α-MSH)。

2. **作用處**：皮膚。

3. **功能**：

    (1) 促進 melanocyte 合成黑色素，使皮膚變黑。

    (2) 可藉由瘦素(Leptin)與位於中樞神經的受體結合後刺激 α-MSH 釋放而抑制食慾。

（三）腦下腺後葉

1. **途徑**：下視丘視上核及室旁核經腦下腺柄至腦下垂體後葉。

2. **產生激素**：

    (1) 抗利尿激素(Anti-diuretic hormone；ADH)又稱精胺酸血管加壓素(Arginine Vasopressin)：

        a. 功能：

            (a) 使集尿管對水通透性大增，使水分回收。

                ‧分泌不足：引起夜尿及多尿，嚴重時導致尿崩症(diabetes insipidus)。
                （血漿中的鈉離子上升導致滲透壓會上升）。

                ‧分泌過多：引起低血鈉(hyponatremia)。

            (b) 幫助血管平滑肌收縮，促使血管收縮。

        b. 組成：短胜肽(short peptide)。

    (2) 催產素(Oxytocin)：

        a. 促進子宮平滑肌收縮。

        b. 哺乳期刺激乳汁的排射。

        c. 組成：短胜肽(short peptide)。

精選實例評量

Review Activities

1. 有關於激素的作用機制，下列敘述何者錯誤？　(A)激素與細胞膜上的接受器結合後可促使 ATP 分解　(B)激素與細胞膜上的接受器結合後可產生第二傳訊者　(C)激素可直接進入細胞核內活化特定基因　(D)激素與細胞質內的接受器結合時不需要第二傳訊者

2. 下列何種激素與其接受器(receptor)結合後，可形成 ligand-receptor complex 在細胞核調控基因的轉錄？　(A)甲狀腺激素　(B)胰島素　(C)腎上腺素　(D)升糖素

3. 有關泌乳素之敘述，下列何者是正確的？　(A)是由卵巢分泌　(B)是由腦下垂體分泌　(C)是一種醣蛋白　(D)會被 dopamine 刺激其分泌

4. 下列哪一荷爾蒙是由下視丘合成，貯存於腦下垂體，可以刺激子宮平滑肌的收縮？　(A) 黃體素 (Luteinizing hormone)　(B) 濾泡促素 (Follicle-stimulating hormone)　(C)促脂激素(β-lipotropin)　(D)催產素(Oxytocin)

5. 下列哪一荷爾蒙與血液滲透度的調控有關？　(A) ACTH　(B) ADH　(C) PTH　(D) Renin

6. 下列何種激素不屬於類固醇？　(A) Aldosterone　(B) Cortisol　(C) Testosterone　(D) TSH

7. 黃體(corpus luteum)的生成主要是受何種激素的影響？　(A) FSH　(B) LH　(C) TSH　(D) PRL

8. 胰島素接受器(insulin receptor)是屬於下列哪一類？　(A) Receptor tyrosine kinase 類　(B) G protein-coupled receptor 類　(C) Ligand-gated ion channel 類　(D) Nuclear receptor 類

9. 下列何者屬於生長激素的代謝效應？　(A)蛋白質合成增加　(B)肌肉利用脂肪酸減少　(C)磷酸鹽下降　(D)脂肪形成

10. 有關於人類女性的母乳分泌，下列敘述何者錯誤？　(A)母乳分泌是一種反射作用　(B)腦垂腺後葉所釋放的 ADH，可促使乳房的肌肉組織收縮，而使乳腺分泌乳汁　(C)吸吮乳頭的刺激所產生的神經衝動，直接傳送到腦垂腺後葉　(D)泌乳素亦可刺激乳腺製造乳汁

答案　　1.C　2.A　3.B　4.D　5.B　6.D　7.B　8.A　9.A　10.B

12-2　甲狀腺功能檢驗

一、特　性

濾泡細胞(follicular cell)分泌：甲狀腺素(thyroxine; T_4)、三碘甲狀腺素(triiodothyronine; T_3)、抑鈣素(calcitonin)。

1. **抑鈣素(Calcitonin)**：由甲狀腺(thyroid)副濾泡細胞或稱 C 細胞分泌；受血中鈣離子濃度調控。

2. **甲狀腺素**：

   (1) 血清中之濃度 $T_4 > T_3$（50 倍）；只有游離態的 T_3 (FT_3)、T_4 (FT_4)具有生理活性；活性 $FT_3 > FT_4$（3~4 倍）。

   (2) T_3、T_4 (>99 %)在血流中與甲狀腺素－荷爾蒙－結合蛋白結合。

   (3) 會促進產熱作用。

   (4) 甲狀腺素－結合蛋白(thyroxine-binding protein)：

   　　a. 甲狀腺素－結合球蛋白(thyroxine-binding globulin; TBG)：肝臟產生，在血液中主要與甲狀腺素 T_4（結合激素約 70~75 %）、T_3 結合。

   　　b. 甲狀腺素－結合前白蛋白(thyroxine-binding prealbumin; TBPA)：T_4（結合激素約 15~20 %），又稱轉甲狀腺蛋白(transthyretin)，對 T_4 有高親和性。

   　　c. 甲狀腺素－結合白蛋白(thyroxine-binding albumin; TBA)：T_4 (10 %)、T_3。

3. **T_3、T_4 之生合成**：周邊組織 T_4 利用 5'-deiodinase（5'-脫碘酶）去除單碘形成 T_3。碘離子被攝入甲狀腺腺泡上皮細胞後，在過氧化酶(perioxidase)的作用下，迅速氧化為活化碘，然後經碘化酶的作用使甲狀球蛋白中的酪氨酸殘基碘化，生成 MIT 和 DIT。再以縮合酶的作用可縮合成 T_4 或 T_3。

二、分析方法

1. **檢體收集**：血清，不需禁食，避免脂血與溶血。

2. **總甲狀腺素(TT_4)**：

   (1) RIA、ELISA、EMIT (enzyme-multiplied immunoassay technique)等免疫分析法測量。

   (2) 8-anilino-1-naphthalene-sulfonic acid(ANS)可促進甲狀腺素自結合蛋白中釋出。

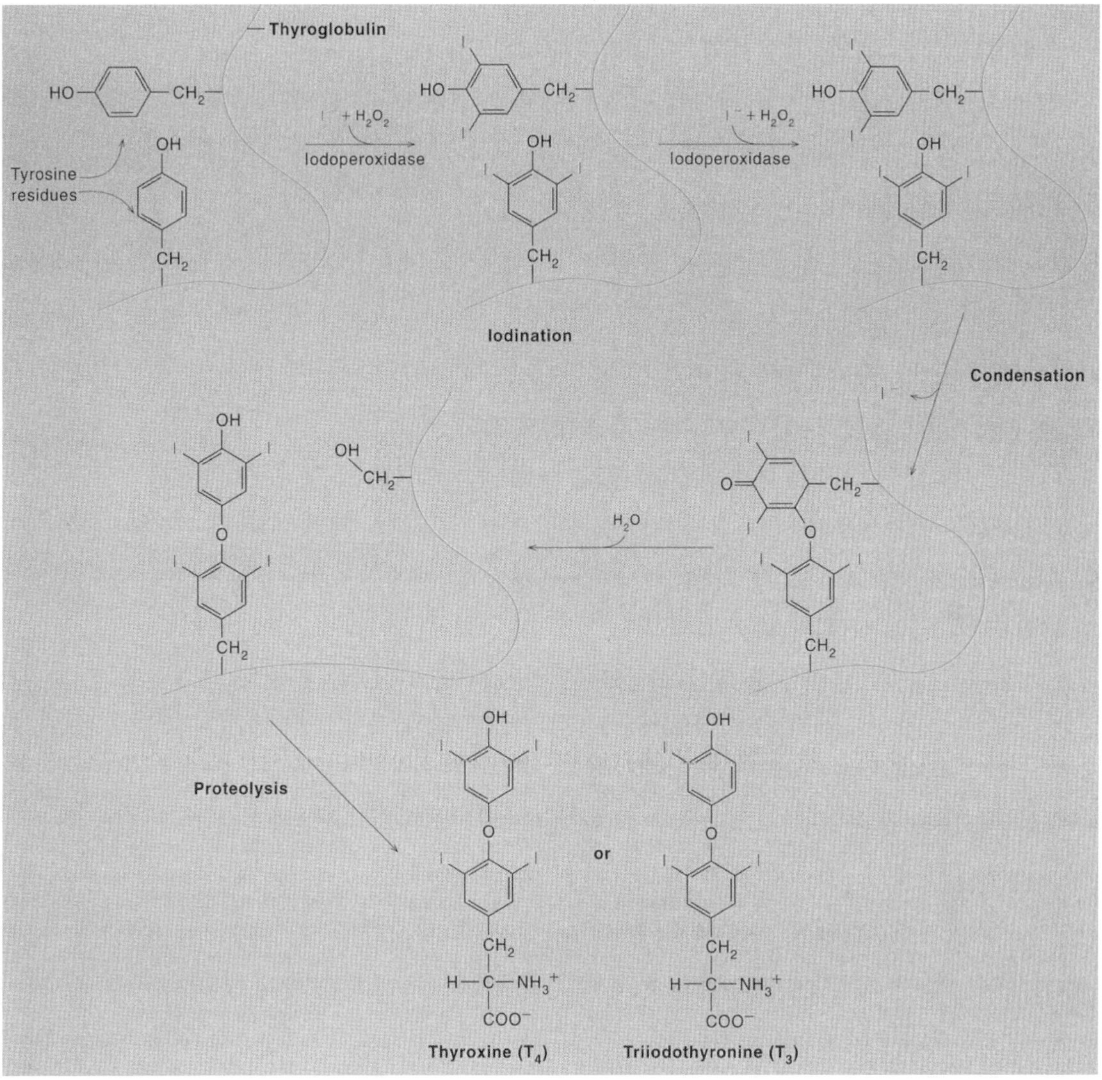

圖 12-3

3. 甲狀腺荷爾蒙結合比例(thyroid hormone binding ratio; THBR)或稱為 T_3 uptake (T_3U) test：

(1) 目的：測量 TBG 的結合位置。

(2) 操作方法：加入標示之 T_3，使之與空的 TBG 位置結合，再外加入其他結合物質，使其與過多的經標示之 T_3 結合，最後測量此含有標示之 T_3 之結合物質的量。

(3) 結果：成反比關係。

4. 游離甲狀腺素指數(free thyroxine index; FT₄I)：

$$FT_4I = TT_4 \times THBR$$

5. 游離甲狀腺素(free thyroxine; FT₄)。

6. TSH：常用來評估高、低甲狀腺素症（最靈敏 0.001 mU/mL），為最敏感之檢查宜為第一線 screening 首選檢查。

7. Thyroid-binding protein 與 thyroglobulin：目的為甲狀腺癌手術後復發評估指標。

8. 總 T₃(TT₃)、游離 T₃(FT₃)、游離 T₃ 指標(FT₃I)：

   (1) TT₃ 能提供比 TT₄ 更為接近臨床實際狀況。

   (2) FT₃I=TT₃×THBR

9. Reverse T₃(r T₃)：3,3',5'-triiodothyronine

   (1) 特性：r T₃ 不具生理活性。

   (2) 目的：評估非甲狀腺疾病病患的甲狀腺功能。

   ・ 特別是 euthyroid sick syndrome（甲狀腺正能症）：易有貧血、緩脈、怕冷、動作遲緩等類似甲狀腺低下病徵。

10. 甲狀腺自體抗體：

   (1) 項目：

      a. 抗甲狀腺球蛋白抗體(anti-thyroglobulin antibodies)：會和甲狀腺球蛋白結合，影響甲狀腺的製造及正常功能，橋本氏甲狀腺炎可以測得升高的 ATA 造成甲狀腺功能低下。

      b. 抗甲狀腺微粒體抗體(anti-thyroid microsome antibodies)又稱抗甲狀腺過氧化抗體(thyroid peroxidase antibodies; TPO Ab)：橋本氏甲狀腺炎病人體內發現。

       * 橋本氏甲狀腺炎(Hashimotos thyroiditis)：長期的甲狀腺發炎使得甲狀腺腫脹硬化，嚴重的會引起甲狀腺萎縮或甲狀腺功能低下。

      c. 抗 TSH 接受器抗體(anti-TSH receptor antibodies)：使甲狀腺荷爾蒙的過度釋放引起。

       * 葛瑞夫疾病(Graves' disease)：抗甲促素抗體(TSH-receptor antibodoy)，刺激甲狀腺大量分泌甲狀腺素，因而造成甲狀腺機能亢進及甲狀腺腫大出現甲狀腺機能亢進症狀，如：食慾增加、體重下降、心悸、眼睛突出。

(2) 目的：刺激甲狀腺(thyroid-stimulating immunoglobulin; TSI)和抑制 TSH 作用。

三、參考值

1. 甲狀腺素參考值：

總量(μg/dL)		游離態	
		百分比 (%)	含量 (ng/dL)
T_4	8	0.03	2.24
T_3	0.15	0.3	0.4

2. 甲狀腺功能檢查：

疾　病	TSH	T_4	T_3
Hyperthyroidism	↑	↑	↑
Primary hypothyroidism	↑	↓	↓
Pituitary hypothyroidism	不一定	↓	↓

精選實例評量

Review Activities

1. 下列哪一項不是副甲狀腺素(PTH)的作用？　(A)增加鈉在腎小管的再吸收　(B)增加鈣在腎小管的再吸收　(C)減少磷在腎小管的再吸收　(D)增加活化型維生素 D 的生成

2. 具有生理活性的副甲狀腺素，是下列何者？　(A)在中段第 31-68 胺基酸　(B)在 N 端第 1-34 胺基酸　(C)在 C 端第 50-84 胺基酸　(D)在中段第 41-78 胺基酸

3. 診斷甲狀腺疾病的第一線檢驗為下列何者？　(A)高靈敏 TSH 檢驗　(B) rT_3 檢驗　(C)游離 T_3 檢驗　(D) TRH 檢驗

4. T_4 代謝終產物，且不具生理活性，為下列何者？　(A) MIT　(B) DIT　(C) T_3　(D) rT_3

5. 哪一種甲狀腺分泌之物質具有最強的生理功能？　(A) T_3　(B) T_4　(C) rT_3　(D) MIT

6. 甲狀腺素最主要的輸送蛋白為下列何者？　(A)白蛋白(Albumin)　(B)前白蛋白(Prealbumin)　(C)甲狀腺球蛋白(Thyroglobulin)　(D)甲狀腺接合球蛋白(Thyroid binding globulin)

7. 下列哪一項物質，不是由甲狀腺所分泌？　(A) T_3　(B) T_4　(C) rT_3　(D) TSH

8. Primary hypothyroidism 的血液檢驗何者正確？　(A) TSH↑, T_3↑, T_4↑　(B) TSH↓, T_3↑, T_4↑　(C) TSH↑, T_3↓, T_4↓　(D) TSH↓, T_3↓, T_4↓

9. 正常成人血清甲狀腺素之濃度是多少？　(A) 0.8~2.4 ng/dL　(B) 0.8~2.4μg/dL　(C) 5~12μg/dL　(D) 13.5~16.5 ng/dL

10. 下列何者之構造含有碘的成分？　(A)甲狀腺促素　(B)甲狀腺素結合球蛋白　(C)甲狀腺球蛋白　(D)甲狀腺素

11. 下列有關甲狀腺激素(thyroid hormones)的敘述，何者錯誤？　(A)甲狀腺激素是由 Tyrosine 碘化　(B) T_3 是 T_4 的代謝產物　(C) T_4 的活性大於 T_3　(D)與 growth hormone 協同作用促進生長

答案　1.A　2.B　3.A　4.D　5.A　6.D　7.D　8.C　9.C　10.D　11.C

 12-3　腎上腺功能檢驗

一、腎上腺皮質(Adrenal Cortex)

1. 包括：絲球狀帶(Zona glomerulosa)：分泌礦物皮質固醇(mineralocorticoid)、束狀帶(Zona fasciculata)：分泌糖皮質固醇(glucocorticoid)、網狀帶(Zona reticularis)：分泌雄性素(androgens)。

2. 前驅物質為膽固醇。

3. 分泌激素：

　(1) 醛固醇(Aldosterone)：主要的礦物質固醇；分泌受 renin-angiotensin system 控制（鈉、血量降低；鉀、ACTH 升高，會刺激分泌）。功能為增加鈉、氯、水滯留；排泄鉀、氫。

(2) 皮質醇(Cortisol)：主要的糖皮質固醇。功能為抑制胰島素作用、水與電解質平衡、抑制發炎與免疫反應；分泌受 ACTH 抑制。

(3) 雄性激素(Androgen)。

二、腎上腺髓質(Adrenal Medulla)

1. 前驅物質為 Tyrosine。

2. 製造：磷苯二酚胺 (catecholamine) 包括：多巴胺 (dopamine)、正腎上腺素 (norepinephrine)、腎上腺素(epinephrine)。

3. 功能：壓力（痛、恐慌）時分泌增加，會增加肌肉活性（心律、血壓、血糖增加）。

4. 調控：受到交感節前神經纖維分泌乙醯膽鹼(acetylcholine)來調控其分泌作用。

5. 代謝產物：metanephrine、vanillylmandelic acid(VMA)尿液檢體的儲存酸性環境。

6. 嗜鉻細胞瘤患者：血中兒茶酚胺濃度上升，尿中杏仁酸(Vanillylmandelic acid, VMA)上升

7. ATCH、cortisol、aldosterone 濃度有日變化現象(diurnal variation)。

精選實例評量　Review Activities

1. 下列哪一種激素在血清中的含量日夜變化最大？　(A) Calcitonin　(B) Cortisol　(C) Prolactin　(D) Testosterone

2. 下列哪一種荷爾蒙具有類固醇的結構？　(A) Angiotensin　(B) Estrogen　(C) Epinephrine　(D) Thyroxine

3. 測量男性尿液中的 17-KS 可以反應出哪兩種腺體的機能？　(A)性腺與前列腺　(B)前列腺與腎上腺髓質　(C)性腺及腎上腺皮質　(D)前列腺與腎上腺皮質

4. 下列哪一項不是腎臟合成的荷爾蒙？　(A)紅血球生成素(Erythropoietin)　(B)腎素(Renin)　(C)菊糖(Inulin)　(D)活化型維生素 D(Calcitriol)

5. 與鈉、鉀均衡有關之荷爾蒙為下列何者？　(A)降鈣素　(B)胰島素　(C)利尿鈉排出胜肽　(D)醛固酮

6. 收集 24 小時尿液測定兒茶酚胺(catecholamines)，應在收集瓶內添加下列何種防腐保存劑？　(A)濃硝酸　(B)重碳酸鈉　(C) 6N 鹽酸　(D)不需添加

7. 下列何者和血壓的調控無關？　(A) Calcitonin　(B) Renin　(C) AngiotensinII　(D) Aldosterone

8. 下列何種檢驗可用來評估胎盤的功能？　(A)雄性素　(B)雌酮　(C)雌二醇　(D)雌三醇

9. 尿液香草扁桃酸(VMA)之測定可用來評估何種功能？　(A)腎上腺皮質　(B)腎上腺髓質　(C)松果腺　(D)腎臟

10. 關於人類絨毛膜促性腺激素(hCG)之敘述，下列何者是錯誤的？　(A)為懷孕的指標　(B)主要測其 β-鏈　(C)只有尿液可作分析　(D)葡萄胎時濃度會上升

11. 下列何種情況會有血壓過低伴隨血糖過低的現象？
(A)庫欣氏症候群(Cushing's syndrome)　(B)腎上腺機能不全(Adrenal insufficiency)
(C)甲狀腺高能症(Hyperthyroidism)　(D)糖尿病(Diabetes mellitus)

12. 有關神經傳導物質與其生合成原料之對應，下列何者正確？　(A)乙醯膽鹼：乙醇　(B)正腎上腺素酪胺酸　(C)麩胺酸(glutamate)：γ－胺基丁酸(GABA)　(D)多巴胺(dopamine)：色胺酸(tryptophan)

答案　1.C　2.B　3.C　4.C　5.D　6.C　7.A　8.D　9.B　10.C　11.B　12.B

 12-4　蘭氏小島功能檢測

一、基本特性

1. 為消化腺，具有內分泌腺，如蘭氏小島(islets of langerhans)，分泌 insulin、glucagon、gastrin、somatostatin；與外分泌腺，如消化酵素(pH 8.3)。

2. 消化酵素：
   (1) 蛋白質分解酵素：trypsin、chymotrypsin、elastase、collagenase。
   (2) 脂解酶：lipase、lecithinase。
   (3) 碳水化合物裂解酶：amylase。
   (4) 核苷酸酶：ribonuclease。

3. 調控機轉：secretin、cholecystokinin (CCK)控制。

二、分泌物質

1. **胰島素：**
   - (1) 蘭氏小島 β 細胞所合成之胜肽荷爾蒙。
   - (2) Proinsulin 包含 insulin 與 C-peptide。
   - (3) 糖尿病性酮酸中毒：因胰島素極度缺乏，肝內糖質新生與肝醣分解增加，最後導致高血糖，脂肪分解大量脂肪酸產生引起。

2. **升糖素(Glucagon)：**
   - (1) 蘭氏小島 α 細胞所合成之蛋白質荷爾蒙。
   - (2) 功能：促進糖質新生(gluconeogenesis)，肝醣分解(glycogenolysis)與脂肪分解 (lipolysis)、蛋白質代謝。
   - (3) 會促進肝臟酮體(ketone bodies)合成。

三、胰臟功能試驗

1. **Secretin/CCK 試驗：**其目的為外分泌功能檢查。收集胰液檢測 Amylase 的分泌量。

2. **糞便脂肪檢查：**
   - (1) 定性檢查：糞便脂肪篩檢試驗其染劑為 sudan III、sudan IV、oil red O、nile blue sulfate。
   - (2) 定量檢查：
     - a. 收集 72 小時糞便。
     - b. 重力法。
     - c. 滴定法。

3. **汗液電解質分析：**
   - (1) 目的：診斷囊性纖維化症(cystic fibrosis)。
   - (2) 分析：鈉、氯離子濃度。
   - (3) 判讀指標：氯離子濃度＞60 nmol/L 為基準來診斷 CF。
   - * 囊性纖維化症：體染色體隱性遺傳疾病，外分泌腺的上皮細胞無法正常傳送氯離子，呼吸道黏膜分泌物較黏稠不易排出使呼吸道黏膜易受感染與發炎。

4. 血清酵素檢定：

(1) Amylase：

　　a. 目的：診斷急性胰臟炎（數小時內升高，24 小時達顛峰值，3~5 天回復正常值）。

　　b. 表示法：Amylase/creatinine clearance (ACR) ＝（尿澱粉酶×血清肌酐）／（血清澱粉酶×尿肌酐）×100

　　c. 參考值：

	血　清
正常	＜3.1%
巨澱粉酶血症(Macroamylasemia)	2~5%
急性胰臟炎	＞5 %

(2) D-xylose 吸收試驗：區別吸收不良是由胰臟造成還是腸道因素，監測腸管吸收功能。

(3) 糞便 Proteolytic Activity：其目的為測試是否能分解 X 光膠片上的 gelatin（評估外分泌功能）。

精選實例評量

Review Activities

1. Glucagon 沒有下列哪個作用？　(A)促進胰島素(insulin)的分泌　(B)促進肝細胞 adenylate cyclase 的活力　(C) ketogenesis 增高　(D)降低肝醣的分解

2. 在壓力(stress)的情況下，何種荷爾蒙的分泌會增加？　(A) Parathyroid hormone　(B) Thyroxine　(C) Somatomedin　(D) ACTH

3. 胰島素(insulin)的功能是促進細胞由體液裡攝入葡萄糖，下列細胞何者對 insulin 的這種作用沒有反應？　(A)肌細胞和神經細胞(Neurons)　(B)腦細胞和腎小管細胞(Tubules)　(C)胰島細胞和脂肪細胞(Adipocytes)　(D)紅血球和血管壁細胞

4. 下列何者不是造成鈣三醇（calcitriol 或稱 1,25-羥化維生素 D）合成增加的原因？　(A)血鈣濃度減低　(B)副甲狀腺激素分泌增加　(C)血磷濃度減低　(D)甲狀腺激素增加

5. 下列敘述何者錯誤：C-peptide 可以作為？　(A)胰島素分泌的指標　(B)由 proinsulin 分解　(C)測定蘭氏小島 α-cell 活性　(D)以全血檢測

6. 與胰島素作用有關之稀有元素為：　(A)錳　(B)鈷　(C)鍶　(D)鉻

答案　1.D　2.D　3.B　4.D　5.C　6.D

12-5　腸胃道功能檢驗

一、胃功能分析

1. 刺激胃液分泌的物質：histamine acid phosphate、pentagastrin、咖啡因、酒精、肉類。

2. 須禁食。

3. 以 Pentagastrin 6μg/kg 皮下注射，刺激胃液分泌。

4. 診斷惡性貧血（無酸症）、zollinger-ellison syndrom（胃酸分泌過量）。

5. 婦女與老年人的胃液分泌量較年輕人低。

二、小腸功能分析

(一) 乳糖耐受性試驗

1. 操作方法：
   (1) 先喝下含 50 克乳糖於 200 mL 水溶液。
   (2) 分別於食用前、30、60、120 分鐘後抽血檢測葡萄糖值。

2. 參考值：

分　類	判讀值
正常	增加 30 mg/dL 血糖值
邊緣值	增加 20~30 mg/dL 血糖值
乳糖酶缺乏	增加 < 20 mg/dL 血糖值

(二) D-Xylose 吸收試驗

1. **目的**：用來區分營養不良是由腸道吸收不良或是胰臟外分泌功能不良所引起。

2. **操作方法**：

    (1) 先喝下含 25 克乳糖於 250mL 水，須禁食（小孩 0.5g/kg）。

    (2) 抽血分析或收集 5 小時尿液分析。

3. **參考值**：

分　類	判讀值
成人正常值	＞ 25 mg/dL
異常	＜ 25 mg/dL
嬰兒（6 個月）	≧ 30 mg/dL

13
Chapter

治療藥物監測與毒物學

本章大綱

學習目標

1. 瞭解常見的藥物濫用。

2. 監測體內治療藥物結果分析。

3. 熟悉常見的中毒物質、實驗室檢查及結果分析。

4. 掌握體內重金屬的危害、實驗室檢查及結果分析。

 13-1 治療藥物監控

一、基本特性

(一) 治療藥物監測(Therapeutic Drug Monitoring; TDM)

1. **定義**：指為了要能有效監測適度用藥而追蹤檢測血清中之藥物濃度。

2. **影響血中藥物濃度的因子**，如圖 13-1。

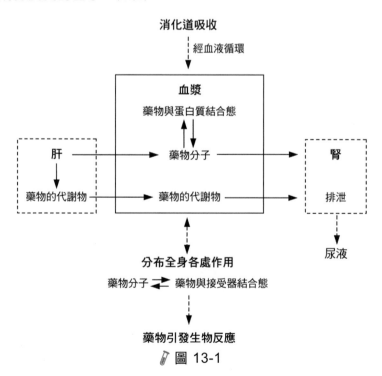

圖 13-1

（二）影響 TDM 最重要的因素－採取檢體的時機

1. 通常在給予下一次劑量前時的濃度最低。

2. 口服藥物後一小時濃度最高。線性藥物動力學穩定狀態藥物濃度與給藥之劑量成正比。

3. 應達到穩定平衡濃度時採檢，約到第 4 至第 7 的劑量間隔下達穩定狀態。

4. 採取檢體應使用 heparinized plasma。

5. 藥物半衰期可稱作生物半衰期，又稱 "t1/2"，指的是血液中藥物濃度或者是體內藥物量減低到二分之一所花費時間(t1/2= 0.693/K) 。

（三）肝臟藥物代謝的狀況

肝臟代謝藥物可分為 phase I 及 phase II 兩種反應：

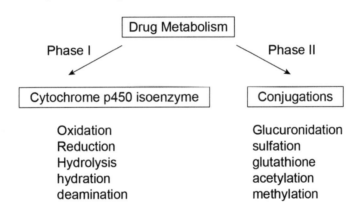

1. 兩種機制是將藥物形成親水性代謝物，以利藥物排出體外　,第一相反應:脂溶性轉變成較具極性的分子第二相反應: 接合反應,藥物的排泄主要經由腎臟。

2. 大部分藥物可經由 cytochrome P450 之 CYP3A4 酵素代謝。

二、藥物監測種類

　　包含心臟用藥、抗癲癇藥品、精神科用藥、抗癌藥物、免疫抑制劑、支氣管擴張劑及抗生素藥物。

（一）心臟用藥

1. 毛地黃(Digoxin)：

(1) 一種糖苷類(cardiac glycoside)藥物，治療充血性心臟衰竭。

(2) 作用機制：抑制 Na^+-K^+-ATPase，延長房室結傳導。

(3) 有效濃度 0.8~2.0 ng/mL；＞2.0 ng/mL。

(4) 口服毛地黃後 2~3 小時，血漿濃度達高峰；而口服後 8 小時之血漿濃度，才與組織中濃度相當；因此應於口服後 8 小時採檢。

(5) 副作用：心室纖維顫動，PR 間距(PR interval)延長。

2. Lidocaine：

(1) 治療心室節律不整與心室顫動，亦有局部麻醉劑功效。

(2) 阻滯心臟神經細胞膜鈉離子通道。

(3) 不可口服（會被肝臟代謝），應以靜脈注射。

(4) 有效濃度 4~8 μg/mL；＞8 μg/mL 會產生副作用。

(5) 副作用：心搏過緩與血壓降低。

3. Quinidine：

(1) 治療心律不整。從金雞納樹皮提取的生物鹼。

(2) 口服給藥，2~3 小時後血漿濃度達高峰。

(3) 通常於最後一次給藥後 1 小時採血檢驗。

(4) 心電圖 PR interval 延長。

4. Procainamide：

(1) 治療心律不整。

(2) 口服給藥，1 小時後血漿濃度達顛峰。

5. Disopyramide：

(1) 治療心律不整，當 Quinidine 產生副作用以此代替。

(2) 口服給藥。

(3) 有效濃度 3~5 μg/mL；＞4.5 μg/mL 產生副作用（心搏過緩或房室結阻斷）。

6. Propranolol

(1) 治療心律不整，高血壓、心絞痛、偏頭痛。

(2) 為 Beta-adrenergic receptor antagonists。

(3) 副作用：誘發支氣管痙攣。

（二）抗癲癇藥

1. Phenobarbital：

(1) 作用機轉：加強 GABA 的抑制作用，阻斷不正常放電，來限制動作電位的傳導，並升高癲癇發作的閾值。

(2) 口服給藥，10 小時後血漿濃度達高峰，肝臟代謝清除，過量可導致呼吸和心血管的抑制。

(3) Primidone 為另一形式的 phenobarbital。

(4) γ-GT (γ-glutamyltransferase)上升。

2. Phenytoin (Dilantin)：

(1) 作用機轉：阻斷神經細胞鈉離子通道(Na$^+$ channel)，進而使神經細胞不易產生動作電位。

(2) 口服給藥，肝臟代謝清除，有效濃度 1~2 µg/mL，易導致心臟毒性。

(3) 副作用：多毛症(hirsutism)及齒齦肥厚(gingivalhyperplasia)。

3. Valproic Acid：

(1) 作用機轉：增加中樞腦部 GABA 濃度及抑制鈉離子通道。

(2) 治療癲癇小發作。

(3) 口服給藥，肝臟代謝清除。

(4) 有效濃度 50~120 µg/mL；＞120 µg/mL 產生副作用。

4. Carbamazepine：

(1) 作用機轉：阻斷神經細胞鈉離子通道(Na$^+$ channel)，進而使神經細胞不易產生動作電位。

(2) 可治療三叉神經痛。

(3) 有效濃度 4~12 µg/mL；＞15 µg/mL 產生副作用。

(4) HLA-B*1502 基因型有高度相關，會引起史帝文生氏－強生症候群(Stevens-Johnson syndrome)與毒性表皮溶解症(toxic epidermal necrolysis)。

5. Ethosuximide：

(1) 作用機轉：抑制視丘神經元的鈣離子通道，降低大腦皮質的興奮。

(2) 有效濃度 40~100 µg/ mL，副作用為胃腸不適，頭痛和昏睡。

(3) 為治療小發作的首選藥物。

6. Lamotrigene：

(1) 作用機轉：為 GABA analog 結合到 GABA 接受器，二氫葉酸還原酵素之微弱抑制劑。

(2) 有效濃度維持 100~200 mg/day。

(3) 會引起史帝文生氏－強生症候群與毒性表皮溶解症。

（三）精神科用藥

1. 鋰鹽 (Lithium)：

(1) 治療躁鬱症。

(2) 口服給藥，腸胃道吸收經腎臟排泄，腎臟疾病的患者使用此藥物常監測血中濃度。

(3) 有效濃度 $0.8\sim1.2$ mmol/L；>1.2 mmol/L 會產生副作用：嗜睡、手腳協調性變差與食慾不振。

(4) 血液中鋰鹽 >4 mmole/L 時要採用血液透析。

2. 三環抗憂鬱劑(Tricyclic antidepressants)：

(1) 作用機轉：阻斷神經末端對 NE 及 5-HT 的再吸收作用，促使受體對 NE 或 5-HT 感受性增加，可提高中樞神經興奮性傳遞物質之濃度。

(2) 治療憂鬱症、失眠症、淡漠症。

(3) 口服給藥，$2\sim12$ 小時後血漿濃度達顛峰，副作用嗜睡及類膽鹼神經抑制作用（如延遲心臟傳導、口乾）。

(4) 臨床用藥包括：Imipramine（有抗鬱、抗膽素性及鎮靜作用）、Amitriptyline（用於精神遲鈍之憂鬱症）、Doxepin（鎮靜作用強，適於失眠之患者）。

（四）抗癌藥

抗代謝藥物類：針對細胞週期專一性的 S 期。

1. Methotrexate：

(1) 作用機轉：葉酸拮抗劑(folic acid antagonist)可抑制二氫葉酸還原酶(dihydrofolate reductase)，抑制 DNA 合成。

(2) 治療急性淋巴球性白血病。

(3) 尿液檢體需維持於鹼性環境中。

(4) 副作用：易引起肝硬化。

2. Leucovorin：

(1) 作用機轉：一種葉酸之衍生物，可分解成 FH4。

(2) 為輔助性化學治療 5-Fluorouracil 合併 Leucovorin 靜脈注射使用。

3. 6-mercaptopurine：

(1) 作用機轉：嘌呤拮抗劑，嵌入 DNA 或 RNA 使其失去功能，抑制癌細胞的生長與增殖。

(2) 治療急性淋巴球性白血病。

4. 5-Fluorouracil(5-FU)：

(1) 作用機轉：嘧啶拮抗劑，結構類似尿嘧啶(uracil)，抑制胸腺嘧啶合成酶 (thymidylate synthetase)，干擾 S 期 DNA 合成。

(2) 治療皮膚癌。

(3) 副作用：常見胃腸道毒性及對光敏感。

（五）免疫抑制劑

Calcineurin inhibitors (CNI)類：Cyclosporine 與 Tacrolimus。

1. Cyclosporine：M.W.= 1204

(1) 11 個氨基酸環狀的 polypeptide。

(2) 作用機轉：cyclosporine 和 cyclophilin 結合，抑制 calcineurin 的磷酸酶的功能。可選擇性抑制輔助型 T 淋巴球(Th)，抑制 interleukin-2 的轉錄，抑制異體移植之宿主－抗－移植器官(host-versus-graft rejection)。

(3) 治療類風濕性關節炎及治療嚴重牛皮癬。

(4) 由肝臟酵素 CYP3A4 和 P-glycoprotein 代謝。

(5) 檢體為全血。有效濃度 300 ng/mL；＞350 ng/mL 會產生副作用（腎臟毒性）。

2. Tacrolimus (FK-506)：M.W.= 804

(1) 作用機轉：tacrolimus 和 FK-binding protein 結合，抑制 calcineurin 的磷酸酶的功能，抑制 Interleukin-2 的轉錄。

(2) 藥效比 Cyclosporine 大 100 倍。

(3) 由肝臟酵素 CYP3A4 和 P-glycoprotein 代謝。

3. Antimetabolites（抗代謝藥物）：Mycophenolate Mofetil。

4. Mycophenolate Mofetil (MMF, *CellCept*)：M.W.= 433.5

(1) 作用機轉：抑制鳥嘌呤核苷酸合成的重新(de novo)路徑。

(2) 藥物代謝是透過誘發 UGT 酵素活性。

（六）支氣管擴張劑

1. Theophylline（茶鹼）：

(1) 治療氣喘與慢性阻塞性肺臟疾病。

(2) 作用機轉：直接作用於支氣管的肌肉細胞，抑制 phosphodiesterase 的活性，防止 cyclic AMP 被破壞分解，使支氣管能夠放鬆而擴張。

(3) 口服或靜脈注射(IV)給藥有效濃度 10~20 μg/mL；＞20 μg/mL 會產生副作用（引致失眠和腸胃不適）。

2. Caffeine：

(1) 中樞神經興奮劑。

(2) 作用機轉：抑制 phosphodiesterase 會使支氣管平滑肌放鬆。

(3) 高劑量會增加心跳速率及增加心輸出量。

（七）抗生素

1. Aminoglycosides：

(1) 治療 G (－)細菌，包含：Gentamicin、Tobramycin、Amikacin、Kanamycin。

(2) 作用機轉：與細菌的 30 S 核糖體結合，進而干擾細菌蛋白質的合成。

(3) 過量具有腎臟毒性與耳毒性（聽覺與平衡）。

(4) 多以靜脈注射(IV)或肌肉內注射(IM)路徑給藥，在第一次給藥後之 8~10 小時內採血。

2. Vancomycin：

(1) 為 Glycopeptide 之抗生素；治療對 methicillin 具有抗藥性（抗 β-lactam 環）之葡萄球菌；治療葡萄球菌所導致之心內膜炎。

(2) 作用機轉：與 peptidoglycan 結合使得 transglycosylase 和 transpeptidase 無法作用而抑制細胞壁的形成。

(3) 以 IV 路徑給藥。

(4) 有效濃度 5~10 μg/mL；＞10 μg/mL 會產生副作用。

(5) 由腎臟排出，過量具有腎臟毒性與耳毒性；會產生 red-man syndrome。

3. Sulfonamide:

(1) 作用機轉：抑制 dihydropteroate synthase 進而抑制 dihydrofolate acid 合成。

(2) 競爭對氨基苯甲酸(para-aminobenzoic acid; PABA)互為拮抗，而抑制細菌葉酸的合成。

(3) 副作用：史帝文斯強生症候群、或毒性表皮壞死溶解症。

精選實例評量
Review Activities

1. 下列何者是 Cephalosporins 的抗菌機轉？　(A)抑制 peptidoglycans 前驅物的合成　(B)抑制胜肽鍵的轉移反應　(C)干擾 ergosterol 的合成　(D)抑制 β-lactamases 的活性

2. 下列何者不屬於血中治療藥物監測(TDM)之檢驗項目？　(A) Phenytoin　(B) Lithium　(C) Cyclosporine　(D) Sulfinpyrazone

3. 毛地黃的藥理和毒性作用是透過抑制下列何者而來的？　(A) Ca^{2+} pump　(B) cAMP-dependent protein kinase　(C) protein kinase C　(D) Na^+-K^+-ATPase

4. 治療藥物監測項目中的 Theophylline 是哪一種用途的藥物？　(A)氣管擴張劑　(B)免疫抑制劑　(C)抗生素　(D)抗癌藥物

5. 使用於器官移植病人的 FK506 是屬於下列哪一種性質的藥物？　(A)抗氧化劑　(B)抗細菌感染　(C)抗血栓形成　(D)抗排斥反應

6. 下列哪一種藥物具有抗心律不整的功能？　(A) Aminophylline　(B) Digoxin　(C) Phenytoin　(D) Sulfonamide

7. 下列何者落於鋰鹽(Lithium)治療躁鬱症的有效濃度範圍內？　(A) 1μmol/L　(B) 10 μmol/L　(C) 1 mmol/L　(D) 10 mmol/L

8. 治療藥物監測項目中的 Phenobarbital 是屬於下列哪一種用途的藥物？　(A)強心劑　(B)免疫抑制劑　(C)氣管擴張劑　(D)抗癲癇藥物

9. 抗癌藥物甲氨蝶呤(Methotrexate)的功能為下列何者？　(A)抑制蛋白質的合成　(B)抑制 RNA 的合成　(C)作用於 p53　(D)為葉酸(folate)的拮抗劑

10. 藥物治療範圍濃度應該在病人重複服藥幾個半衰期($T_{1/2}$)後，才會達穩定狀態？　(A) 0~1　(B) 2~4　(C) 5~7　(D) 8~10

11. 下列何者為最有效治療多重抗藥菌株 *M. tuberculosis* 對 streptomycin 有抗藥性的首選藥物？　(A) Amikacin　(B) Spectinomycin　(C) Gentamicin　(D) Clarithromycin

12. 兩種藥物作用在相同的組織或器官之不同接受器，而產生相反的反應，則稱之為：　(A)生理拮抗劑　(B)化學拮抗劑　(C)競爭性拮抗劑　(D)不可逆拮抗劑

13. 以抑制淋巴球產生第二介白質(interleukin-2)為主要作用的抗排斥藥物是：　(A) Glucocorticoids　(B) Cyclosporin　(C) Azathioprine　(D) Mycophenolate mofetil

14. 下列有關治療癲癇(epilepsy)藥物 phenytoin 之藥理作用之敘述，何者錯誤？　(A) Phenytoin 會抑制神經元連續性動作電位(repetitive firing)的發生　(B) Phenytoin 為

一種鈉離子管道阻斷劑(Na⁺ channel blocker)　(C) Phenytoin 會縮短鈉離子管道不活化期(inactivation state)的時間　(D) Phenytoin 會減少興奮性麩胺酸鹽(glutamate)的神經傳遞作用

15. 磺胺類藥物可以抑制細菌的何種酵素？　(A) dihydrofolate reductase　(B) dihydropteroate synthase　(C) DNA gyrase　(D) thymidylate synthase

16. 下列有關藥物代謝酵素的敘述何者最為正確？　(A)Phase I 反應屬於非合成性質反應　(B)藥物必須先經 phase I 反應後，才會進行 phase II 反應　(C)Amide conjugation 為最常見之 phase II 反應　(D)Acetylation 及 mercapturic acid conjugation 可能造成毒性反應

17. Propranolol 的臨床用途不包括？　(A)抗心律不整　(B)治療氣喘　(C)抗高血壓　(D)治療心絞痛

答案　1.B　2.D　3.D　4.A　5.D　6.B　7.C　8.D　9.D　10.C　11.A　12.A　13.B
　　　14.C　15.B　16.D　17.B

13-2　毒物學檢驗

一、一般特性

1. 進入途徑：食入、吸入、經皮膚吸收。

2. 急性口服毒性劑量（以平均 70 kg 的成年男性為例）。

毒性分類	成人口服藥物致死量
Super toxic	＜ 5 mg/kg
Extremely toxic	5~50 mg/kg
Very toxic	50~500 mg/kg
Moderately toxic	0.5~5 g/kg
Slightly toxic	5~15 g/kg
Practically nontoxic	＞ 15 g/kg

二、劑量與反應關係

1. **早期毒物傷害指標**：肝臟中的 ALT 與 γ-GT 活性會增加。

2. **劑量與反應關係**：

   (1) ED_{50}：藥物劑量造成 50%人口之有效的治療反應。

   (2) TD_{50}：藥物劑量造成 50%人口會有的毒性副作用。

   (3) LD_{50}：藥物劑量造成 50%人口之死亡的劑量。

   (4) 治療指標(therapeutic index)：TD_{50} 或 ED_{50}。

3. **分析方法**：immunoassay、thin-layer chromatography、gas chromatography。

三、特定物質毒理副作用

(一) 酒精(Alcohol)

1. **肝臟代謝**：Alcohol→(1)→Aldehyde→(2)→Acetic acid。

   (1)Alcohol dehydrogenase (ADH); (2)Aldehyde dehydrogenase (ALDH)。

2. **駕車許可濃度**：80~100 mg/dL（美國的標準）。

3. 採血時必須以無酒精法消毒滅菌，檢體必須加蓋（加 NaF；避免醣類發酵反應），以氯化苯二甲羥銨(benzalkonium chloride)進行消毒。

4. **分析方法**：

   (1) Osmometry 方法：

      a. 利用凝固點下降來測量。

      b. 當 osmolarity 增加 10 mOsm/kg 相對應乙醇會增加 60 mg/dL。

   (2) Gas chromatography：經內在標準：n-Propanol 比較後測出。

   (3) 酵素法：利用 ADH：

   $$Ethanol + NAD^+ \xrightarrow{ADH} Acetaldehyde + NADH + H^+$$

(二) 一氧化碳(CO)

1. **毒性機轉**：與 heme 內之二價陽離子結合。

2. 與血紅素之結合力為氧氣的 245 倍；使 hemoglobin-oxygen dissociation curve 往左移（降低氧氣在組織中的釋放）。

3. 分析方法：
   (1) 將 5mL 全血加入 5mL 40% NaOH：若呈現粉紅色則代表 carboxyhemoglobin level＞20%以上。
   (2) Gas chromatography。
   (3) 鑑別性分光測量(Differential spectrophotometry)。
   (4) 急診檢驗室常用的 CO-oximeter（一氧化碳偵測儀器），應用原理為 spectrophotometry，利用不同 Hb 擁有各自吸收光譜多可測得 oxyhemoglobin (HbO_2)，carboxyhemoglobin (COHb)，及 methemoglobin (MetHb)。。

(三) 氰化物(Cyanide)

1. 毒性機轉：與血基質鐵結合、與粒線體 cytochrome oxidase 結合，造成氧化磷酸化過程受阻。
2. 中毒患者無法利用 O_2 作為電子接收者，使細胞內缺少 ATP。
3. 分析方法：
   (1) 離子特異電極方法(ion-specific electrode method)。
   (2) 光測量分析法(photometric analysis)。
   (3) 測定尿中 thiocyanate 濃度。

(四) 重金屬

1. 砷(Arsenic)：
   (1) 毒性機轉：與蛋白質的 thiol group 有高度親和力。
   (2) 特性：三價砷之毒性較五價砷為強，長期累積性中毒。
      a. 慢性砷暴露使皮膚角質增生症(hyperkeratosis)以點狀之突起引起皮膚癌症。
      b. 無機砷是造成烏腳病(blackfoot disease)的危險因子之一。
   (3) 分析法：原子吸收光譜儀分析。
   (4) 檢體：
      a. 短期評估：血清、尿液。
      b. 長期評估：頭髮、指甲。
2. 鎘(Cadmium)：
   (1) 存在於顏料、鎳－鎘電池；會造成環境汙染。

(2) 慢性鎘中毒：體內累積於腎臟，造成腎小管病變繼而使腎功能衰竭。會加速骨骼的流失鈣質，進而骨折與變形，患者全身會感到劇痛，因而稱之為「痛痛病」。

(3) 分析法：原子吸收光譜儀分析。

(4) 檢體：全血、尿液。

3. 鉛(Lead)：

(1) 具累積性毒性，主要累積在骨骼與軟組織、腎臟、紅血球、骨髓、神經細胞。

(2) 毒性機制：與蛋白質結合後造成結構改變。若中毒給予鉛之螯合劑 D-penicillamine 口服治療。

(3) 症狀：

　　a. 神經系統障礙。

　　b. 血液症狀（貧血、basophilic stippling）。

　　c. 牙齦下方會出現鉛累積的線條。

(4) 分析法：以原子吸收光譜儀(AAS)分析全血中鉛離子濃度。

(5) 鉛對紅血球生成作用影響

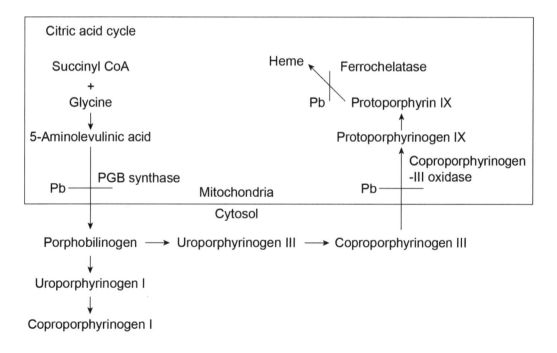

4. 汞(Mercury)：

(1) 存在型式：

　　a. 原子態(Hg^0)：毒性小。

　　b. 陽離子態(Hg^{2+})：中等毒性。

　　c. 有機汞態(CH_3Hg^+)：毒性強。

(2) 毒性反應：結合至拒水性組織（腦、神經）。

(3) 毒性機制：與蛋白質結合後造成結構改變。

(4) 症狀：甲基汞中毒是最常見「水俁病(Minamata Diseas)」。甲基汞可透過胎盤，直接積聚於胎兒腦部造成神經系統障礙。

(5) 分析法：以原子吸收光譜儀(AAS)分析全血中汞離子濃度。

5. 殺蟲劑(Pesticides)：

(1) 三大類：有機磷、胺基碳酸鹽(carbamate)、鹵素碳氫化合物。

(2) 毒性機制：

　　a. 有機磷：為抑制 acetylcholinesterase 因有機磷與 AchE 形成共價結合，使 Ach 不被水解。

　　b. 胺基碳酸鹽：與 AchE 的結合則是可逆性，抑制 acetylcholinesterase。

　　c. Pseudocholinesterase 被抑制的程度大於 True cholinesterase。

(3) 分析法：

　　a. 測紅血球之 acetylcholinesterase 活性。

　　b. 測血清之 pseudocholinesterase (SChE)。

（五）治療藥物

1. 水楊酸(Salicylate)：

(1) 阿斯匹靈(Aspirin)：

　　a. 又稱 acetylsalicylic acid。

　　b. 常用於鎮痛、抗發炎和解熱（主要抑制 cyclooxygenase）。

　　c. 易造成 Reye's syndrome。

　　d. 抑制血小板和環氧化酶(cyclooxygenase)的結合，進而阻斷血栓素 A_2 (thromboxane A_2)生成，因此預防心血管疾病發生的功效。

(2) 副作用：腸黏膜潰瘍及出血，過量破壞酸鹼平衡。

(3) 分析法：

　　a. Gas chromatography、LC、immunoassay。

　　b. 呈色法(trinder reaction)：將 salicylate 與 ferric nitrate 反應。

2. 普拿疼(Acetaminophen)：

(1) 代謝機轉：主要經由 glucuronidation 及 sulfation 代謝成非毒性代謝物與 cytochrome P-450 (CYP2E1)氧化成毒性中間產物 N-acetyl-p-benzoquinone imine (NAPQI)，再與 glutathione 結合成非毒性代謝物。當 glutathione 量不足以結合 NAPQI 時，NAPQI 便會與肝細胞結合，造成肝細胞性壞死，即產生肝毒性。

(2) 以 HPLC、immunoassay 分析。

精選實例評量

Review Activities

1. 目前急診檢驗室常用的一氧化碳偵測儀器 CO-oximeter 是以下列何種方法測定血中 COHb 含量之百分比？　(A)層析法　(B)比色法　(C)電泳法　(D)離心法

2. 測定尿中之下列何種化合物，可當做鉛中毒的指標？　(A) Coproporphyrin　(B) δ-Aminolevulinic acid　(C) Coproporphyrinogen　(D) Glutathione oxidase

3. 甲醇(methyl alcohol)中毒會造成代謝性的血酸症(metabolic acidosis)，其原因是甲醇可以被轉換成下列何者？　(A)甲酸(Formic acid)　(B)草酸(Oxalic acid)　(C)乳酸(Lactic acid)　(D)乙酸(Acetic acid)

4. 可使用哪一種檢體來檢驗是否為一氧化碳中毒？　(A)血清　(B)血漿　(C)全血　(D)尿液

5. 下列何項與有機磷農藥中毒有關？　(A)膽鹼酯酶活性上升　(B)膽鹼酯酶活性下降　(C)酸性磷酸酶活性上升　(D)酸性磷酸酶活性下降

6. 一氧化碳的作用機轉為：　(A)破壞肺泡細胞　(B)抑制肝臟酵素　(C)與血紅素結合　(D)刺激皮膚及黏膜

7. 喝到甲醇會出現下列何種現象？　(A)代謝性酸中毒　(B)呼吸性酸中毒　(C)滲透度下降　(D)陰離子差下降

8. 下列有關金屬中毒風險的敘述，何者錯誤？　(A)使用老舊水管供水易導致鉛中毒　(B)常食用大型海水魚易導致汞中毒　(C)長期洗腎的病人可能導致鉻中毒　(D)工業廢水汙染飲水可能導致居民砷中毒

答案　1.B　2.B　3.A　4.C　5.B　6.C　7.A　8.C

13-3　成癮藥物的監控

一、安非他命(Amphetamine)、甲基安非他命(Methamphetamine)

1. 為麻黃素合成的中樞神經興奮劑，初期提神、振奮（甲基安非他命之中樞刺激作用較安非他命效果強）。

2. 長期使用會造成妄想型精神分裂症之安非他命精神病（因神經聯會處之 dopamine 大量釋放並抑制 dopamine 的再吸收）。

3. 分析時易造成干擾：Ephedrine、Pseudoephedrine、Phenylpropanolamine（存在於過敏或咳嗽藥物）。

3. 以尿液為檢體。

4. 分析法：Immunoassay（篩檢）、LC、GC-MS（確認試驗）。

二、合成類固醇(Anabolic Steroids)

1. 類似男性睪固醇荷爾蒙。

2. 分析法：LC、GC-MS。

三、大麻(Cannabinoids)

1. 作用機轉：大麻可作用於大腦中樞神經系統與 CB1、CB2 接受器結合。

2. 四氫大麻酚的代謝過程可透過 CYP2C9 酵素。

3. Dronabinol 為四氫大麻酚異構體，可降低化療病人噁心及嘔吐的作用。

4. 尿液中之代謝產物 11-nor-delta-tetrahydrocannabinol (THC-COOH)，可存在於尿液中達 3~5 天至 4 週。

5. 分析法：
   (1) 初步篩檢：immunoassay。
   (2) 確認試驗：LC、GC-MS。

四、古柯鹼(Cocaine)

1. 中樞神經興奮劑（第一級毒品）。

2. 作用機轉：抑制多巴胺(dopamine)再吸收至突觸前軸突末梢(presynaptic axon terminal)，具有血管收縮的作用，血中半衰期短（0.5~1 小時）。

3. 篩檢：尿中代謝產物為 benzoylecgonine（半衰期為 4~7 小時）。

4. 分析法：
   (1) 初步篩檢：immunoassay。
   (2) 確認試驗：LC、GC-MS。

五、鴉片劑(Opiates)

1. **天然成分包括**：鴉片(Opium)、嗎啡(Morphine)、可待因(Codeine)。
   (1) 鴉片(Opium)：含 meconic acid(罌粟酸)成分中含量最多的生物鹼為 morphine，主要具 analgesic（鎮痛）及 hypnotic（催眠）作用。
   (2) 嗎啡(Morphine)：中樞神經抑制劑，可抑制呼吸中樞，使瞳孔縮小、緩解心絞痛、緩和焦慮情緒。
   (3) 可待因(codeine)：中樞神經抑制劑，是一種鴉片類藥物，具止痛、止咳和止瀉的效果但對呼吸中樞無明顯抑制。

2. **天然修飾物包括**：海洛因(Heroin)、Hydroorphone (Dilaudid)、Oxycodone (Percodan)。
   (1) 海洛因(Heroin)：為 morphine 經 acetylation 的產物，其脂溶性較 morphine 好更容易通過 blood-brain barrier，故作用較 morphine 快。

3. **化學合成物包括**：Meperidine (Demerol)、Methadone (Dolophine)、Propoxyphene (Darvon)、Pentazocine (Talwin)、Fentanyl (Sublimaze)。

4. 分析法：
   (1) 初步篩檢：immunoassay。
   (2) 確認試驗：LC、GC-MS。

六、鎮靜安眠藥

1. **特性**：CNS 抑制劑。

2. 包括：

(1) 巴比妥類(Barbiturate)：

  a. 具有較高的成癮性。

  b. 常見藥物：Secobarbital、Pentobarbital、Phenobarbital。

(2) Benzodiazepine：

  a. 作用機制：增加 GABA 的活性，長期使用會使 down regulation of benzodiazepine receptor 而產生耐受性。

  b. 最常濫用與過度使用的藥物。連續服用後，勿突然停藥易有戒斷(withdrawal)症候群

  c. 常見藥物：Diazepam (Valium)、Chlordiazepoxide (Librium)、Lorazepam (Ativan)。

3. 酒精會增強其藥物作用。

4. 分析法：

(1) 初步篩檢：immunoassay。

(2) 確認試驗：LC、GC-MS。

精選實例評量　Review Activities

1. 在密室中與吸食何種藥物者共處，也會受到影響而導致尿液呈陽性反應？　(A)安非他命(Amphetamine)　(B)海洛因(Heroin)　(C)古柯鹼(Cocaine)　(D)大麻煙(Cannabinoids)

2. 治療藥物監測最常使用的分析方法是：　(A)電泳法　(B)免疫分析法　(C)化學呈色法　(D)選擇性電極

3. 海洛因(Heroin)主要的代謝產物是下列何者？　(A) Cocaine　(B) Morphine　(C) Marijuana　(D) Phencyclidine

4. 下列 Barbiturates 藥物中，何者常用來治療癲癇發作？　(A) Thiopental　(B) Phenobarbital　(C) Secobarbital　(D) Amobarbital

5. 古柯鹼(Cocaine)和安非他命(Amphetamine)對中樞神經系統的作用是因為這兩種藥會：　(A)加強多巴胺(dopamine)的再回收(reuptake)　(B)阻斷多巴胺的再回收　(C)加強多巴胺的水解速率　(D)抑制多巴胺的水解速率

答案　　1.D　2.B　3.B　4.B　5.B

Clinical
Biochemistry

14 Chapter

分子生物概論

學習目標

1. 掌握分子生物學中心法則。

2. 掌握複製、轉錄、轉譯之間連繫。

3. 熟悉原核生物基因調控。

4. 瞭解電泳技術的基本原理。

5. 掌握 PCR 技術原理、反應步驟。

6. 掌握核酸雜交的概念。

7. 瞭解基因轉殖技術。

14-1　原核生物與真核生物基本概念

一、原核生物及真核生物的比較

特性或結構	真　核	原　核
1. 細胞核	1. 有細胞核及核膜 2. DNA 在核內形成染色體	1. 無細胞核或核膜 2. DNA 散布在一特定區域
2. 核仁	有核仁	無核仁
3. 去氧核糖核酸	1. 多 DNA 組成染色體，每細胞染色體數大於 1 2. DNA 與 Histone 蛋白質形成複合物。胞器（例如：葉綠體及粒線體）含自己的 DNA，類似原核 DNA	1. 由一 DNA 組成染色體，缺 Histone 2. 擁有染色體之外的質體(Plasmid)
4. 細胞壁	出現在藻類及真菌，不存於原蟲動物，缺少 Peptidoglycan	除 Mycoplasma 之外都具細胞壁。除 Mycoplasma 及 Archae-bacteria 之外都含 Peptidoglycan
5. 原生質膜	含類固醇	一般缺類固醇
6. 原生質流動	有	無

特性或結構	真　核	原　核
7. 減數及有絲分裂	有	無
8. 核糖體	1. 80S 2. 與內質網連接，粒線體及葉綠體內核糖體與原核者相似	1. 70S 2. 散布在細胞質內
9. 呼吸作用	在粒線體內進行	在原生質膜進行
10.光合作用	植物在葉綠體內進行	部分光合菌，在 Thylakoids 進行
11.運動	鞭毛或阿米巴運動，有些會滑動	鞭毛、軸絲、部分滑動；鞭毛構造簡單
12.繁殖	有性或無性繁殖	無性繁殖

二、細胞內主要胞器及其主要功能

胞器或成分	標記(Marker)	主要功能
細胞核 (Nucleus)	DNA	1. 染色體所在處 2. DNA 導向的 RNA 合成（即轉錄(Transcription)）之處
粒線體 (Mitochondrion)	麩胺酸去氫酶 (Glutamate dehydrogenase)	1. 檸檬酸循環(Citric acid cycle) 2. ATP 製造工廠
核糖體 (Ribosome)	高 RNA 含量	蛋白質合成處（mRNA 轉譯(Translation)成蛋白質）
內質網 (Endoplasmic reticulum)	葡萄糖-6-磷酸酶 (Glucose-6-phosphatase)	1. 膜上(Membrane-bound)核糖體為主要的蛋白質，合成各種酯類的合成。 2. 異種生物質(Xenobiotics)的氧化作用（例如 Cytochrome P.450，一種氧化酶）
溶酶體 (Lysosome)	酸性磷酸酶 (Acid phosphatase)	許多水解酶（Hydrolase，催化分解反應的酶）所在處
漿膜 (Plasma membrane)	Na⁺-K⁺-ATPase 5′-核苷酸酶(5′-Nucleotidase)	運送分子進出細胞、細胞間附著(Adhesion)及連繫(Communication)
高爾基氏體 (Golgi apparatus)	半乳糖轉移酶 (Galactosyl transferase)	1. 蛋白質的細胞內分送(Sorting) 2. 糖化反應(Glycosylation) 3. 硫酸化反應(sulfation)

胞器或成分	標記(Marker)	主要功能
過氧化酶體 (Peroxisome)	過氧化氫酶(Catalase) 尿酸氧化酶(Uric acid oxidase)	1. 分解某些脂肪酸及胺基酸 2. 過氧化氫的製造及分解
細胞骨架 (Cytoskeleton)	無特定酶標記	微 胞 絲 (Microfilament) 、 微 管 (Microtubule) 、 中 型 胞 絲 (Intermediate filament)
細胞液 (Cytosol)	乳酸去氫酶 (Lactate dehydrogenase)	1. 含糖解反應(Glycolysis) 2. 脂肪酸合成的酶

三、核酸的構造

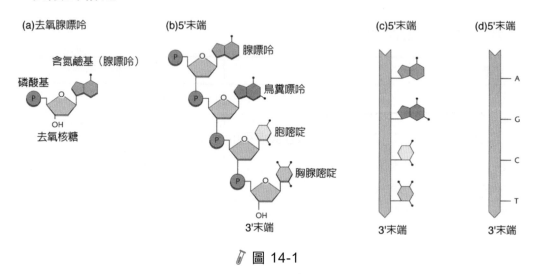

圖 14-1

1. 含氮鹼基可分為嘌呤(purine)與嘧啶(pyrimidine)：嘌呤包括腺嘌呤(adenine; A)與鳥糞嘌呤(guanine; G)，所形成的核苷酸分別稱為腺嘌呤核苷酸、鳥糞嘌呤核苷酸；嘧啶包括胞嘧啶(cytosine; C)、胸腺嘧啶(thymine; T)及尿嘧啶(uracil; U)，所形成的核苷酸分別為胞嘧啶核苷酸、胸腺嘧啶核苷酸及尿嘧啶核苷酸。

2. 核苷酸五碳糖的第一號碳會與含氮鹼基相連；五碳糖的第五號碳會與磷酸基相連。

3. 長鏈的核苷酸以核苷酸的 5'端之磷酸基與前一個核苷酸的 3'端之-OH 反應，以磷酸雙酯鍵。

4. 雙股含氮鹼基對之間的氫鍵是維持 DNA 雙股螺旋結構。

精選實例評量

1. DNA 鏈含有胸嘧啶，但是轉錄成 RNA 鏈則由尿嘧啶所取代，下列關於胸嘧啶和尿嘧啶在化學結構上的敘述，何者正確？　(A)尿嘧啶少了甲基　(B)尿嘧啶多了甲基　(C)尿嘧啶多了氫氧基　(D)尿嘧啶多了胺基

2. 核酸(nucleic acid)的組成單元(building block)是：　(A)核苷(Nucleoside)　(B)核苷酸(Nucleotide)　(C)核蛋白(Nucleoprotein)　(D)氮鹼基（嘌呤或嘧啶）

3. DNA 的雙股螺旋結構，鹼基對之間是藉著何種鍵結形成：　(A)雙硫鍵　(B)磷酸雙酯鍵　(C)氫鍵　(D)離子鍵

4. 在相同的酸鹼及離子濃度環境下，已知其中一股之鹼基(base)組成如下所列，則何種雙股 DNA 之 melting point 最高？　(A) A: 24.5%, T: 26.5%, C: 25.8%, G: 23.2%　(B) A: 26.5%, T: 24.5%, C: 23.2%, G: 25.8%　(C) A: 25.8%, T: 26.5%, C: 23.2%, G: 24.5%　(D) A: 23.2%, T: 24.5%, C: 26.5%, G: 25.8%

5. 下列何者含有去氧核糖(deoxyribose)：　(A) Uridine　(B) DNA　(C) FAD　(D) NAD$^+$

6. 回文(palindrome)是 DNA 中一個核苷酸序列(nucleotide sequence)：　(A)具有高度重複性　(B)真核基因(eukaryotic genes)的內生子(intron)之部分　(C)是一結構基因(structural gene)　(D)具局部對稱並可以提供不同的蛋白質辨識位置

7. AUC 為異白胺酸的遺傳密碼，在 tRNA 異中其相應的反密碼應為？　(A) UAG　(B) TAG　(C) GAU　(D) GAT

8. 去氧核糖核酸(DNA)之去氧核糖常發生在核糖的第幾個碳上？　(A) 1　(B) 2　(C) 3　(D) 5

9. tRNA 分子大約含有多少核苷酸？　(A) 50　(B) 75　(C) 100　(D) 125

10. 一般遺傳密碼具有普遍性(universality)，然而卻有例外，這些例外發生在下列何種胞器？　(A)內質網　(B)高爾基氏體　(C)粒線體　(D)溶酶體

11. Watson 和 Crick 認為 DNA 是雙股螺旋，係依據下列哪一種方法觀察所提出之假說？　(A) UV　(B) NMR　(C) X-ray diffraction　(D) IR

12. 下列有關核體(nucleosome)的敘述何者不正確？　(A)核心組織蛋白由 8 個 H$_2$ 組織蛋白所構成的八隅體　(B)一個核體珠(nucleosome bead)大約含有 160~200 個鹼基對　(C)核心組織蛋白常見的修飾作用有乙醯化、甲基化、磷酸化，在染色體的構造與功能上扮演重要角色　(D)核心組織蛋白不包括 H$_1$ 組織蛋白

13. 何者在 DNA 上的鹼基能夠被甲基化(methylation)修飾，並且對哺乳類細胞的基因表達產生調控作用？　(A)腺嘌呤(Adenine)　(B)胸腺嘧啶(Thymine)　(C)鳥糞嘌呤(Guanine)　(D)胞嘧啶(Cytosine)

答案　1.A　2.B　3.C　4.D　5.B　6.A　7.C　8.B　9.B　10.C　11.C　12.A　13.D

14-2　分子生物基本概念

一、分子生物學中心法則

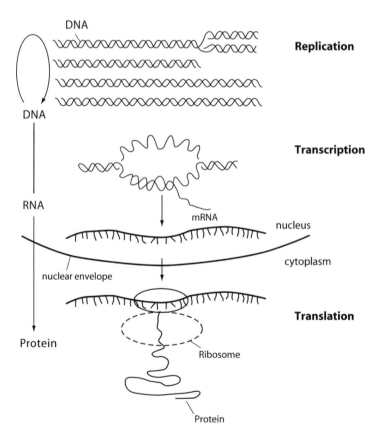

🧪 圖 14-2　由 DNA 可直接複製雙股 DNA，同時 DNA 再經由轉錄變成 RNA，最後經由轉譯生成蛋白質的過程。

二、四個主要階段

(一) 複製(Replication)

1. **特性**：由美國的梅爾森(Matthew Stanley Meselson)和塔爾(Franklin William Stahl)
   證實半保留複製(semiconservative replication)方式。

2. **複製的起點**：
   (1) DNA 複製起始於一個特定的位置，稱為複製起點(origins of replication)
   (2) 真核染色體有數百乃至於數千個複製起點；細菌或病毒的 DNA 分子只有一
       個複製起點。

3. **過程**：
   (1) DNA helicases：解開 DNA 雙股。
   (2) DNA polymerase：使得 leading and lagging strands 進行延長反應。
   (3) DNA ligase：lagging strands 將新合成小片段的岡崎片段(Okazaki fragments)，
       最後組成大的 DNA 片段。

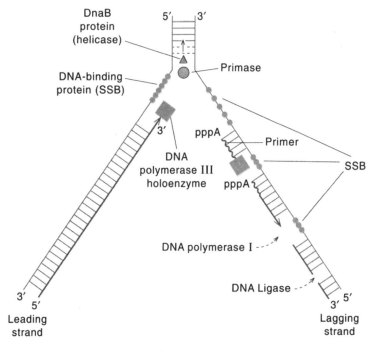

🖊 圖 14-3

4. **熟成作用(Maturation)**：指由去除岡崎片段(Okazaki fragments)上之 RNA 引子，
   並以去氧核糖核苷酸填補形成之空缺，以及將不連續之 DNA 片段連接起來。

(二) 轉錄(Transcription)

1. **定義**：由 DNA 轉錄成 RNA 而來，包含 mRNA、rRNA、tRNA。

2. **過程**：

　(1) 以大腸桿菌為例：

　　a. RNA 聚合酶為五合體（$\alpha_2\beta\beta$，和 σ）。

　　b. 步驟：

　　・啟動區起始作用：RNA 聚合酶與 DNA 上稱為啟動區(promoter)的結合。

　　・轉錄本延伸作用：將 DNA 雙螺旋 untwist 並打開一小段使得約 10 個鹼基暴露在外；此暴露的雙股 DNA 中的一股將成為合成互補 RNA 合成的模板。

　　・終止反應：RNA 聚合酶到達 DNA 的終止區域為止；在某些原核細胞中，終止過程與一稱為 (ρ)(rho) 之蛋白質有關；在真核細胞中，最常見的終止序列是 AATAAA。

　　c. 轉錄單元：

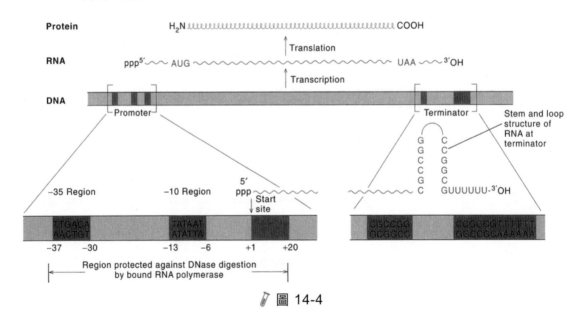

🧪 圖 14-4

(2) 比較原核生物和真核生物轉錄過程：

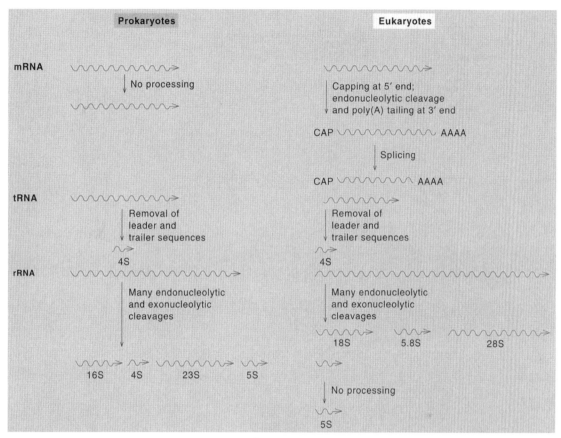

🧪 圖 14-5

(3) tRNA 的修飾過程（以大腸桿菌酪胺酸為例）：

    a. 多摺疊為苜蓿葉形狀的結構，最終產物由 70~95 個核苷酸組成。

    b. 需內切核酸酶 (endoribonuclease)：切斷 RNA 內部；外切核酸酶 (exonuclease)：由鏈末端移除核苷酸。

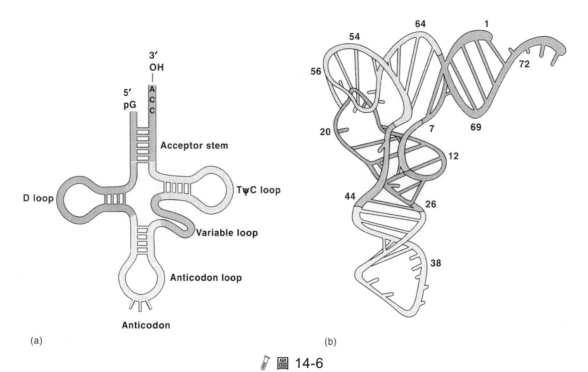

圖 14-6

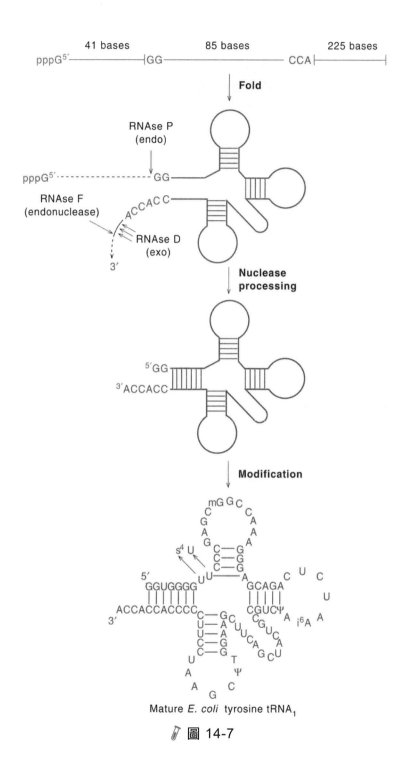

圖 14-7

(三) 轉譯(Translation)

1. 定義：由 mRNA 上的遺傳密碼的序列資訊轉譯成蛋白質。

2. 特性：

  (1) 搖擺性(Wobble)：一個 tRNA 辨識不只上個 mRNA 上密碼的能力，發生在第 tRNA 反密碼第三個鹼基（5'端）上。

  (2) 胺醯 tRNA 合成酶(aminoacyl-tRNA synthetase)：將 tRNA 與其胺基酸正確配對在一起，20 種胺基酸各有其特定的胺醯 tRNA 合成酶。

  (3) 原核與真核生物中，所有的起始 tRNA(initiator tRNAs)，均在參與轉譯前連結上甲硫胺酸(methionine)；在原核生物、粒線體及葉線體中，起始 tRNA 之製備甚至包括在甲硫胺酸的側基上有一甲醯基之置換而形成甲醯甲硫胺醯。

3. 蛋白質合成反應：

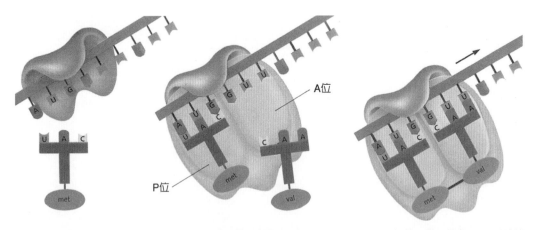

起始：核糖體小次單元會先與 mRNA 上的起始密碼子結合，形成起始複合體。

攜帶甲硫胺酸的胺醯tRNA的反密碼子會結合到mRNA的起始密碼子上，佔據 P位，接著核糖體大次單元會過來與起始複合體形成完整的mRNA－核糖體複合體，等待第二個胺醯tRNA進入A位。

伸長：第二個與mRNA配對的胺醯tRNA進入A位，利用 GTP水解產生的能量將兩胺基酸鍵結。

圖 14-8

4. 轉譯區之起始密碼子(start codon)為 AUG；終止密碼子(stop codon)為 UAA、UAG 及 UGA。

5. 步驟：

  (1) Aminoacyl-tRNA Synthase：胺基酸先以共價鍵與 tRNA 結合形成胺醯基-tRNA(aminoacyl-tRNA)來攜帶胺基酸。

  (2) 起始過程：起始因子(IF)、起始 tRNA (fMet- tRNAiMet)、小核糖體次單位及 mRNA 結合。

(3) 延長反應：胺醯基-tRNA 專一的辨識緊鄰下一個密碼，尚需靠 aminoacyl-tRNA binding factor（原核系統稱為 EF-Tu；真核系統稱為 EF-T1）。

(4) 轉位作用(Translocation)：蛋白質胺醯化複合物由核糖體的 P site 轉至 A site。可透過轉位因子的催化（原核系統稱為 EF-G；真核系統稱為 EF-2）。

三、基因表現的調控

(一) 乳糖操縱子(Lac Operon)

1. 實驗者：Jacob 與 Monod。

2. 合成產物：

　(1) Z 基因：β-半乳糖苷酶(β-galactosidase)。

　(2) Y 基因：乳糖穿透酶(permease)。

　(3) A 基因：半乳糖硫苷轉乙醯酶(thiogalactoside transacetylase)。

3. 操縱方式（圖 14-9）：

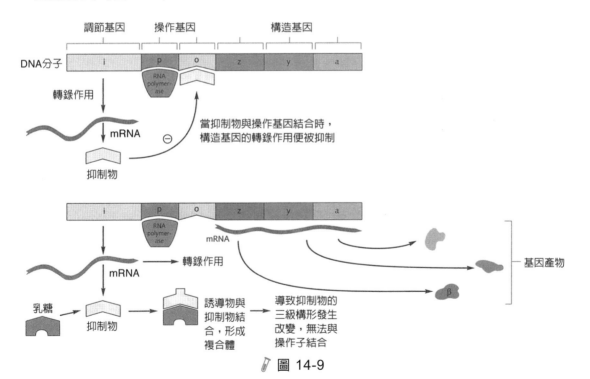

圖 14-9

（二）色胺酸操縱子(Tryptophan Operon)

1. **意義**：當色胺酸的含量降低，則會刺激色胺酸合成酵素的含量。

2. **調控方式**：利用轉錄的致弱作用(attenuation)（圖 14-10）。

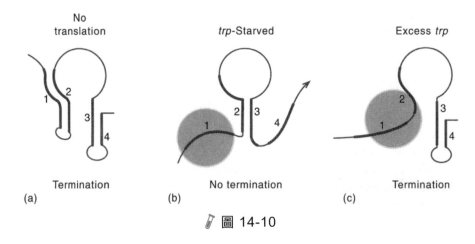

圖 14-10

精選實例評量　Review Activities

1. mRNA 是經由下列哪一種酵素所合成？　(A) RNA polymerase I　(B) RNA polymerase II　(C) RNA polymerase III　(D) Klenow fragment

2. 一般真核生物基因啟動子(promoter)之特性，下列敘述何者為正確？　(A)啟動子約位在開始轉錄位置上游約 25~30 個鹼基處　(B)含 GC box　(C)含 Pribnow box　(D)啟動子約位在開始轉錄位置上游約 10 個鹼基處

3. DNA 複製時，參與新股 DNA 合成所用的引子(primer)為：　(A)一條岡崎(Okazaki)片段　(B)一條 DNA 片段　(C)一條 RNA 片段　(D)一條胜肽片段

4. 乳糖操縱子中的 i 基因編碼產物是？　(A)β-半乳糖苷酶　(B)穿透酶　(C)一種啟動蛋白　(D)一種阻遏蛋白

5. 下列哪一種具有酵素活性的分子不屬於蛋白質？　(A)反轉錄酶 (Reverse transcriptase)　(B)抗體酶(Abzyme)　(C)核糖酶(Ribozyme)　(D)DNA 聚合酶(DNA polymerase)

6. DNA 結合蛋白的結構特色(structural motifs)不包括下列何者？　(A)鋅手指(Zinc finger)　(B) Leucine 拉鏈(Leucine zipper)　(C)鹼性 Helix-loop helix (b-HLH)　(D)富酸性胺基酸領域(Acidic amino acid-rich domain)

7. 決定蛋白質被輸往特定位置(protein targeting)的訊息是：　(A)細胞膜上的脂雙層(lipid bilayer)　(B)蛋白質上的訊息序列(Signal sequence)　(C) RNA 的內含子(Intron)　(D) mRNA 的 3'端非轉譯區(3'-Non- translating region)

8. DNA 合成時，不需要下列哪一種蛋白質的參與？　(A)螺旋酶(Helicase)　(B)拓撲酶(Topoisomerase)　(C)原始酶(Primases)　(D)熱休克蛋白(Heat shock protein)

9. 何者是 terminating of DNA Ssynthesis 的分子構造？
   (1) ATG　(2) TAA　(3) Directed repeat sequence　(4) Inverted repeat sequence
   (5) Poly-A sequence。(A)(1)+(2)　(B)(4)+(5)　(C)(2)+(5)　(D)(2)+(3)

10. 一段未知雙股 DNA，最多可能有幾個 reading frames？　(A) 1　(B) 2　(C) 4　(D) 6

11. 在進行 total RNA 的電泳時，經染色後常見 28S rRNA 訊號帶，此 S 是指：　(A) Superhelical unit　(B) Semiconservative unit　(C) Svedberg unit　(D) Supercoiled unit

12. 設有一 mRNA 含 336 個核苷酸，其中包含起始與終止密碼子(cCodon)，試問此 mRNA 可轉譯(translation)為含有幾個胺基酸的產物？　(A) 111　(B) 112　(C) 333　(D) 999

13. 真核細胞(eukaryotic cells)與原核細胞(prokaryotic cells)DNA 複製(DNA replication)敘述，何者錯誤？　(A)皆需引子(primer)　(B)皆會有引導股(leading strand)與落後股(lagging strand)形成　(C)皆由一個複製起始點(replication origin)進行所有 DNA 複製　(D)皆需 DNA ligase 參與

14. 下列何種 RNA，具有最多的修飾核苷酸？　(A) tRNA　(B) rRNA　(C) mRNA　(D) hnRNA

答案　1.B　2.A　3.C　4.D　5.C　6.D　7.B　8.D　9.C　10.D　11.C　12.A　13.C
　　　14.A

14-3　生物技術

一、電泳技術

(一) 定　義

　　任何物質由於本身的解離作用，或表面上吸附其他帶電質點，在電場中便會向一定的電極移動。

　　蛋白質是由胺基酸組成，而胺基酸帶有可解離的胺基($-N^+H_3$)和羧基($-COO^-$)，是典型的兩性電解質，在一定的 pH 條件下會解離而帶電。帶電的性質和多少取決於蛋白質分子的性質及溶液的 pH 值、離子強度。

(二) 電泳速度影響的因素

1. **電場強度**：係指每釐米的電位梯度。電場強度愈高，則帶電顆粒泳動越快。

2. **溶液 pH**：溶液的 pH 值決定帶電顆粒的解離程度，即是所帶電荷的多少。當蛋白質溶液 pH 值離等電點(pI)越多，則顆粒所帶的淨電荷越多，泳動速度越快。

   ⮞ 當溶液的 pH 值大於 pI，則蛋白質分子會解離出氫離子而帶負電，此時蛋白質分子在電場中向正極移動。

   ⮞ 當溶液的 pH 值小於 pI，則蛋白質分子結合一部分氫離子而帶正電，此時蛋白質分子在電場中向負極移動。

說 明

- 電極緩衝液中含有 Tris 外，還有 Glycine，其 $pK_1=2.34$、$pK_2=9.4$，$pI=(pK_1+pK_2)/2=6.0$，在 pH8.3 的電極緩衝液中，易解離出甘胺酸根($NH_2CH_2COO^-$)，而在 pH6.7 的凝膠緩衝體系中，甘胺酸解離度最小，僅有 0.1~1%，因而在電場中遷移很慢，稱為 Trailing ion。

- 血清中，大多數蛋白質 pI 在 5.0 左右，在 pH 6.7 或 8.3 時均帶負電荷，在電場中，都向正極移動。

說明

假設有三個蛋白質 X，Y，Z，原態分子量大小依次為 X＞Y＞Z，在一般電泳系統的 pH 值 8.3 條件下，當 X 之 pI 值 5.8，Y 之 pI 值 4.2，Z 之 pI 值 9.3，其移動的順序？

X 及 Y 的淨電荷為負(pI＜8.3)，而 Z 的淨電荷為正(pI＞8.3)

⮕ Native-PAGE：X、Y 會往正極跑，而 Z 卻往負極跑，X 的分子量最大，故跑得比 Y 慢。

⮕ SDS-PAGE：X、Y、Z 分子表面均帶負電，因此都往正極跑。以分子量來評估；分子量小的移動大，分子量大的移動小，因此 Z 移動較 Y 快。

---

3. **對支持物的選擇**：一般要求支持物均勻、吸附力小，否則電場強度不均勻，影響區帶的分離，實驗結果及掃描圖譜均無法重複。

4. **溫度的影響**：電泳過程中由於通電產生焦耳熱。當溫度升高時，介質黏度下降，分子運動加劇，引起自由擴散變快，遷移率增加。

(三) 支持物電泳

支持物是多種類，其電泳過程可以是連續的或是不連續的可進行常壓電泳、高壓電泳、免疫電泳、等電聚焦電泳及等速電泳。支持物的特點：

1. **無阻滯支持物**：如濾紙、醋酸纖維薄膜、纖維素粉、澱粉、玻璃粉、聚醯胺粉末、凝膠顆粒等。

2. **高密度的凝膠**：如聚丙烯醯胺凝膠(polyacrylamide gel electrophoresis; PAGE)、洋菜凝膠(agarose gel electrophoresis)、澱粉凝膠(starch gel electrophoresis)。

(1) 聚丙烯醯胺凝膠(polyacrylamide gel electrophoresis; PAGE)：

　　a. 組成：聚丙烯醯胺凝膠是由單體(monomer)丙烯醯胺(acrylamide)和交聯劑(crosslinker) 又 稱 為 共 聚 體 的 N, N-甲 叉 雙 丙 烯 醯 胺 (methylene-bisacrylamide; Bis)在加速劑和催化劑的作用下聚合交聯成三維網狀結構的凝膠。

　　b. 優點：

　　　(a) 化學性能穩定，與被分離物不起化學作用。

　　　(b) 對 pH 和溫度變化較穩定。

　　　(c) 樣品不易擴散，且用量少，靈敏度可達 1μg。

(d) 凝膠孔徑可調節，根據被分離物的分子量選擇合適的濃度，通過改變單體及交聯劑的濃度調節凝膠的孔徑。

(2) 二維電泳體系(IEF/SDS-PAGE)：其原理如下：

    a. 利用樣品中不同成分 pI 差異，進行 IEF-PAGE 第一向分離，然後縱向切割再以垂直於第一向的方向進行第二向 SDS-PAGE，從而使不同分子量的蛋白質分離。

    b. 第一維 IEF 電泳體系中，必須加入高濃度尿素、NP-40 及 dithiothreitol (DTT)。主要作用是破壞蛋白質分子內的雙硫鍵，使蛋白質變性及胜肽(peptide)展開，有利於蛋白質分子電泳後能在溫和的條件下與 SDS 充分結合，形成 SDS-蛋白質複合物。

    c. 第二維電泳緩衝液中先驅除第一維凝膠體系中的尿素、NP-40 及兩性電解質，使第二維緩衝體系中的 β-巰基乙醇可使蛋白質內的雙硫鍵保持還原狀態，更有利於 SDS 與蛋白質結合形成 SDS-蛋白質複合物。

(3) 洋菜凝膠：

    a. 目的：分析 DNA 或 RNA 檢體。

    b. 注意事項：

        (a) 膠片製作所需的溶劑，則需與電泳時所使用之緩衝溶液一致。

        (b) 常用的電泳緩衝液有 TAE (tris-acetate)及 TBE (tris-borate)。

(四) 染色法

1. 蛋白質類：

(1) Coomassie brilliant blue R-250 (CBR)染色：最常用的蛋白質染色法。染色劑的芳香基團與蛋白質的非極性區結合，以及所帶負電與蛋白質的正電基團結合。

(2) 硝酸銀(Ammoniacal silver)染色：銀氨錯離子形式與蛋白質結合，銀離子再還原成金屬銀的深褐色。

2. DNA、RNA 類：Ethidium bromide (EtBr)染色：可嵌入 DNA 與 RNA 的雙股螺旋中，吸收紫外光後，可釋放出最大的能量。

二、聚合酵素鏈鎖反應(PCR)

(一) 原　理

1. 以人為的方式在實驗室大量的複製所欲研究的核酸對象。此項技術可以將非常微量的 DNA 增殖放大。

2. 可使 DNA 在微量試管中擴增至 10^6 分子以上。

(二) 材　料

1. 設計前置引子(forward primer)和反置引子(reverse primer)。

2. 使之與目標 DNA 配對(annealing)。

3. 利用 DNA 聚合酵素(DNA polymerase)以目標 DNA 的兩股分別做為模板(template)來合成新的 DNA 股。於耐高溫的細菌(*Thermus aquaticus*)中分離出來的 DNA 聚合酵素(Taq DNA polymerase)在 95°C 中其活性的半衰期長達 40 分鐘。

4. 反應中加入 uracil-N-glycosylase，將前次反應所遺留含 U 的片段切碎（使其無法成為下一次反應的模板）。

說明　Taq 聚合酵素

1. 缺乏 3'至 5'端外切酵素(Exonuclease)的特性。

2. 在 DNA 合成時沒有校對(Proofreading)的功能。

3. Mg^{2+} (0.5~2.5mM)幫助酵素的活性。

(三) 操作方法

1. **變性反應(Denaturation)**：以高溫(92~95℃)使雙股模板的 DNA 兩股分離。

2. **配對反應(Annealing)**：使引子與目標 DNA 配對。

3. **延長反應(Extension)**：合成新的 DNA 股。循環操作每次可使 DNA 的量增加一倍。

(四) 結　果

　　DNA 增加的量將會是 2^n，n 是代表重複操作的次數。在理想的聚合酵素鏈鎖反應條件下，DNA 是以幾何級數增加，再以 agarose 凝膠電泳中觀察到。

（五）廣泛應用

1. **醫學診斷**：病毒感染偵測、遺傳性疾病診斷及癌症研究，如致癌基因研究等。

2. **農業發展**：基因選殖、基因重組等生物技術、動植物病蟲害防治等。

3. **族群遺傳學**：自 DNA 遺傳的多態性(polymorphism)及其序列變異程度來追溯族群演化關係等。

4. **刑事科學**：核酸鑑定等。

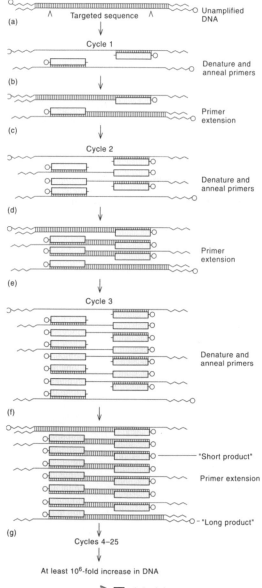

🧪 圖 14-11

三、DNA 定序(DNA Sequencing)

(一) Maxam & Gilbert Method（1977 年發表）

原理：DNA 純化得到大量相同的 DNA，在每一股標示上放射性物質，將雙股分成單股，分別置於 4 支試管內，試管內分別加有可切割 1 或 2 個特殊核苷酸(G, GA, CT, C)部位的化學藥劑，控制反應，每管就含有不同長度差一個 base pair 的標示片段，再從電泳分析之結果即可讀出 DNA 的序列。

(二) Sanger's Method

原理：利用核苷酸的類似物(analog)，因類似物沒有 3'-hydroxyl group，因此可以終止 DNA 鏈的複製。利用不同核苷酸的 dideoxy analog 做四次實驗，得到四群 chain-terminated fragments，用電泳將每群長短不一的片段分開即可讀出 DNA 的順序。

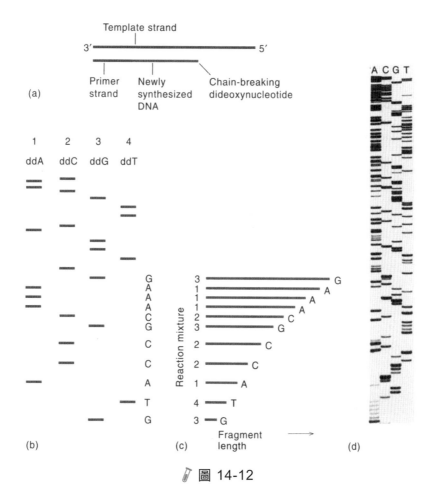

🖊 圖 14-12

說 明　**STR (Short Tandem Repeats)**

1. **意義**：為重複單位之 DNA 序列頭尾相接而成，佔總基因 5~10 %。

2. **原理**：將 DNA 由血液中萃取出來，利用 PCR 原理放大多個 STR 基因區，最後再利用全自動 DNA 序列定序儀分析產物大小加以比對即可得知親子關係。

3. **運用**：分析這些高變化性的 STR 對於診斷單一基因疾病、父系血緣的親子鑑定。

四、分子選殖(Molecular Clone)

(一) 目　的

基因與載體形成重組體 DNA 後，送入寄主細胞中複製和增殖，也使目的基因擴增。

(二) 限制核酸內切酶(Restriction Endonucleases)

1. 雙股 DNA 中氮鹼基順序的確認具有專一性。

2. 在原核生物(prokaryotics)細胞中，它們作用於鑑識修飾系統中，並能把載體截切，但不會切割自己已甲基化的宿主染色體 DNA。

3. 會認知長 4~6 bp（或更長）等不同的核苷酸序列，很準確的在某一點上切 DNA 成對稱的兩軸交互分開，這種交互切口會使 DNA 片段的 5′和 3′切成 sticking end 或 blunt end。

表 14-1

Enzyme	Recognition Sequences	Enzyme	Recognition Sequences
AluI	↓ AGCT TCGA ↑	HpaII	↓ GCGG GGCC ↑
BamH1	↓ GGATCC CCTAGG ↑	KpaI	↓ GGTACC CCATGG ↑
BglII	↓ AGATCT TCTAGA ↑	MboI	↓ GATC CTAG ↑
ClaI	↓ ATCGAT TAGCTA ↑	PstI	↓ CTGCAG GACGTC ↑
EcoRI	↓ GAATTC CTTAAG ↑	PvuI	↓ CGATCG GCTAGC ↑
HaeII	↓ GGCC CCGG ↑	SalI	↓ GTCGAC CAGCTG ↑
HindII	↓ GTPyPuAC CAPuPyTG ↑	SmaI	↓ CCCGGG GGGCCC ↑
HindIII	↓ AAGCTT TTCGAA ↑	XmaI	↓ CCCGGG GGGCCC ↑

(三) 接合法(Ligation)

其目的為質體的建構、基因表現產物（圖 14-13）。

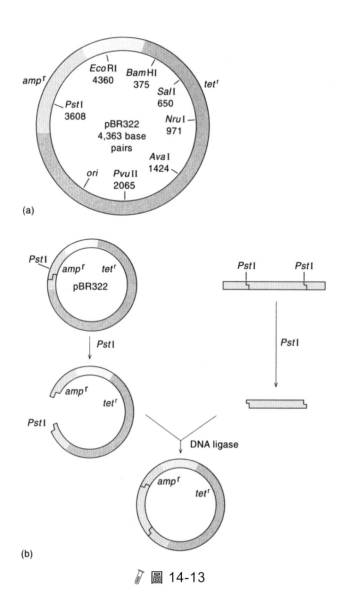

圖 14-13

五、墨點法(Blotting Techniques)

(一) 南方墨點法(Southern Blotting)

1. **目的**：檢測 DNA。

2. **操作方法**：將 DNA 片段以瓊脂凝膠電泳分開，然後藉轉印(blotting)法將之轉移到一個硝酸纖維素濾膜上，以利採用放射性標記核酸探針(radioactively labelled nucleic acid probes)與之進行雜交(hybridization)，檢測感興趣的核酸序列進行鑑定（圖 14-14）。

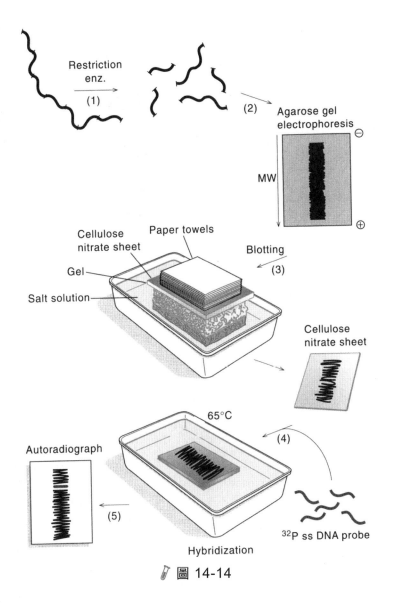

圖 14-14

(二) 北方墨點法(Northern Blotting)

1. **目的**：檢測 RNA；可以得到基因轉錄表現。

2. **操作方法**：將凝膠電泳分離出的 RNA，轉移到一個硝酸纖維素濾膜上，用標記之 DNA 探針雜交，以對所要研究的 RNA 進行鑑定。

(三) 西方墨點法(Western Blotting)

1. 目的：檢測蛋白質(protein)。

2. 操作方法：

　　(1) 抗原蛋白的製備抗原蛋白質膠體電泳分析。

　　(2) 將分離的 polypeptides 轉移至轉移膜(membrane)上。

　　(3) 將膜上非特異性的結合位置覆蓋住。

　　(4) 加入抗體反應，偵測之。

六、基因晶片(Genechips)

(一) 定　義

　　將基因相關的 DNA 序列放在晶片上。基因相關的序列可以是基因互補 DNA(gene cDNA)、cDNA 的片段、從 cDNA 截取短的 oligonucleotide、或是任意設計的序列等。

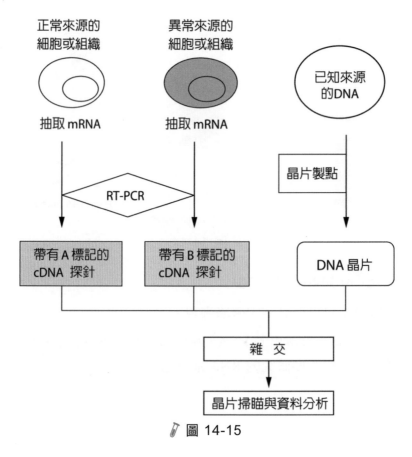

🧪 圖 14-15

(二) 種　類

1. 微矩陣(Microarray)：將基因相關的 cDNA 序列放在晶片上。主要用來偵測基因的表現(gene expression)。

2. Oligo 晶片：將短的寡核酸(oligonucleotide)放在晶片上。可用來偵測基因的表現，偵測基因突變(gene mutation)，偵測基因型(genotype)。

(三) 檢測方式

1. 依探針性質而不同，一般均在 DNA 的 3'端或 5'端加螢光色素 Cy3 及 Cy5 作為螢光標記。

2. 標的基因與探針經雜交反應後，發射特定波長螢光再用激光共聚焦顯微鏡掃瞄，所得單色圖像輸入圖像處理軟體分析。

(四) 應用方面

1. 在基因表現情形檢測。

2. 尋找新基因。

3. 藥物和疾病篩選。

4. 突變和多態性的檢測。

七、基因轉殖技術

(一) 定　義

　　將重組 DNA 引入生物體內，需穩定的嵌入宿主動物之生殖細胞內，並可傳遞至接續的每一世代中。

(二) 種　類

1. **基因轉殖小鼠(Transgenic Mice)：**
   (1) 操作方法：以基因顯微注射將重組 DNA 直接注入小鼠受精卵的原核中。
   (2) 優點：此種基因轉殖小鼠為成功率最高的方式。
   (3) 缺點：轉殖基因插入的位置並不能事先測得。因此每個源種轉殖基因的動物(founder animals)，必須建立起它自己獨立的轉殖基因動物株(transgenic line)。

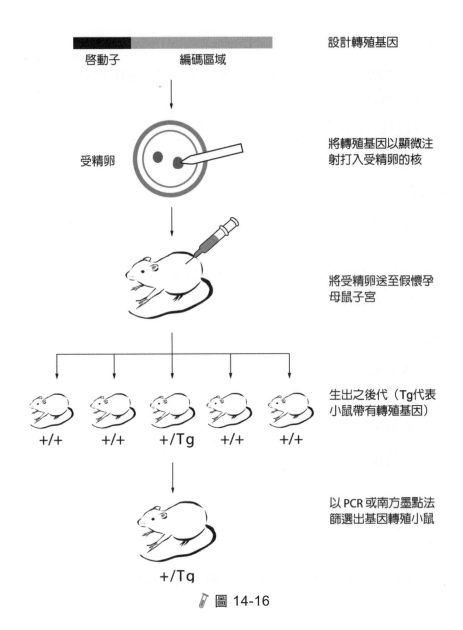

設計轉殖基因

啟動子　　　編碼區域

受精卵

將轉殖基因以顯微注射打入受精卵的核

將受精卵送至假懷孕母鼠子宮

+/+　　+/+　　+/Tg　　+/+　　+/+

生出之後代（Tg代表小鼠帶有轉殖基因）

+/Tg

以PCR或南方墨點法篩選出基因轉殖小鼠

🧪 圖 14-16

2. 基因剔除小鼠(Knockout Mice)：

(1) 操作方法：

    a. 將標的構築質體(targeting construct)藉由電破法(electroporation)將它轉殖進入胚源細胞中(embryonic stem cells; ES cells)。

    b. 找出基因已改造的胚源細胞。

    c. 再將此細胞經微量注射注入囊胚的空腔中(cavity of blastocyst)。

    d. 再將處理過的胚胎植入假懷孕的代理孕母(pseudopregnant surrogate mother)體內，以此產生基因嵌合鼠(chimera)。

(2) 優點：可構築特定基因型的人類遺傳疾病轉殖老鼠動物模式，可供遺傳疾病之病態生理學探討及做為各種治療策略之評估。

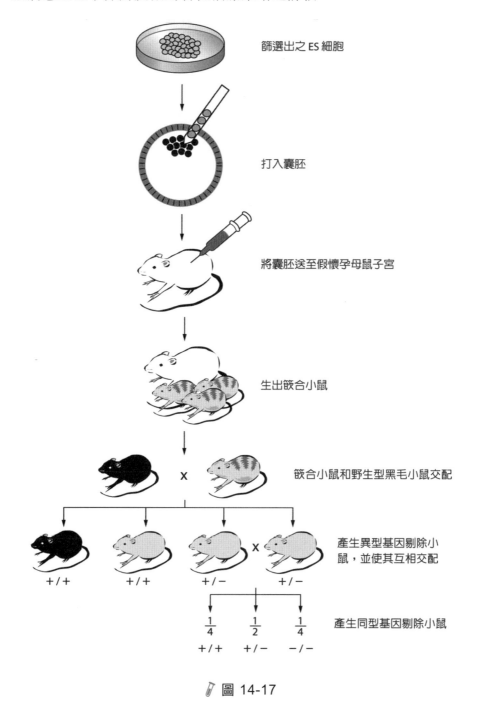

篩選出之 ES 細胞

打入囊胚

將囊胚送至假懷孕母鼠子宮

生出嵌合小鼠

嵌合小鼠和野生型黑毛小鼠交配

產生異型基因剔除小鼠，並使其互相交配

+/+　　+/+　　+/-　　+/-

$\frac{1}{4}$　　$\frac{1}{2}$　　$\frac{1}{4}$

產生同型基因剔除小鼠

+/+　　+/-　　-/-

🧪 圖 14-17

精選實例評量

1. 如果提高電泳時的緩衝液濃度，則會發生下列何種現象？　(A)分子移動變慢，溫度上升　(B)分子移動變快，溫度下降　(C)分子移動變慢，溫度下降　(D)分子移動變快，溫度上升

2. 聚合酶鏈反應(PCR)有三個步驟分別是(1)延伸(2)變性(3)結合，下列何種順序是正確的？　(A)(2)→(1)→(3)　(B)(1)→(3)→(2)　(C)(2)→(3)→(1)　(D)(3)→(2)→(1)

3. 南方雜交法(southern hybridization)是用來確認：　(A) DNA　(B) RNA　(C)蛋白質　(D)脂質

4. 利用下列何種物質可選殖最大的 DNA 片段？　(A) Plasmid　(B) Cosmid　(C) λ phage 噬菌體　(D) YAC (Yeast artificial chromosome)

5. 在以 SDS-電泳分析蛋白質分子量時，下列敘述何者不正確？　(A)蛋白質分子量越大，移動速率越慢　(B) SDS 使得大多數的蛋白質構形類似桿狀　(C)加還原劑可使蛋白質之雙硫鍵打開　(D) SDS 使得蛋白質帶大量正電

6. 南方墨點法(southern blotting)主要偵測之對象為何者？　(A) DNA　(B) RNA　(C)胺基酸　(D)醣類

7. 下列哪一種墨點法(blotting)可用來分析蛋白質與蛋白質之間有無交互作用（例如抗體與抗原結合）？　(A)東方墨點(Eastern blotting)　(B)西方墨點(Western blotting)　(C)南方墨點(Southern blotting)　(D)北方墨點(Northern blotting)

8. 以同位素物質標誌酸探針(probe)，最常被使用的同位素是：　(A) ^{3}H　(B) ^{125}I　(C) ^{35}S　(D) ^{32}P

9. DNA 的 G+C 含量愈多，則下列有關 DNA 之敘述何者正確？　(A)密度愈低　(B)Tm 值愈高　(C)右旋性愈大　(D)愈容易變性

10. 適合用來做為基因分型的技術是下列何者？　(A) EMIT　(B) ELISA　(C) RFLP　(D) CEDIA

11. 利用 RFLP 診斷基因遺傳疾病，可使用下列何者？　(A) Western blots　(B) Eastern blots　(C) Northern blots　(D) Southern blots

12. 下列有關 PCR(polymerase chain reaction)的敘述何者不正確？　(A)時常使用的 Taq DNA polymerase 缺乏 3'→5'exonuclease 的活性，造成合成 DNA 配對的錯誤(mismatch)　(B)Taq DNA polymerase 是一熱穩定蛋白　(C)引子(primer)的 3'-OH

與第一個核苷酸的 α-phosphate 形成 Phosphodiester bond　(D)礦物油(mineral oil)是用於提供反應能量

13. 下列何者為 PCR 反應中，作為活化物之離子？　(A) Fe⁺　(B) Ca²⁺　(C) Cu⁺　(D) Mg²⁺

14. 下列哪種電泳介質比較不會有內滲透(endosmosis)的現象？　(A)乙酸纖維素(Cellulose acetate)　(B)瓊脂(Agarose)　(C)聚丙烯醯胺膠(Polyacrylamide)　(D)玻璃毛細管(Glass capillary)

答案　　1.A　2.C　3.A　4.D　5.D　6.A　7.B　8.D　9.B　10.C　11.D　12.D　13.D
　　　　14.C

14-4　分子檢驗基本技術

一、增幅限制酶切位點 (Amplified created restriction sites; ACRS)

1. **原理**：需先知道欲分析基因的突變位點，之後在引子上設計帶有限制切位的部分序列，在 PCR 的時候此引子會增幅出具有正常的限制酶切位序列，或因突變位點導致增幅出具有突變的限制酶切位序列。在 PCR 增幅反應後，進行限制酶切割反應。

2. **結果**：具有正常限制酶切位的片段就會被切割，突變的片段則否。

二、單核苷酸基因多型性(single nucleotide polymorphism)

1. **定義**：DNA 序列中的單一鹼基對(base pair)變異。

2. **特性**：SNP 的發生機率大約是 0.1%，每隔 1kb 單位長度，就至少會發生一個「單一鹼基變異」。

　＊　微衛星，亦稱為短串聯重複(short tandem repeat; STR)：在人類基因組中約占10%其突變率較 SNP (single nucleotide polymorphism)為高，鑑識實驗室較常使用之 STR 標記為 4 bp 或 5 bp 之重複單元為主。

3. 用途：本著群體和個體基因序列的差異，憑此此找到疾病的易感基因，成就個體化醫療。

三、單鏈構象多態性（single-strand conformation polymorphism）

1. 原理：先以 PCR 來擴增標的 DNA，將特異性的 PCR 擴增產物於高溫下使 DNA 變性(denature)，而後快速至冰上使其在單股結構狀態下回復(renature)，成為具有空間結構的單股 DNA 分子，進行非變性聚丙烯醯胺凝膠電泳(non-denatured PAGE)，最後通過放射性顯影、銀染或 EtBr 顯色分析結果。

2. 結果：若發現單股 DNA band 移動率與正常對照的相對位置發生改變，則可判定該股結構有改變，進而推斷 DNA 片段中有鹼基突變。

3. 用途：檢測各種點突變，短核苷酸序列的缺失或插入。

四、DGGE（Denaturing Gradient Gel Electro phoresis，變性梯度膠電泳）

1. 原理：電泳膠是利用 urea 或 formamide 兩種變性物質，製成濃度由低至高的變性梯度膠體，DNA 因 Tm 的不同，所以 DNA 變性程度有所不同，來進行 DNA 的分離。

2. 結果：尚未變性的雙股 DNA 片段移動速度較快，部分變性的 DNA 片段移動速度較慢，來進行 DNA 的分離。

3. 用途：鑑定及分類特定菌株並對特定基因的多形性進行研究。

4. 運用：經 PCR 放大的個別物種的 16S rDNA 片段，顯示複雜微生物菌相的 DNA 圖譜。

五、依賴核酸序列擴增法(Nucleic Acid Sequence-Base Amplification)

1. 目的：RNA 模板進行等溫核酸擴增觀測結果的檢測方法。

2. 過程：

(1) RNA 模板鏈黏合 Primer 以反轉錄酶，42℃，2 小時合成反義的補償的 DNA 鏈。

(2) RNA 酶H，分解破壞 RNA 模板鏈（ RNase H核糖核酸內切酶能分解 RNA/DNA 雜交體系中的 RNA 鏈，但不能消化單鏈或雙鏈 DNA ）。

(3) 第二個 Primer 與 DNA 的 5' 端結合。

(4) T7 RNA polymerase 合成另一股 RNA，並加入到步驟 1 中，使反應可以循環進行。

3. **應用**：細菌（ 如結核菌、*Mycoplasma pneumoniae* ）、HIV 病毒、HCV 等多種病原微生物的檢測。

六、增幅阻礙突變系統(Amplification refractory mutation system; ARMS)

1. **原理**：primer 3'鹼基與模板配對時才能出現 PCR 擴增帶識別突變序列，而不識別正常序列，從而檢測出突變。設計兩個 5'端引物，一個 primer 與正常 DNA 互補，一個 primer 與突變 DNA 互補與突變 DNA 完全互補才延伸並得到 PCR 擴增產物。

2. **應用**：偵測已知突變點的診斷，對於疾病盛行率及基因調查有所幫助。

精選實例評量

Review Activities

1. NASBA (nucleic acid sequence-base amplification)試驗時，不需下列哪一種酵素的存在？　(A)反轉錄酶　(B) RNase H　(C) Taq polymerase　(D) T7 RNA polymerase

2. 下列關於單股結構多型性(Single-strand conformation polymorphism; SSCP)的敘述，何者錯誤？　(A)利用 DNA 片段立體結構不同來區分　(B)高溫變性後，在常溫下緩慢回復結構　(C)無法確定突變位置　(D)可以偵測單點突變

3. 下列何種技術不適合使用在偵測脂蛋白元 E2 同合子？　(A)amplification refractory mutation system　(B)single-strand conformation polymorphism　(C)fluorescence in situ hybridization　(D)hybridization with allele-specific oligonucleotide

4. 下列哪些分子診斷方法用於檢測乙型海洋性貧血？(甲)增幅限制酶切位點(Amplified created restriction site; ACRS) (乙)增幅阻礙突變系統(Amplification refractory mutation system; ARMS) (丙)DNA 定序(Sequencing)　(A)僅甲丙　(B)僅甲乙　(C)僅乙丙　(D)甲乙丙

5. 下列何者非為 multiplex PCR 複製技術之優點？　(A)可同時進行多個基因位之複製　(B)引子之設計及最適複製條件之設定皆很容易　(C)省時　(D)可減少 DNA 所需的量

6. 下列何種分子檢驗的方法無法用來鑑定人類白血球抗原(HLA)？　(A)增幅限制酶切位點(Amplified created restriction sites; ACRS)　(B)序列特異性聚合酶連鎖反應(Sequence-specific primer-polymerase chain reaction; SSP- PCR)　(C)DNA 定序　(D)限制片段長度多型性(Restriction fragment length polymorphism; RFLP)

7. 以 polymerase chain reaction-allele-specific oligonucleotide(PCR-ASO)probe 偵測 single nucleotide polymorphism (SNP)，欲分析之 SNP 最適合設計於 ASO probe 的何處？　(A)5'端第一個核苷酸　(B)3'端最後一個核苷酸　(C)中間位置　(D)任意位置

8. 下列有關 Probe techniques 之敘述，何者錯誤？　(A) Northern blot 為 Target amplification　(B) PCR 為 Target amplification　(C) Southern blot 為 Unamplified probe technique　(D) Ligase chain reaction 為 Probe amplification

9. 人類 DNA 約有 70%的 CG 序列是甲基化的(methylated)。有關 DNA methylation 之敘述下列何者錯誤？　(A)DNA methylation 與 genomic imprinting 有關　(B)通常人細胞核內 DNA 之 cytosine 甲基化程度較高的基因，其基因轉錄更活躍　(C)癌症組織中，促使細胞凋亡的相關基因通常有高度甲基化的現象　(D)一般而言，授精卵、全能及多能細胞(totipotent and pluripotent cells)之 genomic DNA 有全面去甲基化的(global demethylation)現象

10. 下列何種方法最常被用來檢測微衛星不穩定性(Microsatellite instability)？　(A)毛細管電泳(Capillary electrophoresis)　(B) Restriction fragment length polymorphism　(C) DNA sequencing　(D) Single-strand conformation polymorphism

---

答案　1.C　2.B　3.C　4.D　5.B　6.A　7.C　8.A　9.B　10.A

MEMO

MEMO

MEMO

國家圖書館出版品預行編目資料

臨床生物化學／徐慧雯編著.－四版.－
新北市：新文京開發，2019.02
　　面；　　公分

　　ISBN 978-986-430-490-5（平裝）

　　1.生物化學

361.4　　　　　　　　　　108001231

臨床生物化學（第四版）　　　　　　（書號：B205e4）

編 著 者	徐慧雯
出 版 者	新文京開發出版股份有限公司
地　　　址	新北市中和區中山路二段 362 號 9 樓
電　　　話	(02) 2244-8188（代表號）
Ｆ Ａ Ｘ	(02) 2244-8189
郵　　　撥	1958730-2
初　　　版	2004 年 2 月 25 日
第 二 版	2012 年 8 月 30 日
第 三 版	2016 年 9 月 1 日
第 四 版	2019 年 2 月 11 日

New Wun Ching Developmental Publishing Co., Ltd.
New Age · New Choice · The Best Selected Educational Publications — NEW WCDP

新文京開發出版股份有限公司

新世紀‧新視野‧新文京 — 精選教科書‧考試用書‧專業參考書